한국산업인력공단

최신 출제기준 + 출제경향 반영

정보처리기사 실기 한권으로 끝내기

- 비전공자도 독학으로 합격이 가능한 필수교재
- 합격에 필요한 정보처리실무 세부항목 핵심이론 완벽정리
- 단원별 필답형 예상문제 수록

NCS반영

-

출제기준 전면개편

메인에듀 정보기술연구소 /
김대영 편저

MAINEDU

동영상 강의 mainedu.co.kr

머리말

대한민국 IT 대표 자격증 정보처리기사가 2020년부터 NCS 기반으로 대폭 개편되어 이전의 수험서와는 전혀 달라 졌습니다.

정보처리 산업기사는 2020년에 시험이 변경되지 않고 기존의 방법대로 그대로 유지 됩니다.

하지만 정보처리 기사는 2020년부터는 출제 기준이 새로 개정되어 국가 직무능력 표준(NCS) 방식으로 변경되었습니다.

새로 변경된 기사 시험은 개발자가 해야 될 것들을 특히 (소프트웨어 설계, 소프트웨어 개발 서버프로그램) 등을 공부해야 하는 시험으로 탈바꿈 됩니다. 특히 소프트웨어 엔지니어링 분야나 보안 그리고 ICT 트랜드가 반영되었습니다.

과거에는 기출문제를 외워 합격이 가능했었지만 새로운 개정판은 개발자로서 현장직무 중심의 능력을 보는 시험으로 바꾸겠다는 것입니다.

그래서 새로운 문제가 나올 것을 같이 준비를 해야 합니다.

정보처리 기사는 IT 전공자와 전공을 하지 않는 비전공자도 많이 응시하는 자격증으로 본 수험서는 꼭 알아야 할 문제와 개념을 중심으로 설명을 하였습니다.

본 수험서로 공부하시는 모든 분들의 합격을 진심으로 기원합니다.

1. 정보처리기사 기본정보

○ **직무내용** : 정보시스템 등의 개발 요구사항을 이해하여 각 업무에 맞는 소프트웨어의 기능에 관한 설계, 구현 및 테스트를 수행하고 사용자에게 배포하며, 버전관리를 통해 제품의 성능을 향상시키고 서비스를 개선하는 직무이다.

○ **시 행 처** : 한국산업인력공단(www.q-net.or.kr)

○ **관련학과** : 모든 학과 응시가능

○ 시험과목 및 활용 국가직무능력표준(NCS)

국가기술자격의 현장성과 활용성 제고를 위해 국가직무능력표준(NCS)를 기반으로 자격의 내용(시험과목, 출제기준 등)을 직무 중심으로 개편하여 시행합니다.(적용시기 2020.1.1.부터)

1) 필기 시험

과목명	활용 NCS 능력단위	NCS 세분류
소프트웨어 설계	요구사항 확인	응용SW엔지니어링
	화면 설계	
	애플리케이션 설계	
	인터페이스 설계	
소프트웨어 개발	데이터 입출력 구현	응용SW엔지니어링
	통합 구현	
	제품소프트웨어 패키징	
	애플리케이션테스트 관리	
	인터페이스 구현	
데이터베이스 구축	SQL 응용	DB엔지니어링
	SQL 활용	
	논리 데이터베이스 설계	
	물리 데이터베이스 설계	
	데이터 전환	
프로그래밍 언어 활용	서버프로그램 구현	응용SW엔지니어링
	프로그래밍 언어 활용	
	응용 SW 기초기술 활용	
정보시스템 구축관리	소프트웨어개발 방법론 활용	응용SW엔지니어링
	IT프로젝트정보시스템 구축관리	IT프로젝트관리
	소프트웨어 개발보안 구축	보안엔지니어링
	시스템 보안 구축	

2) 실기 시험

과목명	활용 NCS 능력단위	NCS 세분류
정보처리 실무	요구사항 확인	응용SW엔지니어링
	데이터 입출력 구현	
	통합 구현	
	제품소프트웨어 패키징	
	서버프로그램 구현	
	인터페이스 구현	
	프로그래밍 언어 활용	
	응용 SW 기초 기술 활용	
	화면 설계	
	애플리케이션 테스트 관리	
	SQL 응용	DB엔지니어링
	소프트웨어 개발 보안 구축	보안엔지니어링

○ **검정방법**

- 필기 : 객관식 4지 택일형, 과목당 20문항(과목당 30분)
- 실기 : 필답형(2시간30분)

○ **합격기준**

- 필기 : 100점을 만점으로 하여 과목당 40점 이상, 전과목 평균 60점 이상.
- 실기 : 100점을 만점으로 하여 60점 이상.

2. 정보처리기사 진로 및 전망

○ 기업체 전산실, 소프트웨어 개발업체, SI(system integrated)업체 (정보통신, 시스템 구축회사 등)정부기관, 언론기관, 교육 및 연구기관, 금융기관, 보험업, 병원 등 컴퓨터 시스템을 개발 및 운용하거나, 데이터 통신을 이용하여 정보처리를 시행하는 업체에서 활동하고 있다. 품질검사 전문기관 기술인력과 감리원 자격을 취득하여 감리 전문회사의 감리원으로 진출할 수 있다. 3년 이상의 실무경력이 있는 자는 측량분야 수치지도제작업의 정보처리 담당자로 진출가능하고, 정보통신부의 별정우체국 사무장, 사무주임, 사무보조 등 사무원으로 진출할 수 있다.

○ 정보화사회로 이행함에 따라 지식과 정보의 양이 증대되어 작업량과 업무량이 급속 하게 증가했다. 또한 각종 업무의 전산화 요구가 더욱 증대되어 사회 전문분야로 컴퓨터 사용이 보편화되면서 컴퓨터산업은 급속도로 확대되었다. 컴퓨터산업의 확대는 곧 이 분야의 전문 인력에 대한 수요 증가로 이어졌다. 따라서 컴퓨터 관련 자격증에 대한 관심도 증가하고

있어 최근 응시자수와 합격자수가 증가하고 있는 추세이다. 또한 취업, 입학시 가산점을 주거나 병역특례 등 혜택이 있어 실생활에 널리 통용되고 인정받을 수 있다. (학점인정 30학점, 공무원 임용시험시 7급은 3%, 9 급은 3% 가산특전이 있다.)

3. 정보처리기사 실기 출제기준

1) 요구사항 확인

세부항목	세세항목
1. 현행 시스템 분석하기	1. 개발하고자 하는 응용소프트웨어에 대한 이해를 높이기 위해, 현행 시스템의 적용현황을 파악함으로써 개발범위와 향후 개발될 시스템으로의 이행방향성을 분석할 수 있다. 2. 개발하고자 하는 응용소프트웨어와 관련된 운영체제, 데이터베이스관리시스템, 미들웨어 등의 요구사항을 식별할 수 있다. 3. 현행 시스템을 분석하여, 개발하고자 하는 응용소프트웨어가 이후 적용될 목표시스템을 명확하고 구체적으로 기술할 수 있다.
2. 요구사항 확인하기	1. 소프트웨어 공학기술의 요구사항 분석 기법을 활용하여 업무 분석가가 정의한 응용소프트웨어의 요구사항을 확인할 수 있다. 2. 업무 분석가가 분석한 요구사항에 대해 정의된 검증기준과 절차에 따라서 요구사항을 확인할 수 있다. 3. 업무 분석가가 수집하고 분석한 요구사항이 개발하고자 하는 응용소프트웨어에 미칠 영향에 대해서 검토하고 확인할 수 있다.
3. 분석모델 확인하기	1. 소프트웨어 공학기술의 요구사항 도출 기법을 활용하여 업무 분석가가 제시한 분석모델에 대해서 확인할 수 있다. 2. 업무 분석가가 제시한 분석모델이 개발할 응용소프트웨어에 미칠 영향을 검토하여 기술적인 타당성 조사를 할 수 있다. 3. 업무 분석가가 제시한 분석모델에 대해서 응용소프트웨어를 개발하기 위해 필요한 추가적인 의견을 제시할 수 있다.

2) 데이터 입출력 구현

세부항목	세세항목
1. 논리 데이터저장소 확인하기	1. 업무 분석가, 데이터베이스 엔지니어가 작성한 논리 데이터저장소 설계 내역에서 정의된 데이터의 유형을 확인하고 식별할 수 있다. 2. 논리 데이터저장소 설계 내역에서 데이터의 논리적 단위와 데이터 간의 관계를 확인할 수 있다. 3. 논리 데이터저장소 설계 내역에서 데이터 또는 데이터간의 제약조건과 이들 간의 관계를 식별할 수 있다.
2. 물리 데이터저장소 설계하기	1. 논리 데이터저장소 설계를 바탕으로 응용소프트웨어가 사용하는 데이터 저장소의 특성을 반영한 물리 데이터저장소 설계를 수행할 수 있다. 2. 논리 데이터저장소 설계를 바탕으로 목표 시스템의 데이터 특성을 반영하여 최적화된 물리 데이터저장소를 설계할 수 있다. 3. 물리 데이터저장소 설계에 따라 데이터저장소에 실제 데이터가 저장될 물리적 공간을 구성할 수 있다.
3. 데이터 조작 프로시저 작성하기	1. 응용소프트웨어 설계와 물리 데이터저장소 설계에 따라 데이터 저장소에 연결을 수행하는 프로시저를 작성할 수 있다. 2. 응용소프트웨어 설계와 물리 데이터저장소 설계에 따라 데이터 저장소로부터 데이터를 읽어 오는 프로시저를 작성할 수 있다. 3. 응용소프트웨어 설계와 물리 데이터저장소 설계에 따라 데이터 변경 내용 또는 신규 입력된 데이터를 데이터 저장소에 저장하는 프로시저를 작성할 수 있다. 4. 구현된 데이터 조작 프로시저를 테스트할 수 있는 테스트 케이스를 작성하고 단위 테스트를 수행하기 위한 테스트 조건을 명세화 할 수 있다.
4. 데이터 조작 프로시저 최적화하기	1. 프로그래밍 언어와 도구에 대한 이해를 바탕으로 응용소프트웨어 설계, 물리 데이터저장소 설계와 운영 환경을 고려하여 데이터 조작 프로시저의 성능을 예측할 수 있다. 2. 업무 분석가에 의해 정의된 요구사항을 기준으로, 성능측정 도구를 활용하여 데이터 조작 프로시저의 성능을 측정할 수 있다. 3. 실 데이터를 기반으로 테스트를 수행하여 데이터 조작 프로시저의 성능에 영향을 주는 병목을 파악할 수 있다. 4. 테스트 결과와 정의된 요구사항을 기준으로 데이터조작 프로시저의 성능에 따른 이슈 발생 시 이에 대해 해결할 수 있다.

3) 통합구현

세부항목	세세항목
1. 연계 데이터 구성하기	1. 개발하고자 하는 응용소프트웨어와 관련된 외부 및 내부 모듈 간의 데이터 연계 요구사항을 분석할 수 있다. 2. 개발하고자 하는 응용소프트웨어와 관련된 외부 및 내부 모듈 간의 연계가 필요한 데이터를 식별할 수 있다. 3. 개발하고자 하는 응용소프트웨어와 관련된 외부 및 내부 모듈 간의 연계를 위한 데이터 표준을 설계할 수 있다.
2. 연계 매카니즘 구성하기	1. 개발하고자 하는 응용소프트웨어와 연계 대상 모듈 간의 특성을 고려하여 효율적 데이터 송수신 방법을 정의할 수 있다. 2. 개발하고자 하는 응용소프트웨어와 연계 대상 모듈 간의 데이터 연계 요구사항을 고려하여 연계주기를 정의할 수 있다. 3. 개발하고자하는 응용소프트웨어와 연계 대상 내외부 모듈 간의 연계 목적을 고려하여 데이터 연계 실패 시 처리방안을 정의할 수 있다. 4. 응용소프트웨어와 관련된 내외부 모듈 간의 연계 데이터의 중요성을 고려하여 송수신 시 보안을 적용할 수 있다.
3. 내외부 연계 모듈 구현하기	1. 구성된 연계 메카니즘에 대한 명세서를 참조하여 연계모듈구현을 위한 논리적, 물리적 환경을 준비할 수 있다. 2. 구성된 연계 메카니즘에 대한 명세서를 참조하여 외부 시스템과의 연계 모듈을 구현할 수 있다. 3. 연계모듈의 안정적인 작동여부와 모듈 간 인터페이스를 통해 연동된 데이터의 무결성을 검증할 수 있다. 4. 구현된 연계모듈을 테스트할 수 있는 테스트 케이스를 작성하고 단위 테스트를 수행하기 위한 테스트 조건을 명세화 할 수 있다.

4) 서버프로그램 구현

세부항목	세세항목
1. 개발환경 구축하기	1. 응용소프트웨어 개발에 필요한 하드웨어 및 소프트웨어의 필요 사항을 검토하고 이에 따라, 개발환경에 필요한 준비를 수행할 수 있다. 2. 응용소프트웨어 개발에 필요한 하드웨어 및 소프트웨어를 설치하고 설정하여 개발환경을 구축할 수 있다. 3. 사전에 수립된 형상관리 방침에 따라, 운영정책에 부합하는 형상관리 환경을 구축할 수 있다.
2. 공통 모듈 구현하기	1. 공통 모듈의 상세 설계를 기반으로 프로그래밍 언어와 도구를 활용하여 업무 프로세스 및 서비스의 구현에 필요한 공통 모듈을 작성할 수 있다. 2. 소프트웨어 측정지표 중 모듈간의 결합도는 줄이고 개별 모듈들의 내부 응집도를 높인 공통모듈을 구현할 수 있다. 3. 개발된 공통 모듈의 내부 기능과 제공하는 인터페이스에 대해 테스트할 수 있는 테스트 케이스를 작성하고 단위 테스트를 수행하기 위한 테스트 조건을 명세화 할 수 있다.

3. 서버 프로그램 구현하기	1. 업무 프로세스 맵과 세부 업무 프로세스를 확인할 수 있다. 2. 세부 업무프로세스를 기반으로 프로그래밍 언어와 도구를 활용하여 서비스의 구현에 필요한 업무 프로그램을 구현할 수 있다. 3. 개발하고자 하는 목표 시스템의 잠재적 보안 취약성이 제거될 수 있도록 서버 프로그램을 구현할 수 있다. 4. 개발된 업무 프로그램의 내부 기능과 제공하는 인터페이스에 대해 테스트를 수행할 수 있다.
4. 배치 프로그램 구현하기	1. 애플리케이션 설계를 기반으로 프로그래밍 언어와 도구를 활용하여 배치 프로그램 구현 기술에 부합하는 배치 프로그램을 구현 할 수 있다. 2. 목표 시스템을 구성하는 하위 시스템간의 연동 시, 안정적이고 안전하게 동작할 수 있는 배치 프로그램을 구현 할 수 있다. 3. 개발된 배치 프로그램을 테스트를 수행할 수 있다.

5) 인터페이스 구현

세부항목	세세항목
1. 인터페이스 설계서 확인하기	1. 인터페이스 설계서를 기반으로 외부 및 내부 모듈 간의 공통적으로 제공되는 기능과 각 데이터의 인터페이스를 확인할 수 있다. 2. 개발하고자 하는 응용소프트웨어와 관련된 외부 및 내부 모듈 간의 연계가 필요한 인터페이스의 기능을 식별할 수 있다. 3. 개발하고자 하는 응용소프트웨어와 관련된 외부 및 내부 모듈 간의 인터페이스를 위한 데이터 표준을 확인할 수 있다.
2. 인터페이스 기능 구현하기	1. 개발하고자 하는 응용소프트웨어와 연계 대상 모듈 간의 세부 설계서를 확인하여 일관되고 정형화된 인터페이스 기능 구현을 정의할 수 있다. 2. 개발하고자 하는 응용소프트웨어와 연계 대상 모듈 간의 세부 설계서를 확인하여 공통적인 인터페이스를 구현할 수 있다. 3. 개발하고자하는 응용소프트웨어와 연계 대상 내외부 모듈 간의 연계 목적을 고려하여 인터페이스 기능 구현 실패 시 예외처리방안을 정의할 수 있다. 4. 응용소프트웨어와 관련된 내외부 모듈 간의 연계 데이터의 중요성을 고려하여 인터페이스 보안 기능을 적용할 수 있다.
3. 인터페이스 구현 검증하기	1. 구현된 인터페이스 명세서를 참조하여 구현 검증에 필요한 감시 및 도구를 준비할 수 있다. 2. 인터페이스 구현 검증을 위하여 외부 시스템과의 연계 모듈 상태를 확인할 수 있다. 3. 인터페이스 오류처리 사항을 확인하고 보고서를 작성할 수 있다.

6) 화면 설계

세부항목	세세항목
1. UI 요구사항 확인하기	1. 응용소프트웨어 개발을 위한 UI 표준 및 지침에 의거하여, 개발하고자 하는 응용소프트웨어에 적용될 UI 요구사항을 확인할 수 있다. 2. 응용소프트웨어 개발을 위한 UI 표준 및 지침에 의거하여, UI 요구사항을 반영한 프로토타입을 제작할 수 있다. 3. 작성한 프로토타입을 활용하여 UI/UX엔지니어와 향후 적용할 UI의 적정성에 대해 검토할 수 있다.
2. UI 설계하기	1. UI 요구사항과 UI 표준 및 지침에 따라, 화면과 폼의 흐름을 설계하고, 제약사항을 화면과 폼 흐름 설계에 반영할 수 있다. 2. UI 요구사항과 UI 표준 및 지침에 따라, 사용자의 편의성을 고려한 메뉴 구조를 설계할 수 있다. 3. UI 요구사항과 UI 표순 및 지침에 따라, 하위 시스템 단위의 내·외부 화면과 폼을 설계할 수 있다.

7) 애플리케이션 테스트 관리

세부항목	세세항목
1. 애플리케이션 테스트 케이스 설계하기	1. 개발하고자 하는 응용소프트웨어의 특성을 반영한 테스트 방식, 대상과 범위를 결정하여 테스트케이스를 작성 할 수 있다. 2. 개발하고자 하는 응용소프트웨어의 특성을 반영한 테스트 방식, 대상과 범위가 적용된 시나리오를 정의할 수 있다. 3. 애플리케이션 테스트 수행에 필요한 테스트 데이터, 테스트 시작 및 종료 조건 등을 준비 할 수 있다.
2. 애플리케이션 통합 테스트하기	1. 개발자 통합테스트 계획에 따라 통합 모듈 및 인터페이스가 요구사항을 충족하는지에 대한 테스트를 수행할 수 있다. 2. 개발자 통합테스트 수행 결과 발견된 결함에 대한 추이 분석을 통하여 잔존 결함을 추정할 수 있다. 3. 개발자 통합테스트 결과에 대한 분석을 통해 테스트의 충분성 여부를 검증하고, 발견된 결함에 대한 개선 조치사항을 작성할 수 있다.
3. 애플리케이션 성능 개선하기	1. 애플리케이션 테스트를 통하여 애플리케이션의 성능을 분석하고, 성능 저하 요인을 발견할 수 있다. 2. 코드 최적화 기법, 아키텍쳐 조정 및 호출 순서 조정 등을 적용하여 애플리케이션 성능을 개선할 수 있다. 3. 프로그래밍 언어의 특성에 대한 이해를 기반으로 소스코드 품질 분석 도구를 활용하여 애플리케이션 성능을 개선할 수 있다.

8) SQL 응용

세부항목	세세항목
1. 절차형 SQL 작성하기	1. 반복적으로 사용하는 특정 기능을 수행하기 위해 여러 개의 SQL명령문을 포함하는 프로시저를 작성하고 프로시저 호출문을 작성할 수 있다. 2. 일련의 연산처리 결과가 단일 값으로 반환되는 사용자 정의함수를 작성하고 사용자 정의함수를 호출하는 쿼리를 작성할 수 있다. 3. 하나의 이벤트가 발생하면 관련성이 있는 몇 개의 테이블 간에 연속적으로 데이터 삽입, 삭제, 수정을 할 수 있는 트리거를 작성할 수 있다.
2. 응용 SQL 작성하기	1. 윈도우함수와 그룹함수를 사용하여 순위와 소계, 중계, 총합계를 산출하는 DML(Data Manipulation Language)명령문을 작성할 수 있다. 2. 응용시스템에서 사용하는 특정 기능을 수행하기 위한 SQL문을 작성할 수 있다. 3. 사용자의 그룹을 정의하고 사용자를 생성 또는 변경할 수 있고 사용자의 권한 부여와 회수를 위한 DCL(Data Control Language)명령문을 작성할 수 있다.

9) 소프트웨어 개발 보안 구축

세부항목	세세항목
1. SW개발 보안 설계하기	1. 정의된 보안요구사항에 따라 응용프로그램에 대한 보안 요구사항을 명세할 수 있다. 2. 명세된 보안 요구사항을 만족하는 응용프로그램을 설계 할 수 있다. 3. 보안성이 강화된 응용프로그램 구현을 위한 환경을 구축할 수 있다. 4. 보안성이 강화된 응용프로그램 구현을 위한 일정 계획을 수립할 수 있다.
2. SW개발 보안 구현하기	1. 수립된 구현 계획에 따라 보안성이 강화된 응용프로그램을 구현할 수 있다. 2. 구현된 응용프로그램의 결함 여부를 테스트할 수 있다. 3. 테스트 결과에 따라 발견된 결함을 관리할 수 있다.

10) 프로그래밍 언어 활용

세부항목	세세항목
1. 기본문법 활용하기	1. 응용소프트웨어 개발에 필요한 프로그래밍 언어의 데이터 타입을 적용하여 변수를 사용할 수 있다. 2. 프로그래밍 언어의 연산자와 명령문을 사용하여 애플리케이션에 필요한 기능을 정의하고 사용할 수 있다. 3. 프로그래밍 언어의 사용자 정의 자료형을 정의하고 애플리케이션에서 사용할 수 있다.

2. 언어특성 활용하기	1. 프로그래밍 언어별 특성을 파악하고 설명할 수 있다. 2. 파악된 프로그래밍 언어의 특성을 적용하여 애플리케이션을 구현할 수 있다. 3. 애플리케이션을 최적화하기 위해 프로그래밍 언의의 특성을 활용 할 수 있다.
3. 라이브러리 활용하기	1. 애플리케이션에 필요한 라이브러리를 검색하고 선택할 수 있다. 2. 애플리케이션 구현을 위해 선택한 라이브러리를 프로그래밍 언어 특성에 맞게 구성 할 수 있다. 3. 선택한 라이브러리를 사용하여 애플리케이션 구현에 적용할 수 있다.

11) 응용 SW 기초 기술 활용

세부항목	세세항목
1. 운영체제 기초 활용하기	1. 응용 소프트웨어를 개발하기 위하여 다양한 운영체제의 특징을 설명할 수 있다. 2. CLI(Command Line Interface) 및 GUI(Graphic User Interface) 환경에서 운영체제의 기본명령어를 활용할 수 있다. 3. 운영체제에서 제공하는 작업 우선순위 설정방법을 이용하여 애플리케이션의 작업우선순위를 조정할 수 있다.
2. 데이터베이스 기초 활용하기	1. 데이터베이스의 종류를 구분하고 응용 소프트웨어 개발에 필요한 데이터베이스를 선정할 수 있다. 2. 주어진 E-R 다이어그램을 이용하여 관계형 데이터베이스의 테이블을 정의할 수 있다. 3. 데이터베이스의 기본연산을 CRUD(Create, Read, Update, Delete)로 구분하여 설명할 수 있다.
3. 네트워크 기초 활용하기	1. 네트워크 계층구조에서 각 층의 역할을 설명할 수 있다. 2. 응용의 특성에 따라 TCP와 UDP를 구별하여 적용할 수 있다. 3. 패킷 스위칭 시스템을 이해하고, 다양한 라우팅 알고리즘과 IP 프로토콜을 설명할 수 있다.
4. 기본 개발환경 구축	1. 응용개발을 위하여 선정된 운영체제를 설치하고 운용할 수 있다. 2. 응용개발에 필요한 개발도구를 설치하고 운용할 수 있다. 3. 웹서버, DB서버 등 응용개발에 필요한 기반 서버를 설치하고 운용할 수 있다.

12) 제품 소프트웨어 패키징

세부항목	세세항목
1. 제품소프트웨어 패키징하기	1. 신규 개발, 변경, 개선된 제품소프트웨어의 소스들로부터 모듈들을 빌드하고 고객의 편의성을 고려하여 패키징 할 수 있다. 2. 이전 릴리즈 이후의 변경, 개선사항을 포함하여 신규 패키징한 제품소프트웨어에 대한 릴리즈 노트를 작성할 수 있다. 3. 저작권 보호를 위해 암호화/보안 기능을 제공하는 패키징 도구를 활용하여, 제품소프트웨어의 설치, 배포 파일을 생성할 수 있다.
2. 제품소프트웨어 매뉴얼 작성하기	1. 사용자가 제품소프트웨어를 설치하는데 참조할 수 있도록 제품소프트웨어 설치 매뉴얼의 기본 구성을 수립하고 작성할 수 있다. 2. 사용자가 제품소프트웨어를 사용하는데 참조할 수 있도록 제품소프트웨어 사용자 매뉴얼의 기본 구성을 수립하고 작성할 수 있다. 3. 사용자가 제품소프트웨어를 설치하고 사용하는데 필요한 제품소프트웨어의 설치파일 및 매뉴얼을 배포용 미디어로 제작할 수 있다.
3. 제품소프트웨어 버전 관리하기	1. 형상관리 지침을 활용하여 제품소프트웨어의 신규 개발, 변경, 개선과 관련된 버전을 등록할 수 있다. 2. 형상관리 지침을 활용하여 제품소프트웨어의 신규 개발, 변경, 개선과 관련된 버전 관리 도구를 사용할 수 있다. 3. 버전 관리 도구를 활용하여 제품소프트웨어에 대한 버전 현황 관리와 소스, 관련 자료 백업을 수행할 수 있다.

목차

목차

핵심공략 정보처리기사 실기 한권으로 끝내기

제1편
요구사항 확인

Chapter 01 현행 시스템 분석하기

1. 현행 시스템 파악

(1) 현행 시스템 파악의 개념

① 현행 시스템 파악이란 사용하는 소프트웨어 및 하드웨어를 파악하고 현행 시스템이 구성되어 있는 하위 시스템과 제공하는 기능, 연계 정보 등을 파악하는 활동을 말한다.
② 현행 시스템 파악 활동을 통하여 향후 개발하고자 하는 시스템의 개발 범위와 이행 방향성을 설정 및 분석에 도움을 주는 것을 목적으로 한다.

(2) 현행 시스템 파악 3단계

구성/기능/인터페이스 파악	→	아키텍처 및 SW 구성 파악	→	하드웨어 및 네트워크 구성 파악

1) 1단계: 구성/기능/인터페이스 파악

① 시스템 구성 현황 파악
② 시스템 기능 파악
③ 시스템 인터페이스 현황 파악

2) 2단계: 아키텍처 및 소프트웨어 구성 파악

① 아키텍처 파악
② 소프트웨어 구성 파악

3) 3단계: 하드웨어 및 네트워크 구성 파악

① 시스템 하드웨어 현황 파악
② 네트워크 구성 파악

Chapter 02 요구사항 확인하기

1. 요구사항 정의

(1) 요구사항의 분류

요구사항은 기능 요구사항과 비 기능 요구사항으로 분류된다.

기능 요구사항	• 시스템이 외형적으로 나타내는 기능과 동작 • 시스템이 무엇을 할 것인지를 표현 • 쉽게 파악되고 사용사례로 정리 예 ATM 기기에서의 입금, 출금, 이체 기능 등
비기능 요구사항	• 기능 요구를 지원하는 시스템의 제약 조건 • 성능, 품질, 보안, 인터페이스 등의 요구사항 • 사용자는 파악하기가 어렵고 품질 시나리오로 정리 예 ATM 기기의 응답속도, 가동률, 보안 기능 등

(2) 요구사항 개발 프로세스

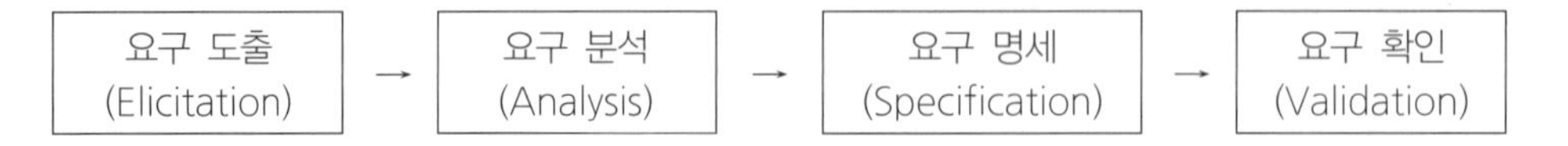

1) 요구사항 도출

① 문제의 범위안에 있는 사용자 요구를 찾는 단계이다.

② 소프트웨어의 기능 요구 / 비기능 요구 활동을 분류한다.

③ 방법 : 인터뷰, 워크샵, 설문조사, 브레인스토밍, 프로토타입, 유스케이스 등

2) 요구사항 분석

① 소프트웨어 개발의 실질적인 첫 단계로 사용자의 요구에 대하여 이해하는 단계이다.

② 추출한 요구의 타당성을 조사하고 비용, 일정 등의 제약을 설정한다.

③ 사용자의 요구사항을 이해하고 요구 분석 명세서를 산출한다.

④ 방법 : 구조적 분석, 객체지향 분석 방법

3) 요구사항 명세

① 요구 분석의 결과를 바탕으로 요구 모델을 작성하고 문서화 하는 활동이다.
② 기능 요구사항은 빠짐없이 비기능 요구사항은 필요한 것만 기술한다.
③ 소단위 명세서를 이용해 사용자가 이해하기 쉽게 작성한다.
④ 요구사항 명세기법 : 정형 명세, 비정형 명세

4) 요구사항 검증

요구사항 검증은 요구사항 명세서에 사용자의 요구가 올바르게 기술되었는지에 대해 검토하고 베이스라인으로 설정하는 활동이다.

동료 검토 (Peer Review)	비공식적 검토회의로 개발자가 동료 개발자에게 요구사항 명세서를 설명하고 문제점을 발견하는 형태로 진행
워크 스루 (Walk Through)	개발자와 전문가가 같이 진행하는 검토회의로 검토 전에 미리 자료를 배포하여 문제점을 확인 후 검토하는 기법
인스펙션 (Inspection)	공식적인 검토회의로 개발자가 아닌 제3자에 의해 발표되고, 관련 분야에 훈련받은 전문팀에서 검토하는 기법
프로토타이핑 (Prototyping)	시연을 통해 최종사용자나 고객을 대상으로 시스템을 경험할 수 있게 하고 요구사항을 확인한다.
테스트 설계	테스트케이스(Test Case)를 생성하여 현실적으로 테스트 가능한지를 검토한다.
CASE 도구 활용	요구사항 변경 사항을 추적하고 분석 및 관리할 수 있으며, 표준 준수 여부를 확인할 수 있다.

2. 요구 분석 기법

(1) 구조적 요구 분석

① 구조적 분석은 시스템을 하향식 분할하여 분석의 중복을 배제하고 도형 중심 도구를 사용하여 전체 시스템을 일관성 있게 이해할 수 있다.
② 구조적 분석 도구로 자료흐름도, 자료사전, 소단위 명세서, E-R 다이어그램 등이 사용된다.

1) 자료흐름도(DFD ; Data Flow Diagram)

요구사항 분석에서 자료흐름과 변화 과정을 도형 중심으로 기술하는 방법이다.

▶ **자료 흐름도 구성 요소**

항목	의미	도형
프로세스(Process)	자료를 변환시키는 처리과정을 나타낸다.	
단말(Terminator)	시스템과 교신하는 외부개체를 나타낸다.	
자료 흐름(Flow)	자료의 이동(흐름)을 나타낸다.	
자료 저장소(Data Store)	시스템에서의 자료 저장소를 나타낸다.	

예 성적관리 자료흐름도

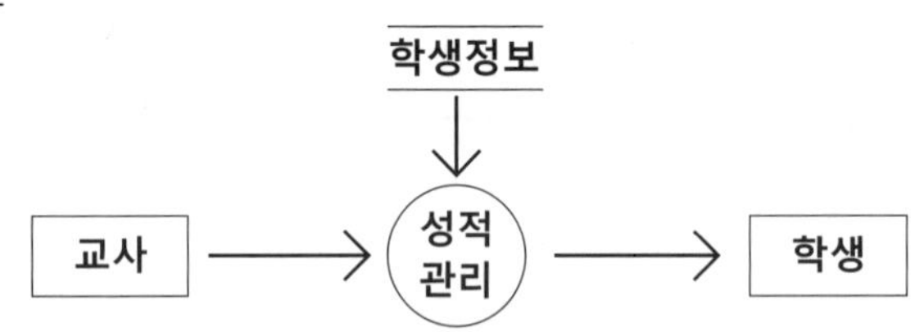

2) 자료사전 (DD ; Data Dictionary)

자료흐름도에 있는 모든 자료와 자료 속성을 정의하는 메타데이터(Meta Data)로 기호를 사용하여 표기한다.

기호	의미	내용
=	자료의 정의(Define)	~ 구성된다.
+	자료의 연결(Concatenation)	그리고 (AND)
( )	자료의 생략(Option)	생략 가능
{ }	자료의 반복(Iteration)	$\{ \}^n$: n번 반복
[ㅣ]	자료의 선택(Selection)	또는 (OR)
**	자료의 설명(Comment)	주석

예 급여파일 = {사원명부 + 기본급 + 수당 + (상여금)}
결제방법 = [현금 ㅣ 계좌이체 ㅣ 신용카드]

3) 소단위 명세서 (Mini－Specification)

소단위 명세서는 세분화된 자료흐름도에서 처리 절차를 구조적 언어 등으로 기술한 것이다.

> 예 고용자 명부의 각 고용 형태에 대하여 다음과 같이 급여 계산을 수행한다.
> 1. 고용자 급여 형태를 파악한다.
> 2. 급여 형태에 따른 급여액을 계산한다.
>   ① 사무직 급여액＝근무시간×8,000원
>   ② 기능직 급여액＝근무시간×8,500원
> 3. 성명과 계산된 급여액을 급여 내역서에 기록한다.

(2) 객체 지향 요구 분석

① 소프트웨어를 개발하기 위해 업무를 객체와 속성, 클래스와 멤버, 전체와 부분 등으로 나누어서 분석해 내는 기법이다.

② 객체지향 분석 도구로 UML 모델링 언어를 사용한다.

1) 객체 지향 요소

① 객체(object)

- 객체는 필요한 자료구조와 이를 수행되는 함수을 가진 하나의 독립된 존재이다,
- 객체는 상태, 동작, 고유 식별자를 가진 모든 것이라 할 수 있다.
- 객체의 상태는 속성값에 의해 정의되고, 객체의 동작은 메소드를 정의해 나타낸다.

속성	객체가 가지고 있는 정보로 자료의 상태를 표현
메소드	객체가 수행하는 동작으로 연산, 함수, 프로시저와 같은 의미

② 클래스(class)

- 객체는 클래스라는 틀(template)을 이용하여 생성된다.
- 클래스는 공통된 특성을 갖는 객체들의 집합을 표현하는 데이터 추상화를 의미한다.
- 클래스는 객체만 생성할 뿐, 실제 데이터를 처리하는 것은 객체이다.

③ 메시지(message)

- 메시지는 객체 사이의 상호 동작을 수행하는 수단이다.
- 메시지를 통해서 객체에게 어떤 행위를 하도록 지시할 수 있다.

2) 객체지향 분석 방법

Rumbaugh	객체모델링 - 동적모델링 - 기능모델링의 3단계 모델링을 수행
Coad & Yourdon	E-R 다이어그램을 사용하여 모델링을 수행
Booch	미시적 개발 프로세스 및 거시적 개발 프로세스를 이용해 분석
Jacobson	Use Case(사용사례)를 강조하여 분석

3) 럼바우의 객체지향 분석 (OMT ; Object Modeling Technic)

럼바우는 객체 지향 분석 및 설계를 위한 객체 모델링 기법인 OMT를 개발하였으며, OMT의 분석 활동은 3단계 모델링 과정을 거쳐서 완성된다.

① 객체 모델링
- 객체 다이어그램을 이용해 객체들을 식별하고 객체들 간의 관계를 정의한다.
- 클래스의 속성과 연산기능을 보여주어 시스템의 정적 구조를 파악한다.

② 동적 모델링
- 상태 다이어그램을 이용하여 시스템의 동적인 행위를 표현한다.
- 시간의 흐름에 따른 객체들 간의 제어흐름, 상호작용, 동작순서 등을 표현한다.

③ 기능 모델링
- 자료흐름도(DFD)를 사용하여 프로세스 간의 자료흐름을 중심으로 처리 과정을 기술한다.
- 어떤 데이터를 입력하여 어떤 결과를 구할 것인지 표현하는 것이다.

Chapter 03 분석모델 확인하기

1. UML 분석 모델

(1) UML(Unified Modeling Language)

① 객체지향 분석, 설계를 위한 통합 모델링 언어이다.

② 그래픽 형태로 작성되어 이해관계자 간의 의사소통이 용이하다.

③ 사물, 관계, 다이어그램의 3가지 요소로 구성된다.

(2) UML의 구성요소

① 사물(Things) : UML안에서 관계를 맺을 수 있는 대상, 객체를 의미한다.

구분	설명
구조 사물(Structural Things)	시스템의 구조를 표현하는 사물
행동 사물(Behavioral Things)	시스템의 행위를 표현하는 사물
그룹 사물(Grouping Things)	개념을 그룹화하는 사물
주해 사물(Annotation Things)	부가적으로 개념을 설명하는 사물

② 관계(Relationships) : 사물과 사물 간의 연관성을 선으로 표현한다.

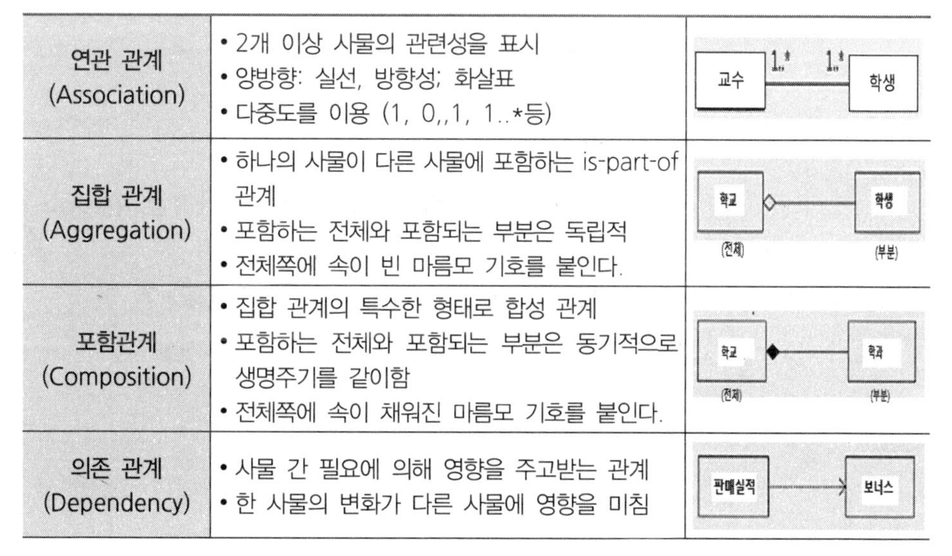

관계	설명	예시
연관 관계 (Association)	• 2개 이상 사물의 관련성을 표시 • 양방향: 실선, 방향성: 화살표 • 다중도를 이용 (1, 0,,1, 1..*등)	교수 1..* 1..* 학생
집합 관계 (Aggregation)	• 하나의 사물이 다른 사물에 포함하는 is-part-of 관계 • 포함하는 전체와 포함되는 부분은 독립적 • 전체쪽에 속이 빈 마름모 기호를 붙인다.	학교 (전체) ◇— 학생 (부분)
포함관계 (Composition)	• 집합 관계의 특수한 형태로 합성 관계 • 포함하는 전체와 포함되는 부분은 동기적으로 생명주기를 같이함 • 전체쪽에 속이 채워진 마름모 기호를 붙인다.	학교 (전체) ◆— 학과 (부분)
의존 관계 (Dependency)	• 사물 간 필요에 의해 영향을 주고받는 관계 • 한 사물의 변화가 다른 사물에 영향을 미침	판매실적 ---> 보너스

일반화 관계 (Generalization)	• 사물간의 관계가 일반적인지 혹은 구체적인지를 표현하는 is-a의 관계 • 일반적 개념을 부모, 구체적 개념을 자식으로 구분	커피 / 아메리카노, 에스프레소
실체화 관계 (Realization)	사물의 기능으로 그룹화할 수 있는 관계	선택하는 / 리모콘, 키패드

③ 다이어그램(Diagrams)

• 사물과의 관계를 도형으로 연결하여 표현한 것이다.

• 시스템 구조를 나타내는 구조 다이어그램과 구성요소 간의 상호 동작을 나타내는 행위 다이어그램으로 구분한다.

구조 다이어그램	• 클래스 다이어그램(Class Diagrams) • 객체 다이어그램(Object Diagrams) • 컴포넌트 다이어그램(Component Diagrams) • 배치 다이어그램(Deployment Diagrams) • 복합체 구조 다이어그램(Composite Structure Diagrams) • 패키지 다이어그램(Package Diagrams) 등
행위 다이어그램	• 유스케이스 다이어그램(Use Case Diagrams) • 시퀀스 다이어그램(Sequence Diagrams) • 커뮤니케이션 다이어그램(Communication Diagrams) • 상태 다이어그램(State Diagrams) • 활동 다이어그램(Activity Diagrams) • 상호작용개요 다이어그램(Interaction Overview Diagrams) • 타이밍 다이어그램(Timing Diagrams) 등

(3) 스테레오 타입 (sterotype)

① 스테레오 타입이란 UML에서 제공하는 기본 요소 외에 추가적인 확장요소를 나타내는 것이다.

② 쌍 꺾쇠와 비슷하게 생긴 길러멧(guillemet, « ») 사이에 적는다.

③ «include», «extend» , «abstract», «interface» 등이 자주 사용 된다.

(4) 주요 UML 다이어그램

1) 유스케이스(Use Case) 다이어그램

- 사용자 관점에서 시스템의 수행 기능과 범위를 표현한 다이어그램이다.
- 시스템과 시스템 외부 요소(actor)간의 상호 작용을 확인 가능하다.
- 시스템에 대한 사용자의 요구사항을 표현할 때 사용한다.

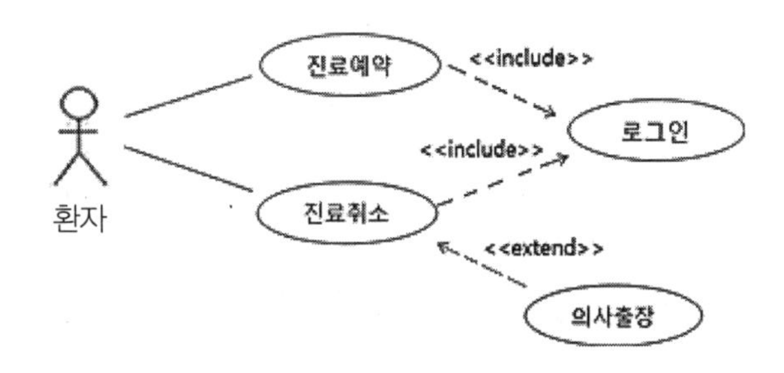

2) 클래스(Class) 다이어그램

- 시스템 내 정적 구조를 표현하고 클래스와 클래스, 클래스의 속성 사이의 관계를 나타내는 다이어그램이다.
- 시스템 구성요소를 이해할 수 있는 구조적 다이어그램으로 문서화에 사용된다.
- 클래스 멤버에 대한 접근제어자 유형 : public, private, protected, package

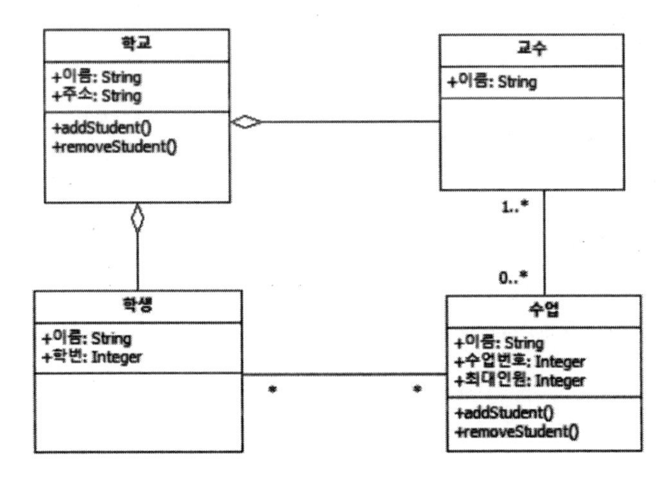

3) 순서(Sequence) 다이어그램

- 시스템이나 객체들이 메시지를 주고받으며 상호 작용하는 과정을 표현한 다이어그램이다.
- 시간의 흐름에 따른 각 객체들의 상호동작, 즉 오퍼레이션을 표현한다.

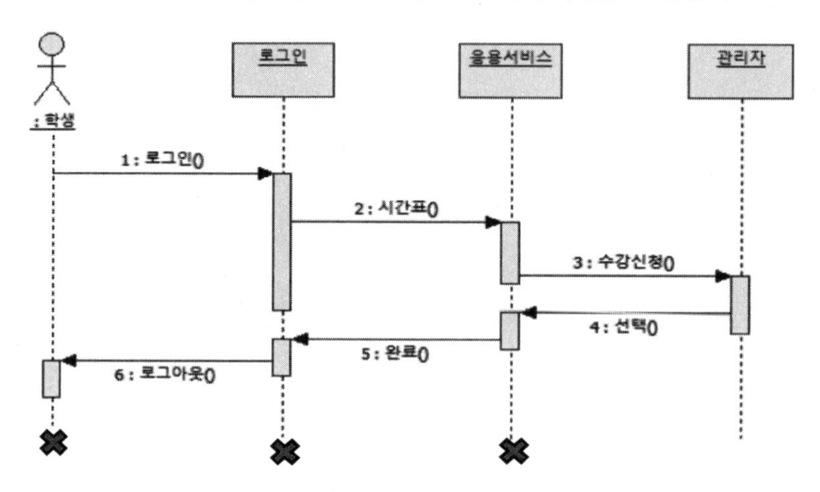

4) 상태(state) 다이어그램

- 객체의 상태와 상태의 변화를 도식화한 다이어그램이다.
- 객체의 상태는 메시지를 주고 받거나 이벤트를 받음으로써 변화가 있을 수 있다.

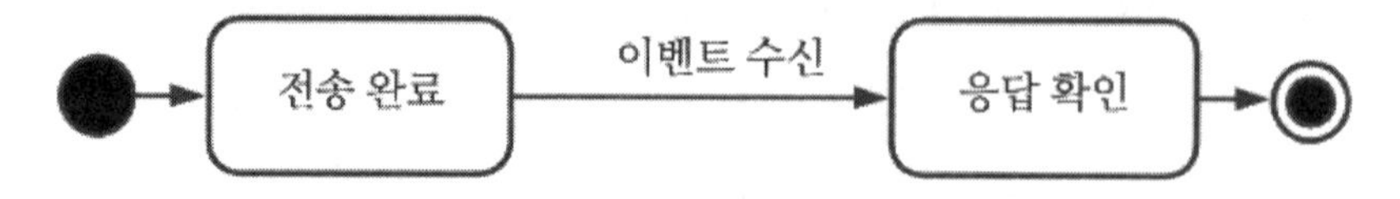

5) 활동(Activity) 다이어그램

- 사용자 관점에서 시스템의 기능을 처리의 흐름에 따라 순서대로 표현한 다이어그램이다.
- 유스케이스 사이에서 발생하는 복잡한 처리의 흐름을 명확하게 표현할 수 있다.

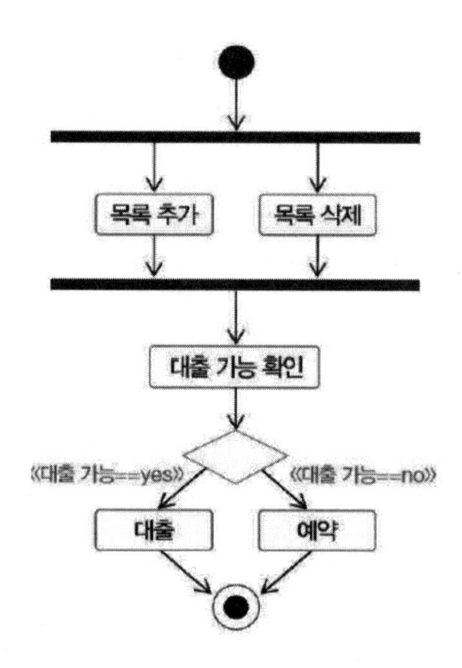

2. CASE 분석 자동화 도구

1) CASE (Computer Aided Software Engineering)

① 소프트웨어 개발 과정의 일부 또는 전 과정을 자동화하기 위한 도구이다.

② 표준화된 개발 환경 구축 및 문서 자동화 기능을 제공한다.

③ 그래픽을 이용하고, 다양한 소프트웨어 개발 모형을 지원한다.

2) CASE 이점

① 소프트웨어 개발기간을 단축하고 개발비를 절감할 수 있다.

② 작업 과정 및 데이터 공유를 통해 작업자 간 커뮤니케이션을 증대한다.

③ 자동화된 기법을 통해 소프트웨어 품질이 향상된다.

④ 소프트웨어 부품의 재사용성이 향상되고 유지보수가 용이해진다.

3) CASE의 분류

① 상위(upper) CASE : 개발 전반부에 사용되는 것으로 분석, 설계 단계를 지원하는 도구

② 하위(lower) CASE : 코드작성, 테스트, 문서화의 자동생성을 지원하는 도구

③ 통합(integrated) CASE : 개발 주기 전체 단계를 통합적으로 지원하는 도구

4) CASE 도구 종류

구분	
SADT (Structured Analysis and Design Technique)	SoftTech 사에서 개발한 것으로 소프트웨어 요구사항 분석, 설계를 위한 구조적 분석 및 설계 도구로 블록 다이어그램을 이용하여 표기한다.
SREM (Software Requirements Engineering Methodology)	TRW 사가 우주 국방 시스템 그룹에 의해 실시간 처리 소프트웨어 시스템에서 요구사항을 명확히 기술하도록 할 목적으로 개발한 것으로, RSL과 REVS를 사용하는 자동화 도구이다.
PSL/PSA (Problem Statemnet Language) (Problem Statement Analyzer)	미시간 대학에서 개발한 것으로 PSL과 PSA를 사용하는 자동화 도구이다. - PSL(Problem Statement Language) : 문제(요구사항) 기술 언어 - PSA(Problem Statement Analyzer) : PSL로 기술한 요구사항을 자동으로 분석하여 다양한 보고서를 출력하는 문제 분석기
TAGS (Technology for Autom ated Generation of Systems)	시스템 공학 방법 응용에 대한 자동 접근 방법으로, 개발 주기의 전 과정에 이용할 수 있는 통합 자동화 도구이다.

3. 소프트웨어 개발 모형

(1) 애자일(Agile)

① 고객의 요구 변화에 민첩하게 대응하여 짧은 주기로 소프트웨어 개발을 반복하는 모형으로 각 주기마다 생성되는 결과물을 점증적으로 개발하여 최종 시스템을 완성한다.

② 애자일 모형으로는 XP(eXtreme Programming), 칸반(Kanban), 기능 중심 개발, 스크럼(Scrum) 방식등이 사용되고 있다.

1) 애자일 가치 선언(agile manifesto)

① 계획을 따르기보다 변화에 대응하는 것에 더 가치를 둔다.

② 계약 협상보다 고객과의 협업에 더 가치를 둔다.

③ 방대한 문서보다 작동하는 소프트웨어에 더 가치를 둔다.

④ 프로세스와 도구보다는 개인과의 상호작용에 더 가치를 둔다.

2) 애자일 구현 과정

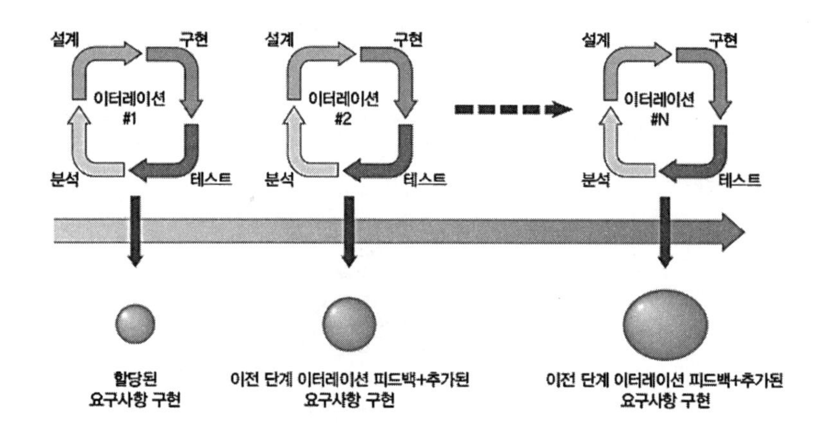

(2) XP (extreme programming) 모형

- 고객의 참여와 개발 과정의 반복을 극대화하는 애자일 방법이다.
- 소규모 개발 조직이 불확실하거나 요구사항 변경이 많은 경우 효과적이다.

1) XP의 5가지 핵심 가치

① 의사소통(Communication)
② 단순성(Simplicity)
③ 용기(Courage)
④ 피드백(Feedback)
⑤ 존중(Respect)

2) XP의 주요 실천 사항

Pair Programming (짝 프로그래밍)	다른 사람과 함께 프로그래밍을 수행함으로써 개발에 대한 책임을 공동으로 나눠 갖는 환경
Test-Driven Development (테스트 주도 개발)	테스트가 지속적으로 진행될 수 있도록 자동화된 테스팅 도구 사용
Whole Team(전체 팀)	개발에 참여하는 모든 구성원들은 각자 자신의 역할이 있고 책임을 가져야 함
Continuous Integration (계속적인 통합)	모듈 단위로 나눠서 개발된 코드들은 하나의 작업이 마무리 될 마다 지속적으로 통합
Desgin Improvement(디자인 개선) = Refactoring(리팩토링)	프로그램 기능의 변경 없이, 단순화, 유연성 강화 등을 통해 시스템을 재구성
Small Releases (소규모 릴리즈)	릴리즈 기간을 짧게 반복함으로써 고객의 요구 변화에 신속히 대응

(3) 스크럼 (Scrum) 모형

- 개발 팀이 중심이 되어 짧은 주기(sprint)를 반복하며 소프트웨어를 개발하는 애자일 모형이다.
- 스크럼은 스프린트라는 업무 세션을 집중적으로 수행하면서 매일 점검하고 스프린트가 끝나면 회고하는 과정을 거친다.

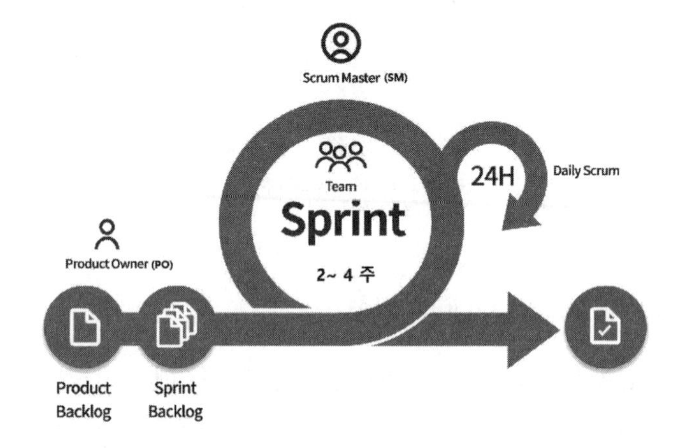

1) 스크럼 팀의 구성원과 역할

제품 책임자 (PO)	• 제품에 대한 요구사항을 작성하는 주체 • 제품 백로그 작성, 우선순위 지정
스크럼 마스터 (SM)	• 스크럼팀이 프로세스에 따라 활동하도록 보장 • 개발 과정의 장애 요소를 처리
개발팀 (DT)	• PO, SM을 제외한 팀원 • 디자이너, 프로그래머, 테스터 등 (7~8명)

2) 스크럼 관련 용어

- 제품 백로그(Product Backlog) : 스크럼 팀이 해결해야 하는 목록으로 소프트웨어 요구사항, 아키텍처 정의 등이 포함
- 스프린트(Sprint) : 하나의 완성된 최종 결과물을 만들기 위한 주기로 2-4주의 단기 작업 기
- 속도(Velocity) : 한 번의 스프린트에서 한 팀이 어느 정도의 제품 백로그를 감당할 수 있는지에 대한 추정치

1. 현행 시스템 파악 절차 중 (　　)안에 공통으로 들어갈 내용을 보기에서 찾으시오.

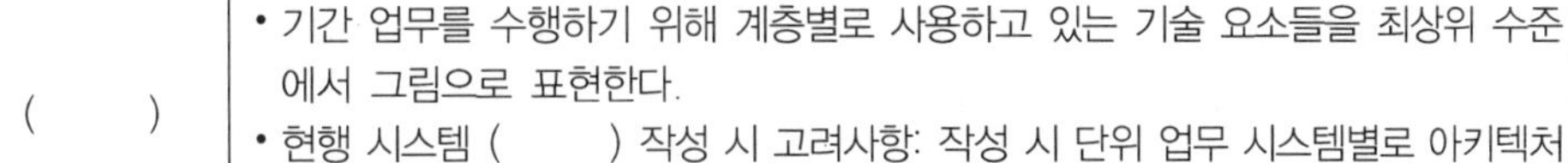

(　　)	• 기간 업무를 수행하기 위해 계층별로 사용하고 있는 기술 요소들을 최상위 수준에서 그림으로 표현한다. • 현행 시스템 (　　) 작성 시 고려사항: 작성 시 단위 업무 시스템별로 아키텍처가 다를 때는 가장 핵심적인 기간 업무 처리 시스템을 기준으로 작성한다.
〈보기〉 네트워크 구성도, 소프트웨어 구성도, 아키텍처 구성도, 프로세스 구성도	

정답 아키텍처 구성도
해설 아키텍처 구성도는 기간 업무를 수행하기 위해 계층별로 사용하고 있는 기술 요소들을 최상위 수준에서 그림으로 표현한다.

2. 다음은 요구사항 분류에 대한 설명이다. ①, ②에 들어갈 요구사항 유형에 대히서 쓰시오.

(①) 요구사항은 시스템이 제공하는 외형적 동작, 서비스에 대한 요구사항이다.
(②) 요구사항은 시스템이 수행하는 기능 이외의 사항, 시스템 구축에 대한 제약사항에 관한 요구사항이다.

정답 ① 기능 ② 비기능
해설 기능 요구사항은 시스템 외부적 사용자 요구사항을 제공하는 기능, 비기능 요구사항은 시스템의 성능, 보안, 품질 등 제약 사항에 대한 요구 사항이다.

3. 다음 요구사항 사례를 기능적 요구사항, 비 기능적 요구사항으로 분류하시오.

① 게시판 작성을 위한 관리자 페이지가 제공되어야 한다.
② 이벤트 발생시 수행하는 함수는 5초이내 수행 되어야 한다.
③ 사용자가 예약 현황을 확인하기 위한 통계와 메뉴가 제공되어야 한다.
④ 시스템 자원 사용률은 최대 80%를 초과하지 않도록 모니터링한다.

• 기능적 요구사항 :
• 비기능적 요구사항 :

정답 기능적 요구사항 : ①, ③ 비기능적 요구사항 : ②, ④
해설 기능 요구사항은 시스템 외부적 사용자 요구사항을 제공하는 기능, 비기능 요구사항은 시스템의 성능, 보안, 품질 등 제약 사항에 대한 요구 사항이다.

4. 다음 요구사항 개발 프로세스를 순서대로 나열하시오.

① 요구사항 도출(Requirement Elicitation)
② 요구사항 확인(Requirement Validation)
③ 요구사항 분석(Requirement Analysis)
④ 요구사항 명세(Requirement Specification)

정답 ①-③-④-②
해설

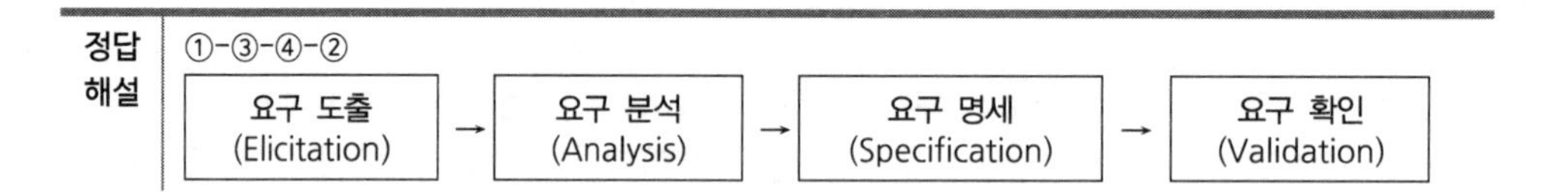

5. 다음 표에서 설명하는 요구사항 도출 기법을 쓰시오.

창의적인 아이디어를 생산하기 위한 학습 도구이자 회의 기법이다. 집단에 소속된 인원들이 자발적으로 자연스럽게 제시된 아이디어 목록을 통해서 특정한 문제에 대한 해답을 찾고자 노력하는 것을 말한다.

정답 브레인스토밍 (Brainstorming)
해설 브레인스토밍은 집단 구성원들의 창의적인 아이디어를 생산하기 위한 토론 방법이다.

6. 요구사항 분석 기법 중 다음에서 설명하는 기법을 쓰시오.

- 소프트웨어와 하드웨어 시스템의 개발, 명세, 형식 검증 등을 위하여 수학적 기호로 표현 한 후 분석하는 과정이다.
- 요구사항 분석의 마지막 단계에서 정확하고 명확하게 표현한다.
- 형식적으로 정의된 시멘틱(Semantics)을 지닌 언어로 표현한다.

정답 정형 분석

해설

정형 분석 (Formal Analysis)	• 소프트웨어와 하드웨어 시스템의 개발, 명세, 형식 검증 등을 위하여 수학적 기호로 표현 한 후 분석하는 과정이다. • 요구사항 분석의 마지막 단계에서 정확하고 명확하게 표현한다. • 형식적으로 정의된 시멘틱(Semantics)을 지닌 언어로 표현한다.

7. 다음은 UML에 관한 설명이다. 괄호안에 알맞은 답을 작성하시오.

UML은 통합 모델링 언어로써, 시스템을 모델로 표현해주는 대표적인 모델링 언어이다.
구성 요소로는 사물, (1), 다이어그램으로 이루어져 있으며, 구조 다이어그램 중, (2) 다이어그램은 시스템에서 사용되는 객체 타입을 정의하고, 그들 간의 존재하는 정적인 관계를 다양한 방식으로 표현한 다이어그램이다. 또한 UML 모델링에서 (3)은/는 클래스와 같은 기타 모델 요소 또는 컴포넌트가 구현해야 하는 오퍼레이션 세트를 정의하는 모델 요소이다.

정답
해설

1. 관계
2. 클래스
3. 인터페이스

8. 다음은 어떤 UML 다이어그램에 관한 예시이다. 어떤 종류의 다이어그램인가?

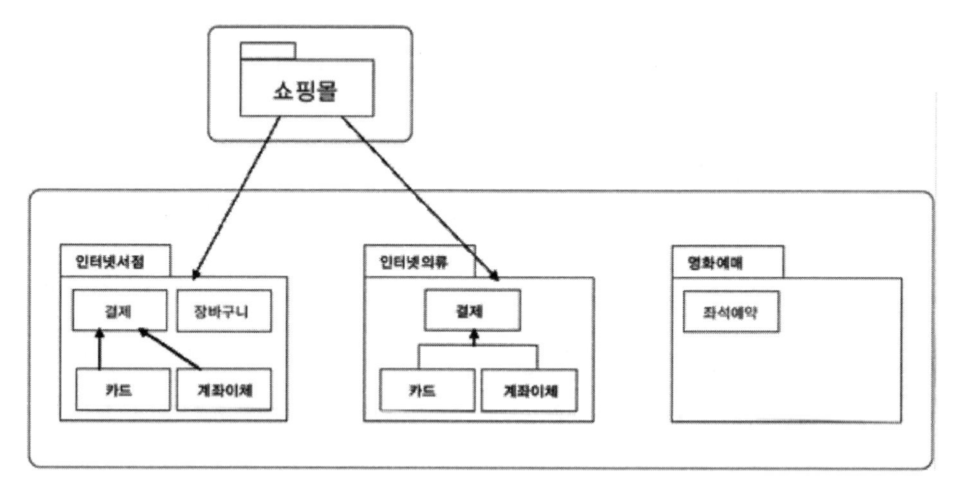

정답	패키지 다이어그램
해설	패키지 다이어그램은 패키지간의 의존 관계를 표현하는 다이어그램이다.

9. 다음은 UML의 다이어그램에 대한 설명이다. 어떤 다이어그램에 대한 설명인가?

이 다이어그램은 문제 해결을 위한 도메인 구조를 나타내어 보이지 않는 도메인 안의 개념과 같은 추상적인 개념을 기술하기 위해 나타낸 것이다.
또한 소프트웨어의 설계 혹은 완성된 소프트웨어의 구현 설명을 목적으로 사용할 수 있다. 이 다이어그램은 속성(attribute)과 메서드(method)를 포함한다.

정답	클래스 다이어그램
해설	시스템 정적 구조를 표현하는 다이어그램으로 속성과 메소드를 포함한다.

10. 다음 객체지향 추상화에 대한 설명 중 괄호 안에 들어갈 알맞은 용어를 적으시오.

(A)은/는 클래스들 사이의 전체 또는 부분 같은 관계를 나타내는 것이고, (B)은/는 한 클래스가 다른 클래스를 포함하는 상위 개념일 때 IS-A 관계라 한다.

정답 해설 A. 집합 관계(Aggregation)
B. 일반화(Generalization)

11. 다음에서 설명하는 개발 방법론은 무엇인지 적으시오.

> 고객의 요구사항 변화에 유연하게 대응하기 위해 일정한 주기를 반복하면서 개발하며 고객에게 시제품을 지속적으로 제공하며 고객의 요구사항이 정확하게 반영되고 있는지 점검한다. 폭포수 모형에 대비되는 유연한 방법론으로 비교적 소규모 개발 프로젝트에서 각광받고 있는 개발 방법론이다.

정답 해설 애자일 방법론
애자일(agile) : 절차나 문서보다 사람과 업무 자체를 중요시하여 유연하고 신속한 개발을 추구하는 방법론

핵심공략 정보처리기사 실기 한권으로 끝내기

제2편
데이터 입출력 구현

Chapter 01 논리 데이터저장소 확인하기

1. 논리 데이터모델 검증

(1) 데이터 모델링 개요

1) 데이터 모델링의 정의

현실 세계의 개념적 데이터 구조를 컴퓨터 세계의 논리적 데이터 구조로 변환하는 것으로 데이터 모델링 작업을 통해서 논리적 데이터 모델이 생성된다.

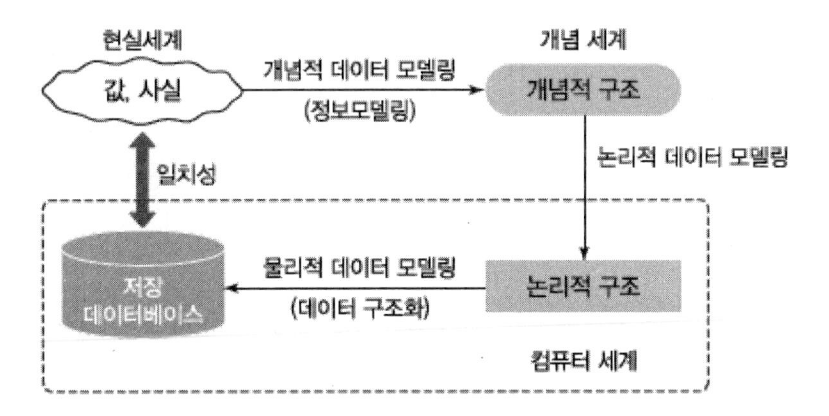

2) 데이터 모델의 구성 요소

구조(structure)	데이터베이스에 표현될 개체간의 관계로서 데이터 구조를 명세
연산(operations)	데이터베이스에 저장된 데이터를 처리하는 작업에 대하여 명세
제약조건(constraints)	데이터베이스에 허용될 수 있는 데이터의 논리적 제약을 명세

(2) 데이터 모델의 종류

1) 개념적 데이터 모델

① 현실 세계의 데이터를 분석하여 인간이 이해하기 쉽게 개념적으로 표현한다.

② 개체와 개체들의 관계에서 다이어그램을 이용하여 이해하기 쉽게 작성한다.

③ 특정 DBMS에 독립적인 데이터 모델이다.

④ 개체－관계 모델(E－R 모델), 확장 개체－관계모델(EE－R 모델) 등이 있다.

▶E-R 다이어그램

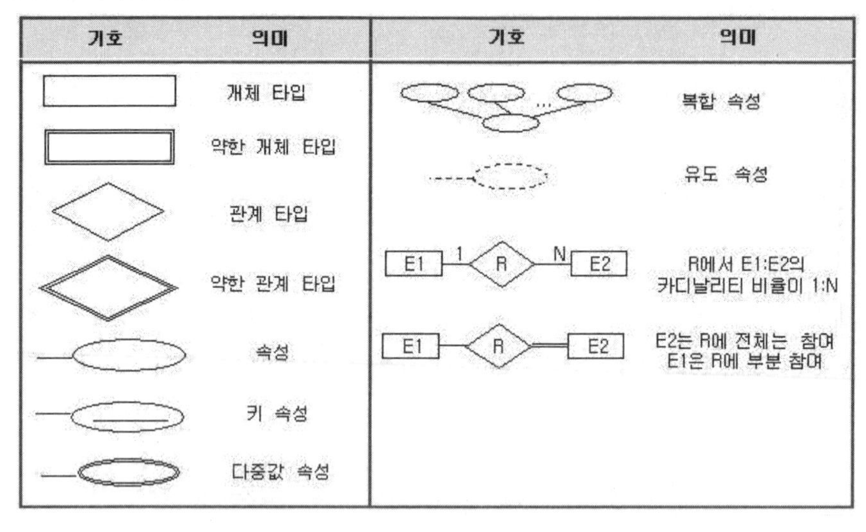

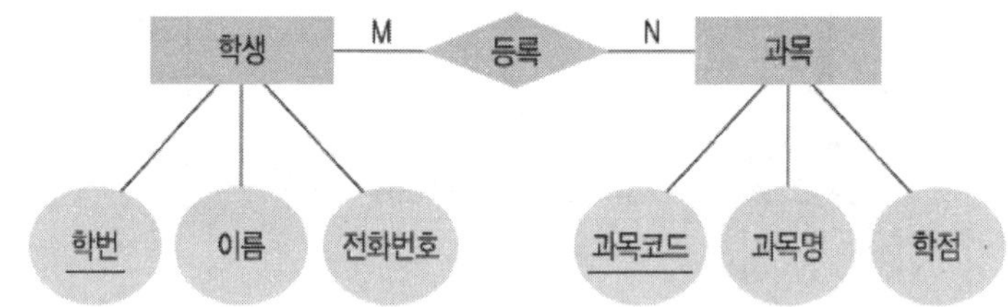

2) 논리적 데이터 모델

① 개념적인 E-R 다이어그램을 이용하여 논리적 스키마 구조를 기술한다,

② 특정 DBMS에 일치하는 데이터 모델을 하나만 선택하여 사용한다.

③ 논리적 데이터 모델은 관계를 어떻게 표현하는가에 따라 관계형, 계층형, 네트워크형 모델로 구분한다.

④ 가장 많이 사용하는 논리적 데이터 모델은 관계형으로 "릴레이션" 이라는 테이블 구조로 데이터베이스를 구성한다.

학생	학번	이름	전화번호

등록	학번	과목 번호	학과

과목	과목 번호	과목명	학점

(3) E-R 모델에서 관계 스키마로 변환

개념적 데이터 모델인 ER모델에서 논리적 데이터 모델인 관계형 모델로의 변환 방법은 아래와 같이 진행된다.

① 각 개체는 릴레이션으로 변환한다.
② 개체의 속성과 기본키는릴레이션의속성과 기본키로 변환한다.
③ 변환된 속성에서 밑줄 친 속성이 기본키를 의미한다.
④ 관계는 관계유형에 따라 외래키 또는 별도의 테이블로 표현한다.

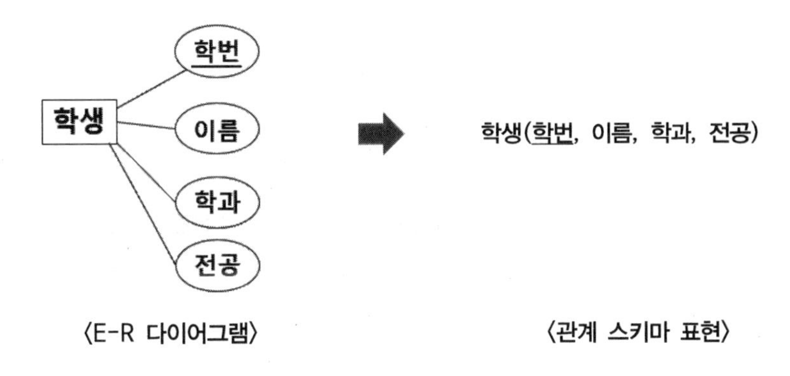

〈E-R 다이어그램〉 〈관계 스키마 표현〉

1) 일대일(1:1) 관계

두 개체에 해당하는 테이블을 생성하고 어느 한쪽의 기본키를 다른 테이블에 포함시켜 외래키로 유지한다.

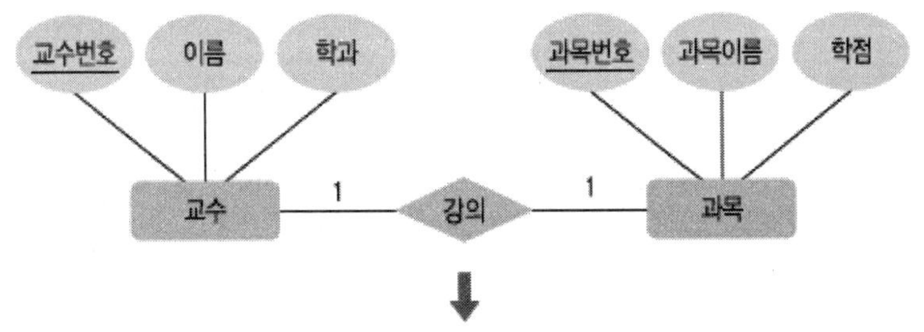

교수(<u>교수번호</u>, 이름, 학과)

과목(<u>과목번호</u>, 과목이름, 학점, 교수번호)

2) 일대다(1 : N) 관계

① 개체 1(교수), 개체 2(학생)에 해당하는 테이블을 생성한다.

② 두 개체에서 1쪽 개체의 기본키를 N쪽 개체의 외래키로 추가한다.

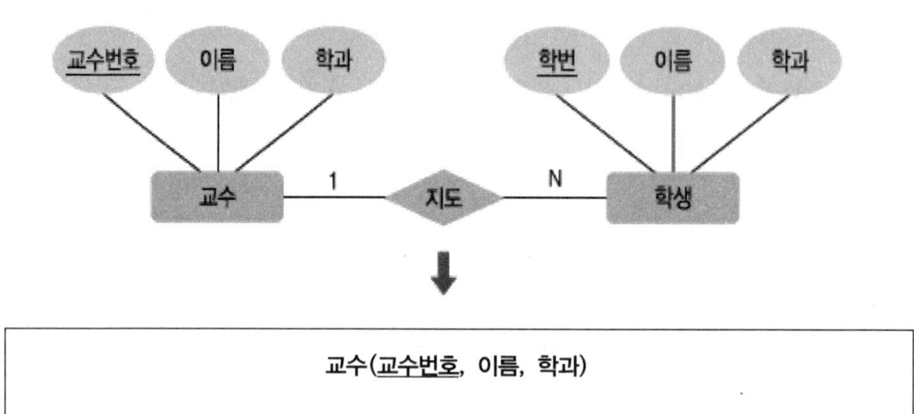

교수(교수번호, 이름, 학과)

학생(학번, 이름, 학과, 교수번호)

3) 다대다(M:N) 관계

① 두 개체를 각각 테이블로 만들고 관계 또한 개체처럼 새로운 테이블로 생성한다.

② 새로운 테이블의 키 속성은 두 개체의 기본키로 구성되는 속성으로 구성하고 , 관계에 기존 속성이 존재하면 해당 속성도 포함시킨다.

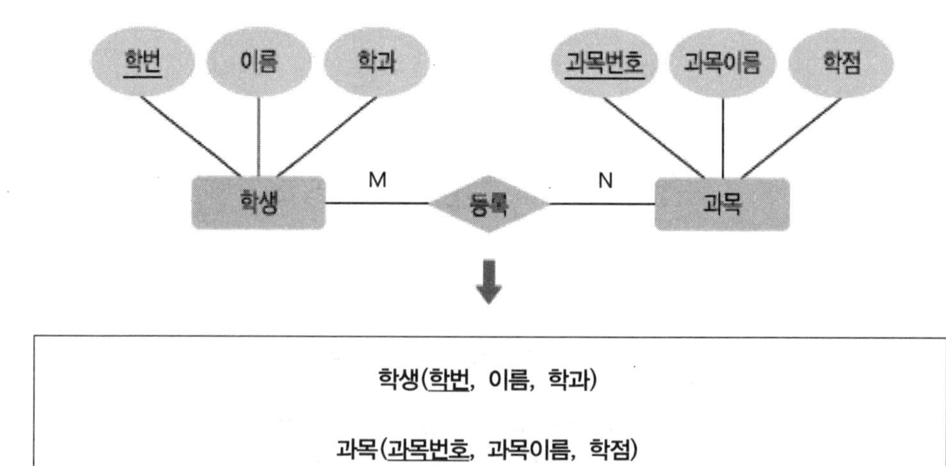

학생(학번, 이름, 학과)

과목(과목번호, 과목이름, 학점)

등록(학번, 과목번호)

(4) 정규화(Normalization)

1) 이상 현상

- 스키마 설계가 잘못되어 릴레이션 조작 시 원하지 않는 결과가 나오는 현상을 이상(Anomaly)이라 한다.
- 데이터 중복과 속성간 종속 관계는 이상의 원인이 된다.
  ① 삽입이상 : 데이터 삽입 시 원하지 않는 값이 함께 삽입되는 현상
  ② 삭제이상 : 데이터 삭제 시 원하지 않는 값이 연쇄 삭제되는 현상
  ③ 갱신이상 : 중복 튜플 갱신 시 일부 튜플의 속성값만 변경되는 현상

2) 함수 종속

함수 종속이란 어떤 릴레이션 R에서 속성 X의 각 값에 대해 속성 Y값이 오직 하나만 연관되어 있을 때 Y는 X에 함수적 종속이라 하고 X → Y로 표현한다. 이때 X를 결정자, Y를 종속자라 한다.

3) 함수 종속의 종류

함수 종속성은 완전 함수 종속, 부분 함수 종속, 이행 함수 종속으로 나눌 수 있으며, 부분 함수 종속과 이행 함수 종속은 이상 현상의 원인이 된다.

① 부분 함수 종속
결정자(기본키)가 복합속성으로 구성될 때 구성 속성들 중 하나에만 종속되는 속성이다.

예 **함수종속관계**
{학번, 과목번호} → 성적, 학번 → 학년

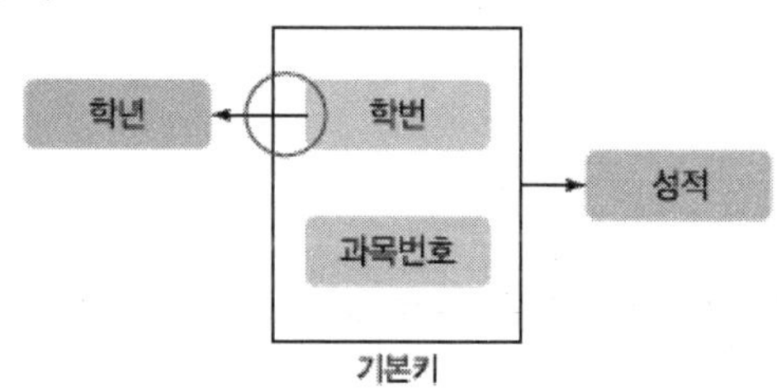

② 이행 함수 종속

속성 A, B, C 사이에서 A → B, B → C이면 A → C인 관계가 성립되는 함수 종속성이다.

예 **함수종속관계**

학번 → 지도교수, 지도교수 → 학과, 학번 → 학과

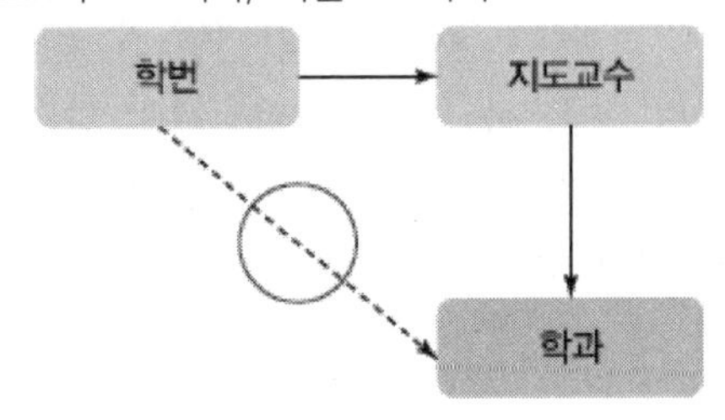

4) 정규화의 정의

① 정규화란 속성 간 종속성을 분석하여 잘못 설계된 스키마를 분해하여 바람직한 스키마, 즉 이상(anomaly) 현상이 제거된 릴레이션으로 만들어 가는 과정이다

② 정규화는 스키마를 변환하기 때문에 논리적 설계 단계에서 수행하고 논리적 처리 및 품질에 영향을 준다.

5) 정규화의 목적

① 어떤 릴레이션이라도 데이터베이스 내에서 표현 가능 하도록 한다.

② 새로운 형태의 데이터 삽입시 릴레이션을 재구성할 필요성을 줄일 수 있다.

③ 바람직하지 않은 삽입, 삭제, 갱신 이상이 발생하지 않도록 한다.

④ 간단한 관계연산에 기초하여 검색 알고리즘을 효과적으로 만들 수 있다.

(5) 정규형 릴레이션

1) 제1정규형(1NF)

정의	어떤 릴레이션 R의 모든 도메인들의 값이 오직 원자값(atomic value)만을 가지면, 릴레이션 R은 제1정규형에 속한다.

① 비정규형 릴레이션에서 원자값을 갖도록 변경된 릴레이션이다.

② 모든 정규화된 릴레이션은 제1정규형에 속한다.

③ 부분함수 종속이 나타날 수 있다.

2) 제2정규형(2NF)

정의	어떤 릴레이션 R이 1NF이고, 또 키가 아닌 모든 속성들이 기본키에 완전 함수적 종속일 때 이 릴레이션 R은 제2정규형에 속한다.

① 1NF를 만족시키면서 부분 함수적 종속성을 제거한 릴레이션이다.

② 이행 함수 종속이 나타날 수 있다.

3) 제3정규형(3NF)

정의	어떤 릴레이션 R이 2NF이고, 또 키가 아닌 모든 속성들이 비이행적으로 기본키에 종속되어 있을 때 이 릴레이션 R은 제3정규형에 속한다.

① 이행 함수 종속성을 제거한 릴레이션이다.

② 결정자가 후보키가 아닌 것이 나타날 수 있다.

4) 보이스/코드 정규형(BCNF)

정의	릴레이션 R의 모든 결정자가 후보키이면, 릴레이션 R는 보이스/코드 정규형에 속한다.

① 결정자가 후보키가 아닌 것을 제거한 릴레이션이다.

② 1NF나 2NF를 참조하지 않고도 직접 후보키를 이용하여 정의할 수 있다.

③ 다치 종속성이 나타날 수 있다.

5) 제4정규형(4NF)

정의	만일 릴레이션 R에 MVDA →→ B가 성립하는 경우에 R의 모든 속성들이 A에 함수적 종속이면 그 릴레이션 R은 제4정규형에 속한다.

① 다치 종속성을 제거한 릴레이션이다.

6) 제5정규형(5NF)

정의	릴레이션 R의 모든 조인 종속성(JD)의 만족이 R의 후보키로 유추될 수 있을 때 그 릴레이션 R은 제5정규형 또는 PJ/NF에 속한다.

① 릴레이션 R에 존재하는 모든 조인 종속성이 릴레이션 R의 후보키를 통해서만 성립된다.

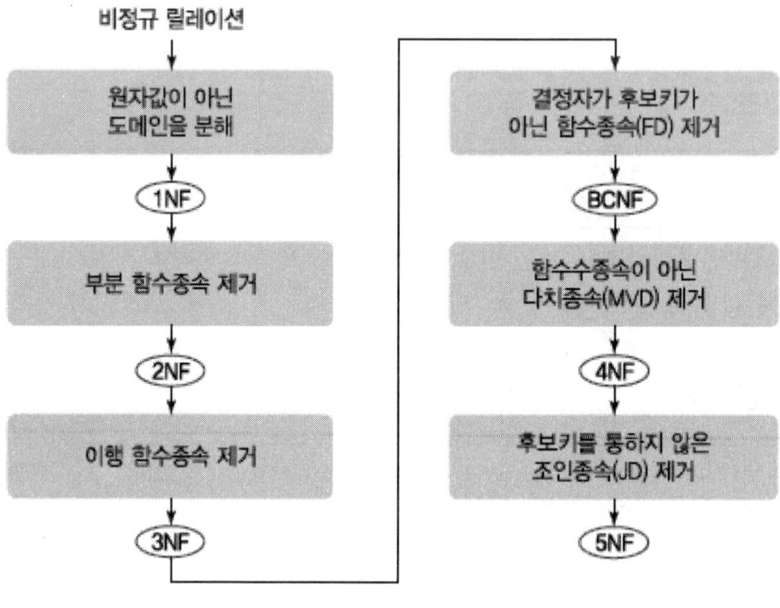
비정규 릴레이션
원자값이 아닌 도메인을 분해
1NF
부분 함수종속 제거
2NF
이행 함수종속 제거
3NF
결정자가 후보키가 아닌 함수종속(FD) 제거
BCNF
함수수종속이 아닌 다치종속(MVD) 제거
4NF
후보키를 통하지 않은 조인종속(JD) 제거
5NF

[정규형 단계]

제2편 데이터 입출력 구현

Chapter 02 물리 데이터저장소 설계하기

1. 물리 데이터저장소 모델 변환

물리적 데이터 저장소는 논리 데이터 모델을 사용하고자 하는 각 DBMS의 특성을 고려하여 데이터베이스 저장 구조(물리 데이터 모델)로 변환하기 위한 데이터 저장소이다.

(1) 물리 데이터 저장소 모델 변환 순서

① 단위 개체(Entity)를 테이블로 변환
② 속성을 칼럼으로 변환
③ UID를 기본키(Primary Key)로 변환
④ 관계를 외래키(Foreign Key)로 변환
⑤ 칼럼 유형(Type)과 길이(Length)를 정의
⑥ 반정규화(Denormalization)수행

(2) 반정규화(Denormalization) 개념

반정규화란 시스템의 성능 향상, 개발 및 운영의 편의성 등을 위해 정규화된 데이터 모델을 통합, 중복, 분리하는 과정으로, 의도적으로 정규화 원칙을 위배하는 행위이다.

① 반정규화를 수행하면 시스템의 성능이 향상되고 관리 효율성을 증가하지만 데이터의 일관성 및 정합성이 저하될 수 있다.
② 과도한 반정규화는 오히려 성능을 저하시킨다.
③ 반정규화를 위해서는 사전에 데이터의 일관성과 무결성을 우선으로 할지, 데이터베이스의 성능과 단순화를 우선으로 할지를 결정해야 한다.
④ 반정규화 방법에는 중복 테이블 추가, 테이블 통합, 테이블 분할, 칼럼(=속성)의 중복화 등이 있다.

(3) 반정규화(Denormalization)유형

1) 중복 테이블 추가

① 많은 범위의 데이터를 자주 처리하는 경우
② 특정 범위의 데이터만 자주 처리되는 경우
③ 처리범위를 줄이지 않고는 수행속도를 개선할 수 없는 경우
④ 추가 방법 : 집계 테이블 추가, 진행 테이블 추가, 특정 부분만을 포함하는 테이블

2) 테이블 통합

① 두 개 이상의 테이블에 대해 동일하게 발생하는 경우 활용
② 해당 테이블을 통합 설계
③ Not Null, Default, Check 등 Constraint를 완벽히 설계하기 어려움

3) 테이블 분할

① 수직분할과 수평분할 방법이 있으며 칼럼의 사용빈도의 차이가 많은 경우 수직분할, 범위별 사용빈도 차이가 많은 경우 수평분할을 활용
② 기본키의 유일성 관리가 어려우며, 분할된 테이블은 처리속도를 나쁘게 하는 점에 유의한다.

4) 테이블 제거

① 칼럼의 중복화로 더 이상 엑세스 되지 않는 테이블이 발생할 경우 활용
② 관리 소홀, 누락으로 인해 유지보수 단계에서 빈번하게 발생하는 현상

5) 칼럼의 중복화

① 주로 사용하는 칼럼이 다른 테이블에 분산되어 액세스 범위를 축소하지 못하는 경우 활용
② 기본키의 형태가 적절하지 않거나 너무 많은 칼럼으로 구성된 경우 활용
③ 테이블 중복과 칼럼의 중복, 저장공간의 낭비를 고려

2. 물리 데이터저장소 구성

(1) 데이터저장소 설계 시 고려사항

항목	고려사항
디스크 구성 설계	테이블 스페이스 개수와 사이즈 등을 구성한다.
파티션 설계	트랜잭션 수행 시 증가되는 데이터 할당을 위해 작은 단위로 분할하여 나눈다. 범위분할, 해시분할, 조합 분할 방식으로 구분한다.
클러스터 설계	지정된 칼럼 값의 순서대로 하나 이상의 테이블을 같은 클러스터에 저장한다.
인덱스 설계	검색 속도 향상을 위해 특정 칼럼에 대하여 인덱싱 작업을 수행.

(2) 데이터저장소 구성 방법 (파일 편성 방법)

- 파일 편성은 파일의 레코드들을 물리적 저장장치에 저장하기 위한 배치 방법으로 곧 데이터베이스의 물리적 저장 방법이 된다.
- 파일 편성은 저장된 레코드들을 어떻게 접근 하느냐에 따라 순차방식, 인덱스방식, 해싱방식 등으로 나눌 수 있다.

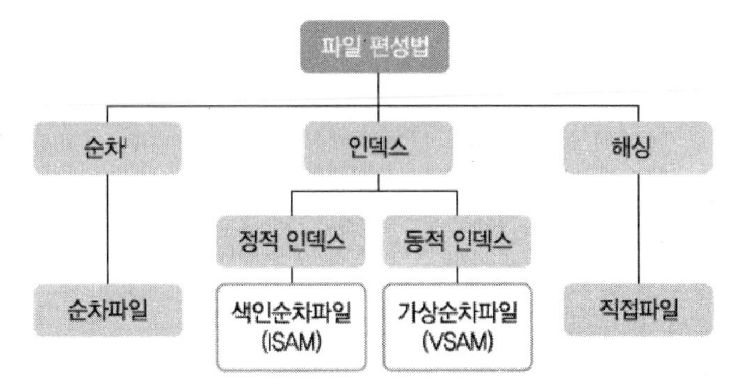

1) 순차파일(Sequential File)

레코드들을 임의의 키 순으로 정렬하여 물리적 연속공간에 기억시키는 파일로 순차 접근 저장장치인 자기테이프에서 주로 사용한다.

장점	• 순차적으로 저장되므로 기록밀도가 높고 기억 공간의 활용률이 높다. • 어떤 매체라도 순차 파일의 기록 매체가 될 수 있다. • 일괄 처리 작업 등 주기적으로 처리하는 경우에 사용한다.
단점	• 레코드를 삽입, 삭제 시 파일 전체를 복사해야 한다. • 특정의 레코드 검색시 순서대로 검색을 해야 하므로 검색 효율이 저하된다.

2) 색인순차 파일(ISAM ; Indexed Sequential Access Method)

순차처리와 임의처리가 동시에 가능하도록 레코드들을 키값 순으로 정렬하여 저장하고, 레코드의 키 항목만을 모은 인덱스(index;색인)를 구성하여 편성하는 파일이다.

① 파일 구조

기본 데이터 영역 (prime data area)	실제 레코드들을 기록하는 데이터 영역
인덱스 영역 (index area)	① 마스터 인덱스 ② 실린더 인덱스 ③ 트랙 인덱스
오버플로우 영역 (overflow area)	새로운 레코드의 삽입 시 예비적으로 확보해둔 영역

② 장단점

장점	• 순차 처리와 직접 처리가 모두 가능하다. • 레코드 추가 및 삽입시 파일 전체를 복사할 필요가 없다.
단점	• 인덱스 및 오버플로우 영역을 위한 추가 공간이 필요하다. • 오버플로우 레코드가 많아지면 파일을 재편성해야 한다. • 인덱스 처리 시간이 소모되므로 파일 처리 속도가 저하된다.

3) 직접파일(Direct File)

- 저장 레코드의 물리적 주소를 계산하기 위해 해시함수(키-주소 변환 함수)를 이용하는 파일이다.
- 레코드의 논리적 순서나 물리적 순서와 무관하고 키값에 따라 정렬되어 있을 필요도 없다.
- 랜덤 파일(Random File)이라고도 한다.

장점	• 특정 레코드 검색 시 데이터 접근시간이 가장 빠르다. • 파일 내 어떤 레코드라도 평균 접근 시간이 동일하다.
단점	• 키-주소 변환 과정이 필요해 시간이 지연된다. • 기억공간 효율이 저하되고, 연속적, 전체적인 검색은 불가능하다.

Chapter 03 데이터 조작 프로시저 작성하기

1. 데이터 조작 프로시저

- SQL을 통해 생성된 데이터를 조작하는 프로그램으로 데이터베이스 내부에 저장되고, 일정 조건이 되면 자동으로 수행된다.
- 데이터를 조작하는 프로시저는 크게 저장 프로시저, 사용자 지정 함수, 트리거로 구분한다.
- PL/SQL은 표준 SQL을 기본으로 Oracle에서 개발한 데이터 조작 언어이며, Java 환경의 경우 구축된 데이터베이스로의 연결은 JDBC를 통해 연결한다.

(1) 데이터 저장소 연결 절차

① 드라이버 로딩
② 데이터베이스 연결
③ 쿼리 전달
④ 결과 수신

(2) 데이터 저장 프로시저 작성

```
// 1. 생성
CREATE TABLE EMPLOYEE
(
        EMP_NO NUMBER,
        EMP_NAME VARCHAR2(10),
        START_DATE DATE NOT NULL,
        CONSTRAINT EMP_NO_PK PRIMARY KEY(EMP_NO)
);
//2. 수정
ALTER TABLE DEPT MODIFY (DEPT_NAME VARCHAR2(20));
```

```
//3. 삭제
DROP TABLE DEPT;
```

(3) 데이터 조작 프로시저 작성

```
CREATE OR REPLACE PROCEDURE 프로시저 명
( 파라미터 1 데이터타입 ... )
IS
BEGIN
        INSERT INTO ...
                VALUES ... ;
COMMIT;
END;
EXEC 프로시저 호출;
```

(4) 데이터 검색 프로시저 작성

```
CREATE OR REPLACE PROCEDURE 프로시저 명 ( ... )
IS
BEGIN
        SELECT ...
        FROM ... LEFT OUTER JOIN ...
        WHERE ...
                AND ...
                AND ...
        RETURN;
END;
```

2. 데이터 조작 프로시저 테스트

DBMS_OUTPUT 패키지를 활용하여 테스트한다.

DBMS_OUTPUT.DISABLE	메시지 버퍼 내용 삭제
DBMS_OUTPUT.ENABLE	메시지 버퍼 내용 할당
DBMS_OUTPUT.PUT	하나의 라인을 저장, 메시지의 마지막 라인 끝에 EOL문자 추가안함
DBMS_OUTPUT.PUT_LINE	PUT과 동일하나 메시지의 마지막 라인 끝에 EOL문자 추가
DBMS_OUTPUT.GET_LINE	한번 호출될 때마다 하나의 라인만을 읽어옴
DBMS_OUTPUT..GET_LINES	지정된 라인을 모두 읽음

Chapter 04 데이터 조작 프로시저 최적화하기

1. 데이터 조작 프로시저 성능개선

(1) 쿼리 성능 개선

1) 정의

데이터베이스에서 프로시저에 있는 SQL 실행 계획을 분석, 수정을 통해 최소의 시간으로 원하는 결과를 얻도록 프로시저를 수정, 성능 개선을 높이는 작업이다.

2) 쿼리 성능 개선 절차

① 문제 있는 SQL 식별 : 앱 성능을 관리 및 모니터링 도구인 APM 활용
② 옵티마이저 통계 확인 : 개발자가 작성한 SQL을 가장 빠르고 효율적으로 수행할 최적의 처리 경로를 생성해주는 데이터베이스 핵심 모듈로 규칙기반(RBO), 비용기반(CBO)로 구분
③ SQL 문 재구성 : 범위가 아닌 특정 값 지정으로 범위를 줄여 처리 속도 빠르게 함, 힌트로서 옵티마이저의 접근 경로 및 조인 순서 제어
④ 인덱스 재구성 : 액세스 경로를 고려하여 인덱스 생성, 실행계획을 검토하여 기존 인덱스의 열 순서 변경/추가
⑤ 실행 계획 유지 관리 : 디비 버전 업그레이드, 데이터 전환 등 환경의 변경 사항 발생 시에도 실행 계획 유지 관리

3) 옵티마이저 역할

① 쿼리 변환 : 좀 더 일반적이고 표준화된 형태로 변화
② 비용 산정 : 각 단계의 선택도 카디널리티 비용 계산, 전체에 대한 총 비용 계산
③ 계획 생성 : 후보군이 될 만한 실행 계획들을 생성해내는 역할

1. 아래 내용에 부합하는 데이터베이스 개념을 적으시오.

- 현실 세계의 데이터 구조를 컴퓨터 세계의 데이터 구조로 기술하는 개념적인 도구이다.
- 현실 세계를 데이터베이스에 표현하는 중간 과정, 즉 데이터베이스 설계 과정에 서 데이터의 구조를 논리적으로 표현하기 위해 사용된다,

정답 데이터 모델
해설 데이터 모델은 현실 세계의 데이터 구조를 컴퓨터 세계의 데이터 구조로 기술하는 개념적인 도구이다.

2. 데이터 모델의 구성 요소 중 데이터베이스에 저장된 데이터를 처리하는 작업에 대하여 명세한 것은 무엇인가?

정답 연산 (operation)
해설 데이터 모델 구성 요소 : 구조, 연산, 제약조건

3. 데이터 모델 구성 요소 3가지를 쓰시오.

개체 데이터 모델에서는 (A) 을/를 이용하여 실제 데이터를 처리하는 작업에 대한 명세를 나타내는데 논리 데이터 모델에서는 (B) 을/를 어떻게 나타낼 것인지 표현한다.
(C) 은/는 데이터 무결성 유지를 위한 데이터베이스의 보편적 방법으로 릴레이션의 특정 칼럼에 설정하는 제약을 의미하며, 개체무결성과 참조 무결성 등이 있다.

정답 A:.연산, B: 구조, C: 제약조건
해설

구조	데이터베이스에 표현될 개체간의 관계로서 데이터 구조를 명세
연산	데이터베이스에 저장된 데이터를 처리하는 작업에 대하여 명세
제약조건	데이터베이스에 허용될 수 있는 데이터의 논리적 제약을 명세

4. 다음은 데이터 모델링 프로세스이다. (   )안에 들어갈 절차를 순서대로 쓰시오.

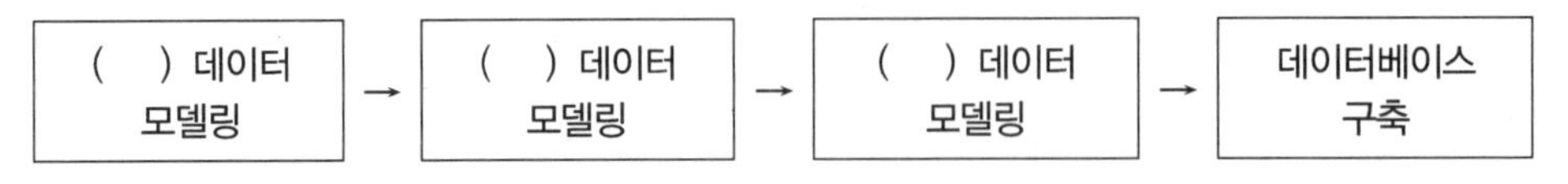

정답 개념, 논리, 물리

해설 데이터 모델링 프로세스

개념 데이터 모델링 → 논리 데이터 모델링 → 물리 데이터 모델링 → 데이터베이스 구축

5. 다음에서 설명하는 데이터 모델을 쓰시오.

- 주요 개체(Entity)타입, 기본 속성 및 관계, 주요 업무기능 등을 포함한다.
- 주제 영역에 포함되는 중심 개체타입 간의 관계를 파악하고 주요 업무 규칙을 정의한다.
- 특정 DBMS로부터 독립적이다.
- E-R, EE-R 모델들이 사용된다.

정답 개념 데이터 모델링

해설 개념 데이터 모델링의 특징으로 개체와 개체들 간의 관계에서 E-R 다이어그램을 만드는 과정이다.

6. 다음은 E-R다이어그램의 표기 방법이다. A~G 각 칸에 들어갈 알맞은 답을 보기에서 골라 쓰시오

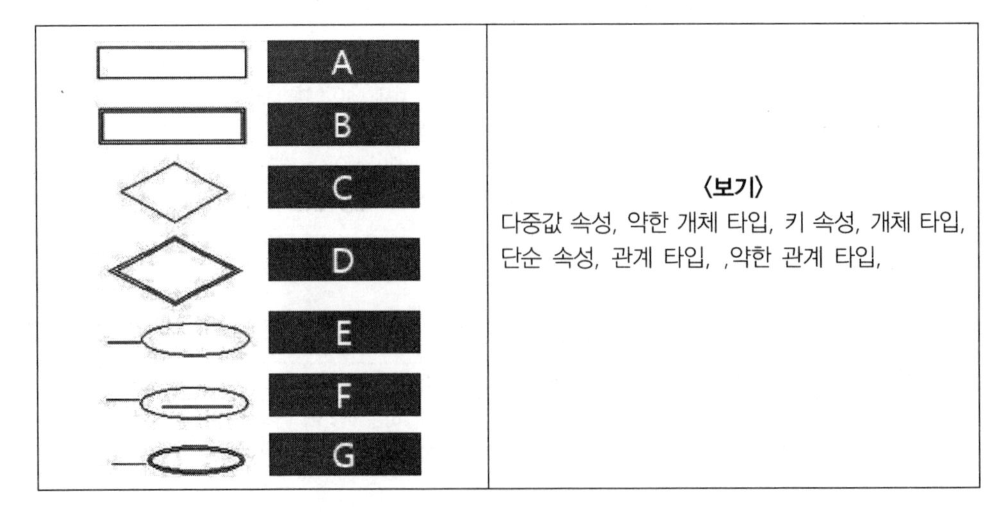

정답 해설	A 개체 타입 B 약한 개체 타입 C 관계 타입 D 약한 관계 타입 E 속성 F 키 속성 G 다중값 속성

7. 다음에서 설명하는 데이터 모델을 쓰시오.

- 모든 업무 데이터를 정규화(Normalization)한다.
- 개념적 구조를 컴퓨터가 이해하고 처리할수 있는 환경에 맞게 사상하기 위한 논리적 구조를 기술하는 방법이다.
- 특정 DBMS에 일치하는 데이터 모델이다.,

정답 해설	논리 데이터 모델링 논리 데이터 모델에 대한 특징으로 E-R다이어그램을 사용하여 관계스키마 모델을 만드는 과정이다.

8. 다음에서 설명하는 데이터 모델을 쓰시오.

- 실제 데이터베이스에 이식할 수 있도록 성능, 저장 등 물리적인 성격을 고려하여 설계한다.
- 관계 스키마 모델의 물리적 구조를 정의하고 구현하는 과정이다.
- 설계와 성능을 고려한 조정을 수행한다.
- 적용 DBMS에 적합한 성능조정을 수행한다.

정답 해설	물리 데이터 모델링 물리 데이터 모델링의 특징으로 관계 스키마 모델의 물리적 구조를 정의하고 구현하는 과정이다.

9. 이상 현상(Anomaly)의 종류 3가지를 쓰시오.

정답 삽입이상, 삭제이상, 갱신이상

해설 ① 삽입(Insert) 이상 : 데이터 삽입 시 불필요한 데이터가 같이 삽입되는 현상
② 삭제(Delete)이상 : 데이터 삭제 시 원하지 않는 다른 데이터도 삭제되는 현상
③ 갱신(Update) 이상 : 중복 데이터 변경시 일부 데이터만 변경되는 현상

10. 데이터베이스의 이상현상 중, 삭제 이상에 대해 간략히 설명하시오.

정답 데이터 삭제 시 원하지 않는 다른 데이터도 같이 삭제되는 현상

11. 다음은 함수 종속성에 대한 설명이다. 해당 문제에 대한 알맞는 답을 보기에서 골라 괄호 안에 작성하시오.

학생	학과	성적	학년
홍길동	정보보안과	75	1
홍길동	경영학과	60	1
임꺽정	컴퓨터학과	80	3
유관순	게임학과	95	4
유관순			3

1. 성적은 {학생,학과}에 대해서 (　　) Functional Dependency이다.
2. 성적은 학과만 알아도 식별이 가능하므로, 이 경우에는 성적 속성은 기본키에 (　　) Functional Dependency이다.
3. 릴레이션에서 X, Y, Z라는 3 개의 속성이 있을 때 X→Y, Y→Z 이란 종속 관계가 있을 경우, X→Z가 성립될 경우 (　　) Functional Dependency이다.

<보기> Full, Partial, Multivalue, Transitive, Join

정답
해설
1. Full(완전)
2. Partial(부분)
3. Transitive(이행)

12. 데이터베이스 정규화(Normalization)에 대하여 기술하시오.

정답 해설	정규화란 속성 간 종속성을 분석하여 잘못 설계된 스키마를 분해하여 바람직한 스키마, 즉 이상(anomaly) 현상이 제거된 릴레이션으로 만들어 가는 과정이다.

13. 부분 함수적 종속성 제거하여 완전 함수적 종속을 만족하는 정규형을 무엇인가

정답 해설	제2정규형 (2NF) 1NF를 만족시키면서 부분 함수적 종속성을 제거한 릴레이션이다.

14. 정규화 과정 중 다음에서 설명하는 정규화 단계를 쓰시오.

> 엔티티에서 하나의 속성이 복수개의 값을 갖도록 설계되어 있을 때 하나의 속성이 단일 값을 갖도록 설계를 변경하는 과정이다.

정답 해설	제1정규화 제1정규화는 엔티티에서 하나의 속성이 복수개의 값을 갖도록 설계되어 있을 때 하나의 속성이 단일 값을 갖도록 설계를 변경하는 과정이다.

15. 정규화 단계 중 ①, ②, ③에 해당하는 정규형 릴레이션은?

정규형 릴레이션	설명
(①)	릴레이션에 속한 모든 속성의 도메인이 더 이상 분해되지 않는 원자 값만으로 구성된 릴레이션
(②)	릴레이션이 제2정규형에 속하고 기본키가 아닌 모든 속성이 기본키에 비이행적으로 종속되어 있는 릴레이션
(③)	릴레이션의 함수 종속 관계에서 모든 결정자가 후보키인 릴레이션

정답 해설

① 1정규형 (1 NF)
② 3 정규형 (3 NF)
③ BCNF 정규화 (BCNF)

데이터베이스 정규화 단계
① 1 정규형 (1 NF)
릴레이션에 속한 모든 속성의 도메인이 더 이상 분해되지 않는 원자 값(atomic value)으로만 구성된 릴레이션
② 2 정규형 (2 NF)
릴레이션이 제1정규형에 속하고 기본키가 아닌 모든 속성이 기본키에 완전 함수 종속인 릴레이션
③ 3 정규형 (3 NF)
릴레이션이 제2정규형에 속하고 기본키가 아닌 모든 속성이 기본키에 비이행적 함수 종속인 릴레이션
④ BCNF 정규화 (BCNF)
릴레이션의 함수 종속 관계에서 모든 결정자가 후보키인 릴레이션

16. 정규화된 엔티티, 속성, 관계에 대해 성능 향상과 개발 운영의 단순화를 위해 중복, 통합, 분리 등을 수행하는 데이터 모델링의 기법을 무엇이라고 하는지 쓰시오.

정답 반정규화(Denormalization)
해설 반정규화는 시스템의 성능 향상, 개발 및 운영의 편의성 등을 위해 정규화된 데이터 모델을 통합, 중복, 분리하는 과정으로, 의도적으로 정규화 원칙을 위배하는 행위

17. 칼럼의 중복화로 더 이상 엑세스 되지 않는 테이블이 발생할 경우에 사용하는 반정규화 기법은?

정답 테이블 제거
해설 테이블 제거

① 칼럼의 중복화로 더 이상 엑세스 되지 않는 테이블이 발생할 경우 활용.
② 관리 소홀, 누락으로 인해 유지보수 단계에서 빈번하게 발생하는 현상
③ 해당 테이블을 삭제하는 방법을 사용

18. **반정규화 유형 중 다음 내용에 해당하는 기법을 쓰시오.**

- 주로 사용하는 칼럼이 다른 테이블에 분산되어 액세스 범위를 축소하지 못하는 경우 활용
- 기본키의 형태가 적절하지 않거나 너무 많은 칼럼으로 구성된 경우 활용
- 필요한 해당 테이블이나 칼럼을 추가하는 방법 사용
- 테이블 중복과 칼럼의 중복을 고려
- 저장공간의 낭비를 고려

정답 칼럼의 중복화

해설 칼럼의 중복화는 주로 사용하는 칼럼이 다른 테이블에 분산되어 액세스 범위를 축소하지 못하는 경우 활용된다.

19. **다음은 파티션의 종류이다. (　　)안에 들어갈 용어를 순서대로 쓰시오.**

파티션 종류	내용
(　　　　)	지정한 열의 값을 기준으로 분할
(　　　　)	해시 함수에 따라 데이터를 분할
(　　　　)	범위 분할에 의하여 데이터를 분할한 후 해시 함수를 적용하여 재분할

정답 범위분할, 해시분할, 조합분할

해설 파티션의 종류 및 내용은 다음과 같다.

범위분할(Range Paritioning)	지정한 열의 값을 기준으로 분할
해시분할(Hash Paritioning)	해시 함수에 따라 데이터를 분할
조합분할(Composite Partitioning)	범위 분할에 의하여 데이터를 분할한 후 해시 함수를 적용하여 재분할

20. **다음은 파일 구조(File Structures)에 대한 설명이다. 괄호 ( ) 안에 들어갈 알맞는 답을 작성하시오.**

파일구조는 파일을 구성하는 레코드들이 보조기억장치에 편성되는 방식으로 접근 방식에 따라 방식이 달라진다. 접근 방법중, 레코드들을 키-값 순으로 정렬하여 기록하고, 레코드의 키 항목만을 모은 (　　)을 구성하여 편성하는 방식이 있으며, 레코드를 참조할 때는 ( ) 이 가르키는 주소를 사용하여 직접 참조할 수 있다. 파일 구조에는 순차 접근, ( ) 접근, 해싱 접근이 있다.

정답 인덱스 또는 색인

해설 칼럼의 중복화는 주로 사용하는 칼럼이 다른 테이블에 분산되어 액세스 범위를 축소하지 못하는 경우 활용된다.

21. 순차 파일에 대한 옳은 내용을 모두 선택하시오.

㉠ 대화식 처리보다 일괄 처리에 적합한 구조이다.
㉡ 어떤 형태의 입출력 매체에서도 처리가 가능하다.
㉢ 연속적인 레코드의 저장에 의해 레코드 사이에 빈 공간이 존재하지 않으므로 기억장치의 효율적인 이용이 가능하다.
㉣ 새로운 레코드를 삽입하는 경우 파일 전체를 복사하지 않아도 된다.

정답 ㉠ ㉡ ㉢

해설 순차 파일에서는 새로운 레코드를 삽입하는 경우 파일 전체를 복사하여 재구성해야한다.

제3편
통합 구현

Chapter 01 연계 데이터 구성하기

1. 연계 요구 사항 분석

(1) 통합 구현 개념

통합 구현은 사용자의 요구사항을 반영하여, 신규 서비스 창출을 위한 모듈 간의 연계와 통합이다.

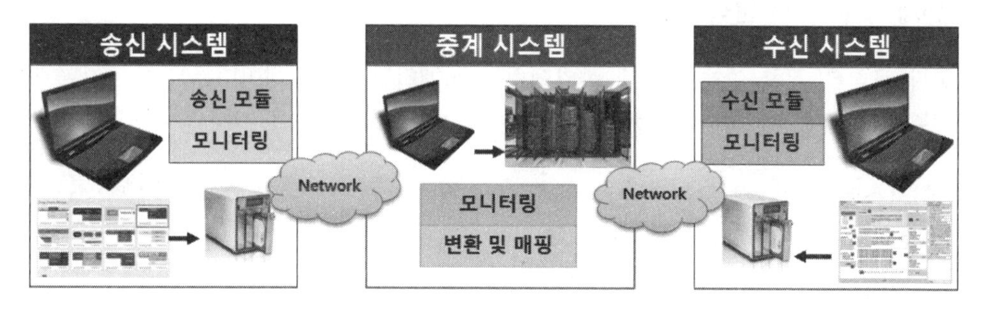

[통합 구현 개념도]

1) 송신 시스템과 모듈

송신 시스템은 전송하고자 하는 데이터를 생성하여 필요에 따라 변환 후 송신하는 송신 모듈과 데이터 생성 및 송신 상태를 모니터링하는 기능으로 구성되며, 내부 연계 시에도 필수 요소에 해당 된다.

2) 중계 시스템

주로 외부 시스템 간의 연계 시에 적용되며, 내 · 외부 구간의 분리로 보안성이 강화되고, Internet과 Intranet을 연결할 수도 있다.

3) 수신 시스템과 모듈

수신한 연계 테이블 또는 파일의 데이터를 수신 시스템 데이터 형식에 맞게 변환하여 데이터베이스에 저장하거나 애플리케이션에 활용할 수 있도록 제공하는 시스템이다.

4) 연계 데이터

송수신되는 데이터로 의미를 갖는 속성, 길이, 타입 등이 포함되며, 파일은 세분화하여 text, xml, csv 등 다양한 형식으로 구분할 수 있다.

5) 네트워크

각 시스템을 연결해 주는 통신망으로써 유선 또는 무선 인터넷 서비스 공급 사업자의 공중망 또는 사설망과 같은 유무선의 물리적인 망과 송·수신 규약을 위한 프로토콜을 의미한다.

(2) 연계 요구 사항 분석

통합 구현을 위한 연계 시스템 아키텍처를 설계하고, 연계 데이터를 정의하기 위해서 사용자 요구 사항 분석은 중요한 작업이다. 연계 요구사항 분석 절차는 다음과 같다.

① 시스템 현황 확인 : 송신 시스템과 수신 시스템의 하드웨어 구성, 시스템 소프트웨어 구성, 네트워크 현황 확인
② 정의서 확인 : 송신 시스템과 수신 시스템에서 연계하고자 하는 데이터 관련 테이블 정의서, 코드 정의서 확인
③ 체크 리스트 작성: 질의 사항을 시스템 관점과 응용 관점에서 연계 분석 체크리스트 작성
④ 인터뷰 및 면담: 사용자 인터뷰 및 면담을 수행하고 회의록을 작성
⑤ 연계 요구사항 분석서 작성 : 연계 시스템 구성 및 데이터 식별에 해당하는 내용에 요구사항 ID를 부여하고 요구사항 분석서 작성

2. 연계 데이터 식별 및 표준화

(1) 연계 범위 및 항목 정의

① 시스템 간의 연계하려는 정보를 상세화하며, 범위와 항목을 정의한다. 연계 필요한 정보를 정보 그룹에서 구성하는 단위 항목으로 확인한다.
② 송신 시스템과 수신 시스템에서 연계하고자 하는 각 항목의 데이터 타입 및 길이, 코드화 여부 등을 확인한다.

③ 송신 시스템과 수신 시스템의 연계 항목이 상이할 경우, 일반적으로 연계 정보가 활용되는 수신 시스템 기준으로 적용 및 변환한다.

연계 정보		확인 사항
송신부	수신부	
String	Number	한 가지의 데이터 타입으로 정의 및 적용한다. 일반적으로 수신 시스템 기준으로 적용한다.
Number	String	
String	Data	
Data	String	
Not Null	Null	송신 시스템에 입력된 값 그대로 연계한다.
Null	Not Null	연계 불가하다.

(2) 연계 코드 변환 및 매핑

① 연계 대상 범위 및 항목을 식별한 이후에는 연계 정보 중 코드로 관리되는 항목을 변환해야 한다.

② 코드로 관리 되는 정보는 정확한 정보로의 전환 및 검색 조건으로 활용하는 이점이 있다.

(3) 연계 데이터 식별자와 변경 구분 추가

① 송신된 정보가 수신 시스템의 어떤 데이터에 해당되는지 추출하기 위해서는 수신 시스템의 연계 정보에 송신 시스템의 식별키 항목을 추가하여 관리한다.

② 송신 데이터를 수신 시스템에 반영하기 위해서 송신 정보를 수신 시스템의 테이블에 추가, 수정, 삭제할 데이터인지 식별해 주는 구분 정보를 추가한다.

③ 연계되는 정보의 송수신 여부, 송수신 일지, 오류 코드 등을 확인하고 모니터링하기 위해 인터페이스 테이블 또는 파일에 관리 정보를 추가한다.

(4) 연계 데이터 표현 방법

① 연계 대상 범위 및 항목, 코드 매핑 방식 등을 정의한 후 연계 데이터를 테이블이나 파일 등의 형식으로 구성한다.

② 연계 데이터를 생성하는 시점, 연계 주기, 적용되는 연계 솔루션의 지원 기능 등에 구성된 연계 데이터는 다르게 표현될 수 있다.

③ 기본적인 분류는 데이터베이스의 테이블과 파일의 형식이며, 파일의 경우에는 파일 형식에 따라 태그, 항목 분리자 사용 등에 의해 상세화 된다.

(5) 연계 정의서 및 명세서

① 연계 항목, 연계 데이터 타입, 길이 등을 구성하고 형식을 정의하는 과정의 결과물로 연계 정의서를 작성한다.

② 송신 시스템과, 수신 시스템 간의 인터페이스 현황을 작성한다.

③ 인터페이스 ID 별로 송수신하는 데이터 타입, 길이 등 인터페이스 항목을 상세하게 정의서에 작성한다.

<table>
<tr><th rowspan="2">I/F 번호</th><th colspan="2">송신</th><th colspan="2">수신</th><th rowspan="2">인터페이스 방식</th><th rowspan="2">인터페이스 주기</th></tr>
<tr><th>시스템명</th><th>인터페이스 ID/명</th><th>시스템명</th><th>인터페이스 ID/명</th></tr>
<tr><td></td><td></td><td></td><td></td><td></td><td></td><td></td></tr>
<tr><td></td><td></td><td></td><td></td><td></td><td></td><td></td></tr>
</table>

연계 정의서

<table>
<tr><th colspan="2">I/F 번호</th><td colspan="5"></td><th colspan="3">I/F명</th><td colspan="3"></td></tr>
<tr><th rowspan="2">송신</th><th>I/F ID</th><td colspan="5"></td><th rowspan="2" colspan="2">수신</th><th>I/F ID</th><td colspan="3"></td></tr>
<tr><th>I/F명</th><td colspan="5"></td><th>I/F명</th><td colspan="3"></td></tr>
<tr><th colspan="2">주기 및 방식</th><td colspan="5"></td><th colspan="3">DB 및 파일 형식</th><td colspan="3">○ DB ○ FILE (   )</td></tr>
<tr><th colspan="7">송신</th><th colspan="6">수신</th></tr>
<tr><th colspan="2">한글명</th><th>영문명</th><th>Type</th><th>길이</th><th>PK</th><th>Code 여부</th><th>한글명</th><th>영문명</th><th>Type</th><th>길이</th><th>PK</th><th>Code 여부</th></tr>
<tr><td colspan="2"></td><td></td><td></td><td></td><td></td><td></td><td></td><td></td><td></td><td></td><td></td><td></td></tr>
<tr><td colspan="2"></td><td></td><td></td><td></td><td></td><td></td><td></td><td></td><td></td><td></td><td></td><td></td></tr>
<tr><td colspan="2"></td><td></td><td></td><td></td><td></td><td></td><td></td><td></td><td></td><td></td><td></td><td></td></tr>
<tr><th colspan="2">처리 내용</th><td colspan="11"></td></tr>
</table>

연계(인터페이스) 명세서

제3편 통합 구현

Chapter 02 연계 메커니즘 구성하기

1. 연계 메커니즘 개념

응용 소프트웨어와 연계 대상 모듈 간의 데이터 연계 시 요구사항을 고려한 연계 방법과 주기를 설계하기 위한 메커니즘이다

① 연계 메커니즘은 송신 시스템과 수신 시스템으로 구성된다.

② 송신 시스템은 운영 데이터베이스, 애플리케이션으로부터 연계 데이터를 인터페이스 테이블 또는 파일로 생성하여 송신한다.

③ 수신 시스템은 수신한 인터페이스 또는 파일의 데이터를 변환하여 운영 데이터베이스에 반영한다.

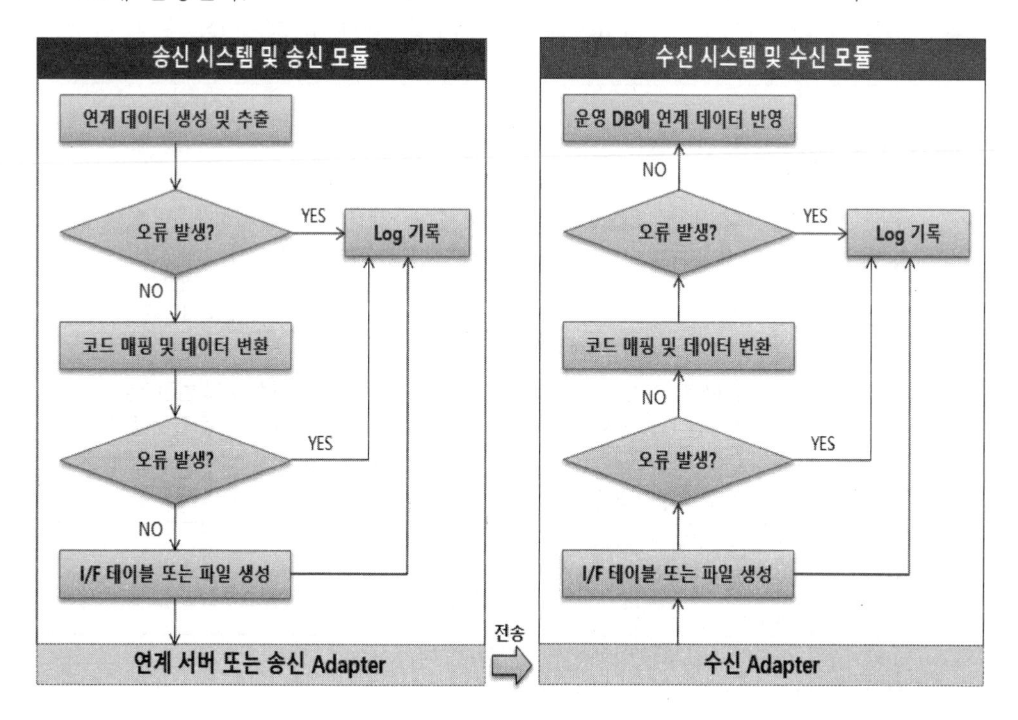

(1) 연계 방식

1) 직접 연계 방식

중간 매개체 없이 송·수신 시스템을 직접 연계하는 방식이다.

직접 연계	내용
DB Link	DB에서 제공하는 DB Link 객체를 이용하는 방식이다.
DB Connection	수신 시스템의 WAS에서 송신 시스템 DB로 연결하는 DB 커넥션 풀(DB Connection Pool)을 생성하고 연계 프로그램에서 해당 DB Connection Pool명을 이용하는 방식이다.
JDBC	수신 시스템의 프로그램에서 JDBC 드라이버를 이용하여 송신 시스템 DB와 연결한다.
Hyper Link	웹 애플리케이션에서 하이퍼링크를 이용하는 방식이다.
API/OpenAPI	송신 시스템의 데이터베이스에서 데이터를 읽어 들여와 제공하는 애플리케이션 프로그래밍 인터페이스 프로그램이다.
장점	• 연계 처리 속도가 빠르고 구현이 단순 • 개발 비용과 개발 기간이 짧음
단점	• 시스템 간 결합도가 높아서 시스템 변경에 민감 • 암·복호화 처리와 비즈니스 로직 구현을 인터페이스별로 작성 • 전사적 통합 환경 구축이 어려움

2) 간접 연계 방식

송·수신 현황을 모니터하는 연계 서버를 매개체 활용하여 연계하는 방식이다.

간접 연계	내용
EAI	• 실제 송수신 처리와 진행 현황을 모니터링 및 통제하는 EAI 서버, 송수신 시스템에 설치되는 Adapter를 이용
Web 서비스/ESB	• 웹 서비스가 설명된 WSDL과 SOAP 프로토콜을 이용한 시스템간 연계 • 미들웨어인 ESB에서 서비스간 연동을 위한 변환 처리로 다중 플랫폼 지원
Socket	• Socket을 생성하여 포트를 할당하고, 클라이언트의 요청을 연결하여 통신 • 네트워크 프로그램의 기반 기술
장점	• 서로 상이한 시스템들을 연계하고 통합 • 인터페이스 변경 시 유연한 대처가 가능 • 보안이나 업무처리 로직 반영이 용이
단점	• 인터페이스 아키텍처와 연계 절차가 복잡 • 연계 서버로 인한 성능 저하 • 개발 및 테스트 기간이 직접 연계 방식보다 오래 소요

2. 연계 장애 및 오류처리 구현

(1) 장애 및 오류 유형

오류 유형		설명
연계 시스템		연계 서버의 실행 여부를 비롯하여 송수신, 전송 형식 변환 등 서버의 기능과 관련된 장애 및 오류
연계 응용 프로그램	송신 시스템	데이터 추출을 위한 DB 접근 시 권한 불충분, 데이터 변환 시 Exception 미처리 등 연계 프로그램 구현상의 오류
	수신 시스템	운영 DB에 반영하기 위한 DB접근 권한 불충분, 데이터 변환 및 반영 시 익셉션 미처리 등 연계 프로그램 구현 상의 오류
연계 데이터 오류		송신 시스템에서 추출된 연계 데이터가 유효하지 않은 값으로 인한 오류

(2) 장애 및 오류 처리 절차

① 장애 및 오류 현황 모니터링 화면을 이용한 확인
② 장애 및 오류 구간별 로그(log) 확인 및 원인 분석
③ 로그(log)의 오류 조치
④ 필요시 재작업

(3) 연계 데이터 보안 적용

송신 시스템에서 수신 시스템으로 전송되는 내외부 모듈 간의 연계 데이터는 중요성을 고려하여 보안을 적용해야 한다. 보안 적용은 전송 구간에서 수행한다.

① 전송 구간 보안
전송되는 데이터나 패킷을 쉽게 가로챌 수 없도록 암호화 기능이 포함된 프로토콜을 사용 데이터나 패킷을 가로채더라도 내용을 확인할 수 없게 데이터나 패킷을 암호화힌다.

② 데이터 보안
송신 시스템에서 연계 데이터를 추출할 때와 수신 시스템에서 데이터를 운영 DB에 반영할 때 데이터를 암/복호화 한다.

Chapter 03 내외부 연계 모듈 구현하기

1. 연계 모듈 구현 환경 구성 및 개발

(1) EAI/ESB 방식

1) EAI(Enterprise Application Integration)

기업에서 운용하는 서로 다른 S/W를 네트워크 프로토콜, OS와 상관없이 비즈니스 프로세스 차원에서 통합하는 전사적 애플리케이션 통합이다.

2) ESB(Enterprise Service Bus)

다양한 시스템과 연동을 위한 멀티 프로토콜이 특징이며, 이벤트, 표준 지향적이다. 플랫폼은 독립적 운영하며, 서비스를 조합하는 BPM을 지원한다.

▶EAI와 ESB 특징 비교

기능	EAI	ESB
통합 형태	Application 통합	Process 통합
아키텍처	벤더 종속적 기술	표준 기술(Web Services, XML)
수행 목적	기업 내부의 이기종 응용 모듈 간 통합	기업 간의 서비스 교환을 위해 표준 API로 통합
목적	시스템 사이의 연계중심	서비스 중심으로 프로세스 진행
핵심 기술	어댑터, 브로커, 메시지 큐	웹서비스, 지능형 라우터, 포맷 변화, 개방형 표준
통합범위	기업내부	기업 내·외부

(2) 웹 서비스 방식

① 웹 서비스는 네트워크에 분산된 정보를 서비스 형태로 개방하여 표준화된 방식으로 공유하는 기술이다.

② 서비스 지향 아키텍처 (SOA) 개념을 실현하는 대표적 기술이다.

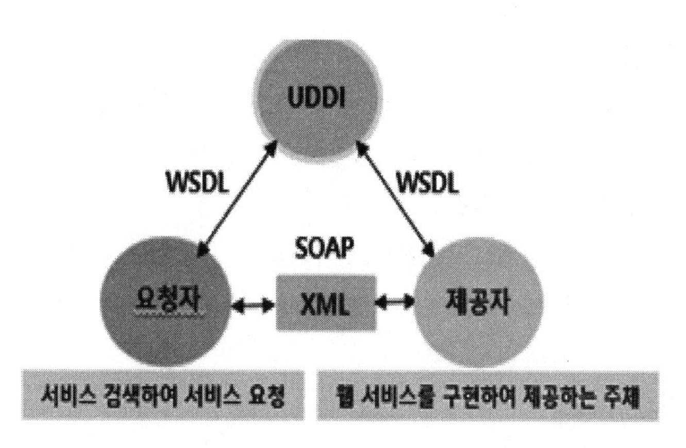

SOAP	HTTP, HTTPS, SMTP 등을 활용하여 XML 기반의 메시지를 네트워크상에서 교환하는 프로토콜
UDDI	웹 서비스 정보를 WSDL로 등록하여 서비스와 서비스 제공자를 검색, 접근하는데 사용하는 저장소
WSDL	웹 서비스명, 서비스 제공 위치, 프로토콜 등 웹서비스에 대한 상세 정보를 XML 형식으로 구현한 언어

(3) IPC 방식 (Inter-Process Communication)

IPC는 프로세스 간 데이터를 주고받기 위한 통신기술이다.

메시지 큐	커널 내 큐를 이용하여 프로세스간 메시지를 전달하는 단방향통신
공유 메모리	메모리공간을 다수의 프로세스에게 공유하는 양방향 통신
소켓	Client - Server 구조에서 통신 소켓을 이용하여 양방향 통신
세마포어	프로세스 간의 동기화 기능을 제공하는 기법

2. 연계 테스트 및 검증

- 송, 수신 시스템 연계 시 데이터의 정합성과 전송 여부를 테스트
- 사전에 작성한 테스트 케이스를 활용하여 테스트 수행 후 결과 검증

(1) 연계 테스트 케이스 작성

- 연계 테스트 구간의 프로세스 및 데이터 흐름에 따라 테스트 케이스를 작성
- 송, 수신 시스템에서 확인해야 할 사항을 각각 도출하여 단위 테스트 케이스와 통합 테스트 케이스 작성

① 단위 테스트 케이스

송, 수신 시스템 간 연계 데이터 정상 추출 여부, 데이터 형식 체크, 데이터 표준 준수 여부 등을 테스트할 수 있도록 작성

② 통합 테스트 케이스

송, 수신 시스템 간에 연계 시나리오를 구성하여 다양한 결과가 나올 수 있도록 테스트 케이스를 작성

(2) 연계 테스트 수행

테스트 명	단위 테스트		연계 테스트
테스트 대상	송수신 시스템의 연계 응용 프로그램	→	송신 시스템 연계 응용 프로그램, 연계 서버의 데이터 송수신, 수신 시스템 연계 응용 프로그램
테스트 내용	기능 동작 여부 및 결합 여부		데이터의 흐름 및 처리 절차, 기능 정상적 동작 확인

(3) 연계 테스트 검증

연계 테스트 수행 시 동작 단계별 오류 여부를 체크하여, 오류 발생 시 정확한 분석을 통해 해당 부분에 대한 오류를 수정

1. 아래 보기에서 직접 연계 방식에 해당하는 것을 모두 고르시오.

〈보기〉

DB Link, JDBC, EAI, API, Socket, Web Service

정답 DB Link, JDBC, API

해설 직접 연계 : DB Link, DB connection, JDBC, Hyperlink , API 또는 OPEN API
간접연계 : EAI, Web service, Socket

2. 시스템 통합에 사용되는 솔루션으로 구축 유형에는 Point to Point, Hub & Spoke, Message Bus가 있다. 기업에서 운영되는 서로 다른 플랫폼 및 애플리케이션 간의 정보를 전달, 연계 , 통합이 가능하도록 해주는 솔루션을 무엇이라고 하는지 쓰시오.

정답 EAI (Enterprise Application Integration)

해설 EAI는 비즈니스 간 통합 및 연계성을 증대시켜 효율성을 높여주고 각 시스템 간의 확정성을 높여 주는 것이 장점이며, 서로 다른 플랫폼 및 애플리케이션들 간의 정보 전달, 연계, 통합을 가능하게 해주는 솔루션 이다.

3. 아래 그림과 같은 연계 방식은 무엇인가? .

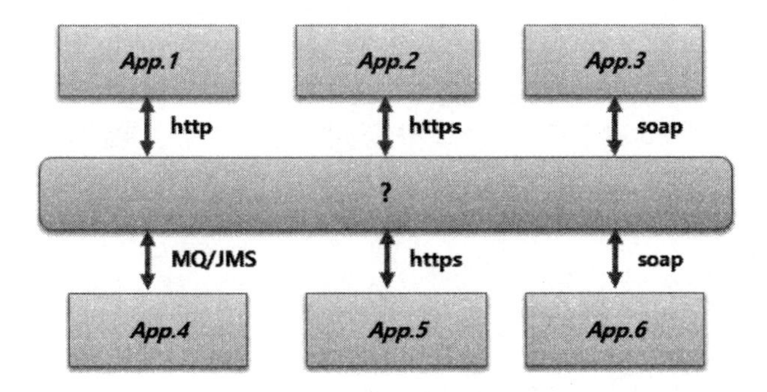

정답 ESB
해설 ESB에 대한 예시이며 Bus를 중심으로 각각 프로토콜이 호환되게 변환한 그림이다.

4. EAI 유형에는 메세지 버스(Message bus) 유형, 하이브리드(Hybrid) 유형, (A) 유형, (B) 유형이 있다. 괄호안에 들어갈 말을 적으시오.

정답 A. 포인트 투 포인트(Point-to-point)
B. 허브 앤 스포크(Hub & Spoke)

5. 다음 설명에 적합한 연계방식의 용어를 쓰시오.

웹 중심의 표준화된 데이터를 통해 애플리케이션을 유연하게 통합하는 핵심 기술이다. Bus 를 중심으로 각각 프로토콜이 호환 되게 변환 가능하며, 서비스 중심의 메시지 이동을 라우팅할 수 있다. 표준화가 미비하고, 성능 문제의 개선점이 필요하다.

정답 ESB (Enterprise Service Bus)

6. 다음 괄호안에 들어갈 프로토콜의 이름을 적으시오.

( )은(는) HTTP 등의 프로토콜을 이용하여 XML 기반의 메시지를 교환하는 프로토콜로, Envelope-Header-Body 주요 3요소로 구성된다. ( )은(는) 유사한 기능을 하는 RESTful로 대체될 수 있다.

정답 SOAP
해설 웹 서비스 구성 요소 : SOAP , UDDI , WSDL

7. 다음 설명의 웹 서비스 방식은 무엇인가?

> 웹 서비스 관련 정보의 공개와 탐색을 위한 표준이며, 서비스 제공자는 (   )라는 서비스 소비자에게 이미 알려진 온라인 저장소에 그들이 제공하는 서비스 목록들을 저장하게 되고, 서비스 소비자들은 그 저장소에 접근함으로써 원하는 서비스들의 목록을 찾을수 있게 한다.

정답 UDDI

해설 웹 서비스 관련 정보의 공개와 탐색을 위한 표준이며, 서비스 제공자는 UDDI라는 서비스 소비자에게 이미 알려진 온라인 저장소에 그들이 제공하는 서비스 목록들을 저장하게 되고, 서비스 소비자들은 그 저장소에 접근함으로써 원하는 서비스들의 목록을 찾을수 있게 한다. 이외 SOAP, WSDL방식이 있다.

8. HTTP, HTTPS, SMTP 등을 통해 XML기반의 메시지를 컴퓨터 네트워크 상에서 교환하는 프로토콜을 지칭하는 용어는 무엇인가?

정답 SOAP

해설 웹 서비스 방식의 유형 중 SOAP 프로토콜에 대한 설명이다.

9. 웹 서비스명, 제공 위치, 메세지 포맷, 프로토콜 정보 등 웹 서비스에 대한 상세 정보가 기술된 XML 형식으로 구성된 언어를 무엇이라고 하는지 쓰시오.

정답 WSDL(Web Service Description Language)

해설 WSDL(Web Service Description Language)방식은 웹 서비스 기술 언어 또는 기술된 정의 파일의 총칭으로 XML로 기술된다.

10. 아래 내용과 일치하는 서비스 방식은 무엇인가?

- SOA(서비스지향아키텍처) 개념을 실현하는 기술
- 네트워크에 분산된 정보를 서비스 형태로 개방하여 공유하는 기술
- SOAP, UDDI, WSDL 요소로 구성

정답 | 웹 서비스(web service)

11. 다음 (   )안에 들어갈 오류 유형을 순서대로 쓰시오.

오류 유형		설명
연계 시스템		연계 서버의 실행 여부를 비롯하여 송수신, 전송 형식 변환 등 서버의 기능과 관련된 장애 및 오류
( )	송신 시스템	데이터 추출을 위한 DB 접근 시 권한 불충분, 데이터 변환 시 Exception 미처리 등 연계 프로그램 구현상의 오류
	수신 시스템	운영 DB에 반영하기 위한 DB접근 권한 불충분, 데이터 변환 및 반영 시 익셉션 미처리 등 연계 프로그램 구현 상의 오류
( )		송신 시스템에서 추출된 연계 데이터가 유효하지 않은 값으로 인한 오류

정답 | 연계 응용 프로그램, 연계 데이터

해설 | 연계 장애 및 오류 유형

오류 유형		설명
연계 시스템		연계 서버의 실행 여부를 비록하여 송수신, 전송 형식 변환 등 서버의 기능과 관련된 장애 및 오류
연계 응용 프로그램	송신 시스템	데이터 추출을 위한 DB 접근 시 권한 불충분, 데이터 변환 시 Exception 미처리 등 연계 프로그램 구현상의 오류
	수신 시스템	운영 DB에 반영하기 위한 DB접근 권한 불충분, 데이터 변환 및 반영 시 익셉션 미처리 등 연계 프로그램 구현 상의 오류
연계 데이터		송신 시스템에서 추출된 연계 데이터가 유효하지 않은 값으로 인한 오류

제4편
서버프로그램 구현

Chapter 01 개발환경 구축하기

(1) 개발환경 구축

1) 개발환경 구축의 개념

① 개발환경은 물리적인 하드웨어 환경과 소프트웨어 환경으로 구성된다.

② 소프트웨어 환경은 서버 운영 소프트웨어와 프로그램 개발 소프트웨어로 구성된다.

2) 서버 운영 소프트웨어

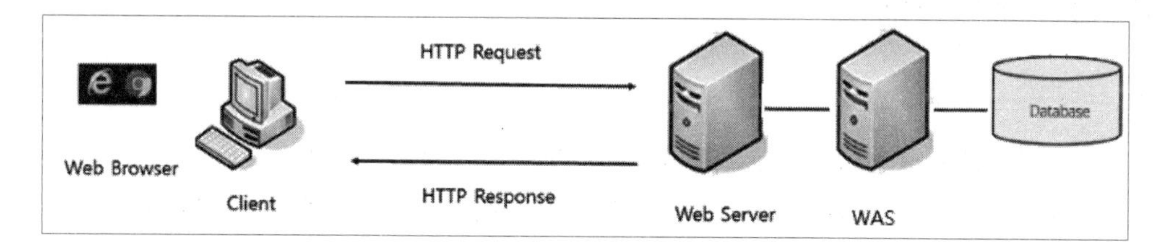

① Web Server (웹서버)

- 클라이언트로부터 요청받은 정적 데이터를 처리하는 서버
- Apache, IIS 등

② WAS (웹 애플리케이션 서버)

- 클라이언트로부터 요청받은 동적 데이터를 처리하는 서버
- Tomcat, JEUS, Websphere 등

③ DB Server (데이터베이스 서버)

- 데이터베이스와 DBMS를 운영하는 서버
- Oracle, Mysql, MSsql

3) 프로그램 개발도구

① 구현 도구

- 프로그램의 소스 작성, 디버깅, 수정을 할 때 주로 사용하는 도구이다.
- Visual Studio, Eclipse, Edit Plus,

② 빌드 도구

- 코드의 컴퍼일 , 링크 및 실행 그리고 배포를 하는 도구이다.
- ant, maven, gradle

③ 테스트 도구

- 프로그램 소스의 품질에 관한 정보를 제공하는 조사하는 도구이다.
- GUITAR, Coverity, Defensics

④ 형상관리 도구

- 소스 코드나 문서의 버전 관리, 이력 관리, 추적 등 변경 사항을 체계적으로 관리하는 기능을 제공하는 도구이다.
- CVS, SVN, Git

(2) 서버 개발 프레임워크

1) 프레임워크 개념

- 프레임워크는 소프트웨어 개발에 있어 기본 구조를 제공한다.
- 반제품 상태의 제품을 토대로 필요한 서비스 컴포넌트를 사용하여 재사용성과 성능을 보장받을 수 있게 한다.
- 개발해야 할 애플리케이션의 일부분이 이미 구현되어 있어 동일한 로직의 반복 작업을 줄일 수 있다.
- 라이브러리처럼 사용하기 때문에 코드의 흐름을 제어 가능하다.
- 생산성 향상과 유지보수성 향상 등의 장점이 있다.

2) 서버 개발 프레임워크

- 서버 프로그램 개발 시 아키텍처 모델, 네트워크 설정, 요청/응답 등 구체적인 부분에 해당하는 설계와 구현을 손쉽게 처리하도록 기본적인 클래스와 인터페이스를 제공하는 소프트웨어이다.
- 대부분의 서버 개발 프레임은 MVC 패턴을 기반으로 하고 있다.
- 프로그램 언어에 기반하여 개발되고 제공되므로 제한적이다.

3) 대표적인 서버 개발 프레임워크

Spring	JAVA를 기반으로 만들어진 프레임워크로 전자정부 표준 프레임워크의 기반 기술로 사용
Node.js	JavaScript를 기반으로 만들어진 프레임워크
Django	Python을 기반으로 만들어진 프레임워크
Codeigniter	PHP를 기반으로 만들어진 프레임워크
Ruby on Rails	Ruby를 기반으로 만들어진 프레임워크

Chapter 02 공통모듈 구현하기

(1) 공통 모듈

① 공통 모듈이란 프로그램을 구성하는 구성 요소의 일부로 전체 프로그램의 기능 중에서 특정 기능을 처리하는 코드가 모여 있는 것을 말한다.

② 여러 기능과 프로그램에서 공통적으로 사용할 수 있는 모듈을 의미하며 날짜 처리를 위한 유틸리티들이 있다.

③ 모듈은 하나 이상의 루틴을 포함할 수 있다.

④ 자체 컴파일이 가능하고 재사용이 가능하다.

⑤ 정보 시스템 구축 시 자주 사용하는 기능들로서 재사용이 가능하게 제공하기도 한다.

(2) 모듈화 (Modularity) 설계

모듈화는 소프트웨어 설계 시 시스템의 기능을 모듈 단위로 분할 하여 계층 구조화 하는 것으로 성능향상, 수정, 재사용, 테스트 등 유지 관리를 용이하게 할 수 있다.

1) 모듈의 계층구조

① 상위 개념으로부터 하위 개념으로 모듈별로 분할 한 후 전체 구조에 맞게 적절히 배치한다.

② 모듈의 계층 구조를 통해서 팬인(fan-in)과 팬아웃(fan-out)을 확인할 수 있다.

Fan－In(공유도)	특정 모듈을 호출하는 상위 모듈의 수
Fan－Out(제어도)	특정 모듈에 의해 호출되는 하위 모듈의 수

예 아래 구조도에서 F모듈의 Fan - In은 3, Fan - Out은 1이다.

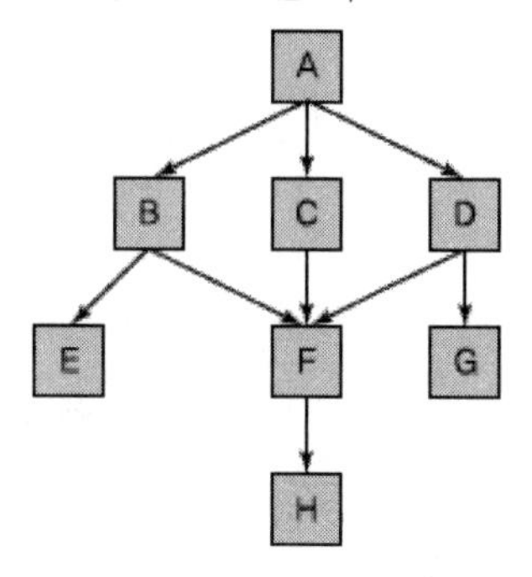

모듈	Fan-In	Fan-Out
A	0	3
B	1	2
C	1	1
D	1	2
E	1	0
F	3	1
G	1	0
H	1	0

2) 모듈화의 장점

① 복잡한 기능을 분리하여 인터페이스를 단순하게 제공한다.
② 모듈 내 오류 발생 시 오류의 파급 효과를 최소화 한다.
③ 모듈의 재사용 가능으로 개발과 유지보수가 용이하다.
④ 프로그램의 효율적인 관리가 가능하다.

3) 모듈화의 평가요소

① 모듈화는 모듈의 독립성이 확보되어야 한다.
② 모듈의 독립성 평가를 위해서 결합도와 응집도가 사용된다.
③ 결합도는 낮을수록, 응집도는 높을수록 좋은 모듈 설계가 이루어진다.

(3) 결합도(Coupling)

- 결합도는 모듈 간에 상호 의존하는 정도 또는 두 모듈 사이의 연관 관계를 의미한다.
- 결합도가 낮을수록 모듈의 독립성이 높아 모듈 간 영향이 적어지게 된다.

1) 결합도의 유형

자료 결합도(Data Coupling)	두 모듈이 매개변수를 통해서 자료를 교환하는 경우
스탬프 결합도(Stamp Coupling)	두 모듈이 동일한 자료 구조(배열)를 참조하는 경우
제어 결합도(Control Coupling)	두 모듈이 제어 요소를 교환하는 경우
외부 결합도(External Coupling)	외부 선언된 개개의 자료항목을 참조하는 경우
공통 결합도(Common Coupling)	두 모듈이 공통 데이터 영역을 사용하는 경우
내용 결합도(Content Coupling)	다른 모듈의 내부 자료를 직접적으로 참조하는 경우

2) 결합도와 품질

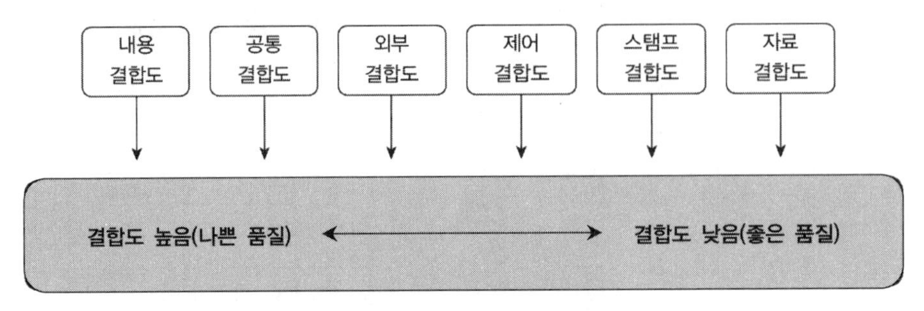

[결합도와 품질]

(4) 응집도(Cohesion)

- 응집도는 모듈 안의 요소들이 서로 관련되어 있는 정도를 의미한다.
- 독립적인 모듈이 되기 위해서는 각 모듈의 응집도가 높아야 한다.
- 응집도가 높을수록 필요한 요소들로 구성되어 있고 모듈의 독립성이 높다.

1) 응집도의 유형

기능적 응집도(Functional Cohesion)	모듈 내의 모든 요소가 하나의 기능을 수행
순차적 응집도(Sequential Cohesion)	한 요소의 출력이 다른 요소의 입력으로 사용
통신적 응집도(Communication Cohesion)	동일한 입·출력자료를 이용하는 요소로 구성
절차적 응집도(Procedural Cohesion)	일정한 순서에 따라 처리되는 요소로 구성
시간적 응집도(Temporal Cohesion)	특정 시간에 처리되는 몇 개의 기능을 모아 구성
논리적 응집도(Logital Cohesion)	논리적으로 유사한 처리 요소들로 구성
우연적 응집도(Coincidental Cohesion)	서로 관련 없는 요소로만 구성

2) 응집도와 품질

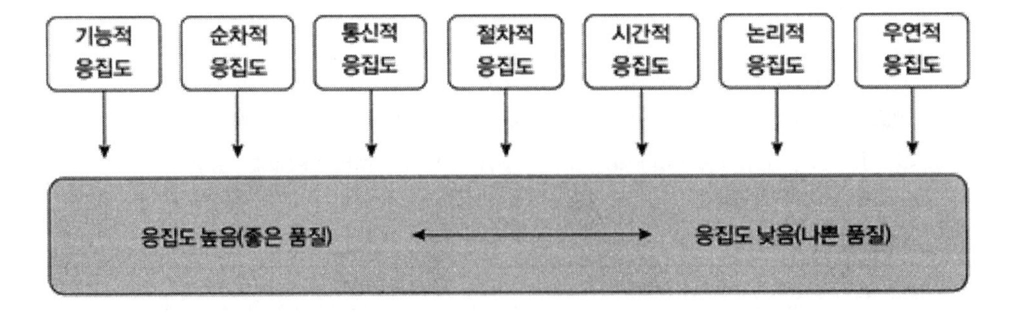

▶ 바람직한 소프트웨어 설계 지침

- 모듈 상호간은 독립성이 확보되어야 하고 계층적 구조가 제시되어야 한다.
- 모듈의 독립성을 확보하기 위해서 결합도는 낮추고 응집도는 높여야 한다.
- 자료와 프로시저에 대한 분명하고 분리된 표현을 포함해야 한다.
- 모듈 간과 외부 개체 간의 인터페이스는 단순해야 한다.
- 요구사항을 모두 구현해야 하고 유지보수가 용이해야 한다.
- 모듈의 제어 영역 안에서 그 모듈의 영향 영역을 유지시킨다.
- 복잡도와 중복성을 줄이고 일관성을 유지시킨다.
- 모듈의 기능은 예측이 가능해야 하며 지나치게 제한적이어서는 안 된다.
- 모듈의 설계, 구현은 독립적으로, 실행은 종속적으로 수행된다.
- 모듈 크기는 시스템의 기능과 구조를 이해하기 쉬운 크기로 분해한다.
- 모듈은 하나의 입구와 하나의 출구를 갖도록 해야 한다.

(5) 객체지향 설계

객체지향 설계는 클래스, 객체, 메시지의 객체지향 요소를 바탕으로 캡슐화, 상속, 추상화, 다형성 등 식별되고 분석된 객체지향 개념을 설계 모델에 적용하는 모듈 설계를 의미한다.

1) 객체 지향 개념

① 캡슐화(Encapsulation) : 데이터와 연산을 하나로 묶는 것으로 정보은닉, 재사용성, 오류의 파급효과 최소화, 인터페이스의 단순화를 제공한다.

② 정보은닉(information hiding) : 외부로부터의 객체 데이터에 직접적인 접근을 막고, 오직 함수를 통해서만 조작이 가능하게 하는 것으로 캡슐화를 통해서 제공된다.

③ 상속(Inheritance) : 부모 클래스가 지닌 속성과 메소드를 자식 클래스가 물려받아 재사용을 증대하고 기능을 확장하는 기법이다.

④ 추상화(Abstraction) : 객체들이 가진 공통의 특성들을 파악하여 불필요한 특성들을 제거하는 과정이다.

⑤ 다형성(Polymorphism) : 동일한 메시지를 클래스에 따라 고유한 방법으로 응답하는 것으로 부모 클래스의 메소드명, 인수타입, 인수 개수를 자식 클래스가 동일하게 재정의하는 오버라이딩 기법이 적용된다.

2) 객체지향 설계 5원칙(SOLID)

- 유지보수와 확장이 쉬운 객체지향 시스템을 설계하기 위한 원칙이다.
- 소스코드를 읽기 쉽고 확장하기 쉽게 리팩토링하기 위한 지침이다.
- 애자일 소프트웨어 개발의 전략적 일부이다.

① 단일 책임의 원칙(SRP ; Single Responsibility Principle)
모든 클래스는 하나의 책임만 가져야 한다는 원칙

② 개방폐쇄의 원칙(OCP; Open Close Principle)
소프트웨어의 구성요소는 확장에는 열려있고, 변경에는 닫혀있어야 한다는 원칙

③ 리스코브 치환의 원칙(LSP; Liskov Substitution Principle)
자식 클래스(서브 타입)는 언제나 자신의 부모 클래스(슈퍼 타입)를 대체할 수 있어야 한다는 원칙

④ 인터페이스 분리의 원칙(ISP; Interface Segregation Principle)
클라이언트는 자신이 사용하지 않는 메소드에 의존 관계를 맺으면 안된다는 원칙

⑤ 의존성 역전의 원칙(Dependency Inversion Principle)
추상화된 것은 구체적인 것에 의존하면 안 된다. 구체적인 것이 추상화된 것에 의존해야 한다는 원칙

(6) 디자인 패턴

1) 디자인 패턴(Design Pattern)의 개념

① 소프트웨어 설계 시 공통적으로 발생하는 유사한 문제들에 대한 일반적이고 반복적인 해결 방법을 의미한다.
② 디자인 패턴은 하위 단계의 모듈 설계 시 참조하는 해법 또는 예제이다.
③ 오랜 시간 개발자들의 경험과 시행 착오를 통해 완성된 패턴이다.
④ GOF(Gang Of Four)라고 불리우는 4명의 SW학자에 의해 체계화되었다.
⑤ 디자인 패턴은 생성패턴, 구조패턴, 행위패턴으로 구분된다.

2) 디자인 패턴의 구성 요소

① 문제 및 배경 : 각 패턴이 적용될 문제 및 패턴에 대한 설명
② 적용 사례 : 특정 예제에 구현된 사례를 확인

③ 샘플 코드 : 재사용이 가능한 솔루션을 제공

3) 디자인 패턴의 종류

① 생성(Creational)패턴 : 객체 인스턴스 생성에 관여하는 패턴

- 추상 팩토리(Abstract Factory) : 여러 개의 구체적 클래스에 의존하지 않고 인터페이스를 통해 추상화시킨 패턴이다.
- 빌더(Builder) : 객체 생성과 표현 방법을 분리해 복잡한 객체를 생성하는 패턴이다.
- 팩토리 메서드(Factory Method) : 상위 클래스에서는 인터페이스만 정의하고 객체 생성은 서브클래스가 담당하는 패턴이다. 가상 생성자(Virtual Constructor) 패턴 이라고도 한다.
- 프로토타입(Prototype) : 원본 객체를 복제함으로써 객체를 생성하는 패턴이다.
- 싱글턴(Singleton) : 한 클래스에 한 객체만 인스턴트로 보장하도록 하는 패턴이다.

② 구조(Structural)패턴 : 클래스나 객체를 조합해 더 큰 구조를 만드는 패턴

- 어댑터(Adapter) : 인터페이스가 호환되지 않는 클래스들을 함께 사용할 수 있도록 타 클래스의 인터페이스를 변환해 주는 패턴이다.
- 브리지(Bridge) : 클래스 계층과 구현의 클래스 계층을 연결하고, 구현부에서 추상 계층을 분리하여 독립적으로 변형할 수 있도록 도와주는 패턴이다.
- 컴퍼지트(Composite) : 사용자가 단일 객체와 복합 객체 모두 동일하게 구분없이 다루고자 할 때 사용하는 패턴이다.
- 데코레이터(Decorator) : 기존에 구현되어 있는 클래스에 필요한 기능을 동적으로 확장할 수 있는 패턴이다.
- 퍼사드(Facade) : 복잡한 서브 클래스를 간편하고 편리하게 사용할 수 있도록 단순한 인터페이스를 제공하는 패턴이다.
- 플라이웨이트(Flyweight) : 인스턴스를 동일한 것은 가능한 공유하여 객체 생성을 줄임으로써 메모리 사용량을 줄이기 위한 패턴이다.
- 프록시(Proxy) : 접근이 어려운 객체와 이어지는 인터페이스의 역할을 하는 패턴이다.

③ 행위(Behavioral)패턴 : 객체나 클래스 사이의 책임 분배에 관련된 패턴

- 책임 연쇄(Chain of Responsibility):하나의 요청에 대한 처리가 한 객체에서만 되지 않고, 여러 객체에게 처리 기회를 제공하는 것으로 보내는 객체와 받아 처리하는 객체들 간의 결합도를 없애기 위한 패턴이다.

- 커맨드(Command) : 요청 자체를 캡슐화하여 파라미터로 넘기는 패턴이다.
- 인터프리터(Interpreter) : 언어 규칙을 나타내는 클래스를 통해 언어 표현을 정의한다.
- 반복자(Iterator) : 객체를 모아 놓은 다양한 자료구조에 들어있는 모든 항목을 접근할 수 있도록 해 주는 패턴이다.
- 중재자(Mediator) : 객체 사이에 상호작용이 필요할 때 중재자 객체를 활용하여 상호작용을 제어하고 조화를 이루는 역할을 부여하는 패턴이다.
- 메멘토(Memento) : 객체의 상태를 기억해두었다가 다시 복구하게 해 주는 패턴이다.
- 옵서버(Observer) : 한 객체의 상태가 변경되면 그 객체의 상속 관계에 있는 다른 객체에게도 변경 상태를 전달하는 패턴이다.
- 상태(State) : 객체에 따른 다양한 동작을 객체화 한 패턴이다.
- 스트래티지(Strategy) : 동일한 행동을 캡슐화하여 다르게 처리할 수 있는 패턴이다.
- 탬플릿 메서드(Template Method) : 부모 클래스에서 정형화한 처리 과정을 정의하고, 자식 클래스에서 세부 처리를 구현하는 구조의 패턴이다.
- 방문자(Visitor) : 로직을 객체 구조에서 분리시키는 패턴으로, 비슷한 종류의 객체들을 가진 그룹에서 작업을 수행할 때 주로 사용되는 패턴이다.

Chapter 03 서버 프로그램 구현하기

(1) 보안 취약성 식별

1) 보안 취약점 개요

① 보안 위협으로부터 안전한 소프트웨어를 개발하기 위해서는 개발과정에서 발생할 수 있는 보안 취약점을 식별하고 예방하여 위험을 최소화해야 한다.

② 보안 취약성은 소프트웨어 개발 보안 가이드를 참고하여 보안의 취약점을 점검한다.

2) 보안 취약점 항목 (소프트웨어 개발 보안 가이드)

① 입력 데이터 검증 및 표현 : 프로그램 입력값에 대한 검증 누락 또는 부적절한 검증, 데이터의 잘못된 형식지정, 일관되지 않은 언어셋 사용 등으로 인해 발생되는 보안 약점

② 보안 기능 : 보안기능(인증, 접근제어, 기밀성, 암호화, 권한관리 등)을 부적절하게 구현 시 발생할 수 있는 보안 약점

③ 시간 및 상태 : 병렬 시스템이나 하나 이상의 프로세스가 동작되는 환경에서 시간 및 상태를 부적절하게 관리하여 발생할 수 있는 보안약점

④ 에러처리 : 에러를 처리하지 않거나, 불충분하게 처리하여 에러 정보에 중요정보가 포함될 때, 발생할 수 있는 보안약점

⑤ 코드 오류 : 타입 변환 오류, 자원(메모리 등)의 부적절한 반환 등과 같이 개발자가 범할 수 있는 코딩 오류로 인해 유발되는 보안약점

⑥ 캡슐화 : 중요한 데이터 또는 기능성을 불충분하게 캡슐화하거나 잘못 사용함으로써 발생하는 보안약점

⑦ API 오용 : 의도된 사용에 반하는 방법으로 API를 사용하거나, 보안에 취약한 API를 사용하여 발생할 수 있는 보안약점

(2) API(Application Programming Interface)

1) API 개념

① API는 응용 프로그램 개발 시 운영체제나 프로그래밍 언어가 제공하는 소프트웨어 라이브러리를 이용할 수 있도록 정의해 놓은 인터페이스를 뜻한다.

② API는 애플리케이션을 만들기 위한 하위 함수, 프로토콜, 도구들의 집합으로 명확하게 정의된 다양한 컴포넌트 간의 통신 방법이다.

③ API는 프로그램 내에서 실행되기 위한 특정 서브루틴(Subroutine)에 연결을 제공하는 함수를 호출하는 것으로 구현된다.

④ 응용 프로그램은 API를 사용하여 운영체제 등이 가지고 있는 다양한 기능을 이용할 수 있으며, 같은 API를 사용해 만든 프로그램은 비슷한 인터페이스를 갖추고 있어, 사용자 입장에서는 새로운 프로그램의 사용법을 배우기 쉽다는 장점이 있다.

2) API 유형

① 공개 API (Open API) : 누구나 사용할 수 있도록 공개된 API

② 비공개 API (Close API) : 권한이 있는 일부 사용자들에게만 주어진 API

Chapter 04 배치 프로그램 구현

(1) 배치 프로그램

1) 배치 프로그램(일괄처리 : Batch Processing) 개념

① 컴퓨터 프로그램 흐름에 따라 순차적으로 자료를 처리하는 방식을 말한다.

② 요청이 있을 때마다 데이터 처리를 하는 것이 아니라 일정시간 데이터를 모았다가 일괄적으로 처리할 수 있다.

③ 배치(Batch)는 보통 정해진 특정한 시간(트리거)에 실행되는 경우도 많다.

④ 세금, 급여, 전화요금, 전기요금, 성적처리 등이 특정 시간대에 몰아서 처리하는 일에 주로 이용된다.

2) 배치 프로그램 유형

① 정기 배치 : 정해진 시간에 처리된다. 주로 야간이나 컴퓨터가 쉬는 시점에 실행된다.

② 이벤트 배치 : 사전에 정의한 조건이 충족되면 자동으로 실행된다(트리거)

③ On-Demand 배치 : 사용자의 명시적인 요구가 있을 때마다 실행된다.

적중 예상문제

1. 다음 중 (　　)안에 들어갈 구현 도구에 알맞은 개발도구는?

개발도구	구현도구
(①)	gradle , ant
(②)	GUITAR, Coverity, Defensics
(③)	Visual Studio, Eclipse, Edit Plus
(④)	CVS, SVN, Git

정답 | ① 빌드 도구 ② 테스트 도구 ③ 구현 도구 ④ 형상관리 도구

2. 다음 보기가 설명하는 것은?

- 프로그램을 개발하는 과정에서 에디터, 컴파일러, 어셈블러, 링커, 디버거 등의 각 단계가 모두 하나의 프로그램 속에 통합되어 있는 형태이다.
- 다양한 프로그래밍 언어를 지원하는 통합 개발환경의 예로 이클립스(Eclipse), 비주얼 스튜디오(Visual Studio) 등이 있다.

정답 | 통합개발도구(IDE: Integrated Development Environment)

3. 다음 중 아래 내용에 맞는 서버 개발 프레임 워크를 〈보기〉에서 고르시오.

〈보기〉

Node.js, Spring, Django, Codegniter

(1) Python을 기반으로 만들어진 프레임워크
(2) Java 를 기반으로 만들어진 프레임워크

정답 (1) Django (2) Spring

해설

Spring	JAVA를 기반으로 만들어진 프레임워크로 전자정부 표준 프레임워크
Node.js	JavaScript를 기반으로 만들어진 프레임워크
Django	Python을 기반으로 만들어진 프레임워크
Codeigniter	PHP를 기반으로 만들어진 프레임워크
Rubyon Rails	Ruby를 기반으로 만들어진 프레임워크

4. 다음 괄호 안에 들어갈 말로 가장 적절한 것을 쓰시오.

소프트웨어 설계에서 기능단위로 분해하고 추상화되어 재사용 및 공유 가능한 수준으로 만들어진 단위를 (㉠)로 규정하고 소프트웨어의 성능을 향상시키거나 시스템의 디버깅, 시험, 통합 및 수정을 용이하도록 하는 소프트웨어 설계 기법을 (㉡)라고 한다.

정답 ㉠ 모듈, ㉡ 모듈화

해설 소프트웨어 설계에서 기능단위로 분해하고 추상화되어 재사용 및 공유 가능한 수준으로 만들어진 단위를 모듈로 규정하고 소프트웨어의 성능을 향상시키거나 시스템의 디버깅, 시험, 통합 및 수정을 용이하도록 하는 소프트웨어 설계 기법을 모듈화라고 한다.

5. 아래 빈칸에 들어갈 알맞은 내용을 적으시오.

모듈의 독립성 평가는 모듈간의 상호 관련성을 나타내는 (1)와 모듈내의 구성 요소간의 관련성을 나타내는 (2)이 사용된다. (1)은 최대화 할 수록 좋고, (2)는 최소화 할수록 좋다.

정답 (1) 결합도 (2) 응집도

해설

- 결합도는 모듈간의 관련성을 나타내고 최소화 할수록 좋다.
- 응집도는 모듈간의 구성요소와의 관련성을 나타내는 것으로 최대화 할수록 좋다.

6. 다음의 시스템 구조도에서 팬인(Fan-in)이 2 이상인 것은?

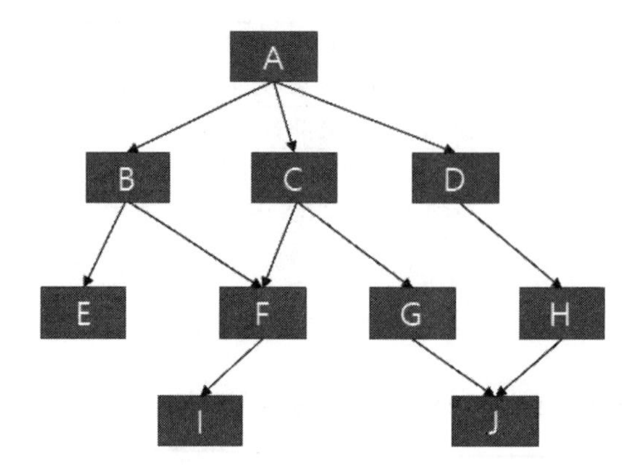

정답	F, J
해설	FAN IN은 특정 모듈의 상위 모듈수를 의미한다. F, J는 각각 2개의 상위모듈에서 호출되고 있다.

7. 다음은 소프트웨어 모듈화에 관한 설명이다. (가), (나)에 들어갈 용어를 각각 적으시오.

> 모듈의 기능적 독립성은 소프트웨어를 구성하는 각 모듈의 기능이 서로 독립됨을 의미하는 것으로, 모듈이 하나의 기능만을 수행하고 다른 모듈과의 과도한 상호작용을 배제함으로써 이루어진다. 모듈의 독립성을 높이기 위해서는 (가)는 약하게, (나)는 강하게 만들어야 한다.

정답	(가) 결합도 (나) 응집도

8. 다음은 결합도에 대한 설명이다. 빈칸에 들어갈 알맞은 용어를 보기에서 찾아 쓰시오.

> (A) 은/는 다른 모듈 내부에 있는 변수나 기능을 다른 모듈에서 사용하는 경우의 결합도
> (B) 은/는 모듈 간의 인터페이스로 배열이나 객체, 구조 등이 전달되는 경우의 결합도
> (C) 은/는 파라미터가 아닌 모듈 밖에 선언된 전역 변수를 참조하고 전역 변수를 갱신하는 식으로 상호작용하는 경우의 결합도
>
> [보기] : 자료 결합도 / 스탬프 결합도 / 제어 결합도 / 공통 결합도 / 내용 결합도 / 외부 결합도

정답 A. 내용 결합도
B. 스탬프 결합도
C. 공통 결합도

9. 다음은 Coupling에 대한 설명이다. 설명에 대한 Coupling 종류를 영문으로 작성하시오.

어떤 모듈이 다른 모듈의 내부 논리 조직을 제어하기 위한 목적으로 제어 신호를 이용하여 통신하는 경우의 결합도이다. 하위 모듈에서 상위 모듈로 제어 신호가 이동하여 상위 모듈에게 처리 명령을 부여하는 권리 전도 현상이 발생할 수 있다.

정답 control coupling

10. 다음 응집도 순서중에서 괄호 안에 들어갈 응집도는?

기능적 응집도	순차적 응집도	(①)	절차적 응집도	시간적 응집도	(②)	우연적 응집도
응집도 강함 ←						→ 응집도 약함

정답 ① 통신적 응집도
② 논리적 응집도

11. 다음 각 번호에 해당하는 응집도를 보기에서 찾아 쓰시오.

(1) 입출력 간 연관성은 없으나, 순서에 따라 수행할 필요가 있다.
(2) 동일한 입출력을 사용한다.
(3) 하나의 기능에 모두 기여하고 밀접하게 관련되어 있다.

[보기] 기능적(functional), 시간적(temporal), 교환적(communication),
절차적(procedural), 순차적(sequential), 우연적(coincidental), 논리적(logical)

정답 | (1) 절차적 응집도
(2) 교환적 응집도
(3) 기능적 응집도

12. 다음은 SOLID 원칙에 관한 내용이다. 괄호 안에 알맞는 단어를 보기에서 고르시오.

( )은/는 클라이언트가 자신이 이용하지 않는 메서드에 의존하지 않아야 한다는 원칙이다.
( )은/는 큰 덩어리의 인터페이스들을 구체적이고 작은 단위들로 분리시킴으로써 클라이언트들이 꼭 필요한 메서드들만 이용할 수 있게 한다.
예를 들어 하나의 복합기에 프린터와 복사기, 팩스 메서드가 있는데 이 세가지 메서드는 같은 파일에 존재하므로 프린터 로직만 바뀌어도 복사기와 팩스도 재컴파일을 해야한다.
그러므로 ( )을/를 적용하여 로직이 바뀌어도 다른 메서드는 영향을 받지 않도록 해야한다.

〈보기〉 SRP, OCP, LSP, ISP, DIP

정답 | ISP (인터페이스 분리 원칙)

13. 목적에 따른 디자인 패턴의 유형에는 생성(Creational) 패턴, 구조(Structural) 패턴, ( ) 패턴이 있다. 괄호에 들어갈 알맞은 패턴 유형을 쓰시오.

정답 | 행위(Behavioral)

14. 다음에서 설명하는 소프트웨어 디자인 패턴을 영문으로 쓰시오.

한 객체의 상태가 바뀌면 그 객체에 의존하는 다른 객체들한테 연락이 가고 자동으로 내용이 갱신되는 방식으로 일 대 다(one-to-many) 의존성을 가지는 디자인 패턴.
서로 상호작용을 하는 객체 사이에서는 가능하면 느슨하게 결합(Loose coupling)하는 디자인을 사용해야 한다.

정답 | 옵저버 (Observer)

15. 다음 보기에서 설명하는 객체지향 디자인 패턴은 무엇인가?

> 부모(상위) 클래스에 알려지지 않은 구체 클래스를 생성하는 패턴이며, 자식(하위) 클래스가 어떤 객체를 생성할지를 결정하도록 하는 패턴이기도 하다. 부모(상위) 클래스 코드에 구체 클래스 이름을 감추기 위한 방법으로도 사용한다.

정답 | 팩토리 메서드(Factory Method)

16. 다음은 SOLID 원칙에 관한 내용이다. (1)과 (2)에 해당하는 약어를 보기에서 고르시오.

(1) 소프트웨어의 구성 요소는 확장에는 열려있고, 변경에는 닫혀있어야 한다는 원칙 (2) 추상화된 것은 구체적인 것에 의존하면 안 된다. 구체적인 것이 추상화된 것에 의존해야 한다는 원칙
〈보기〉 SRP, OCP, LSP, ISP, DIP

정답 | (1) OCP (2) DIP
해설 | OCP : 개방 폐쇄의 원칙
DIP : 의존성 역전의 원칙

17. 디자인 패턴을 분류한 내용이다. 괄호 안에 들어갈 패턴 유형을 적으시오.

> 디자인 패턴 중 (　　) 패턴은 반복적으로 사용되는 객체들의 상호작용을 패턴화한 것으로 클래스나 객체들이 상호작용하는 방법이다. 알고리즘 등과 관련된 패턴으로 그 예는 Interpreter, Observer, Command 가 있다.

정답 | 행위(behavioral)

18. 다음은 디자인 패턴에 대한 설명이다. (1)과 (2)에 해당하는 디자인 패턴을 적으시오.

(1)은/는 기능을 처리하는 클래스와 구현을 담당하는 추상 클래스로 구별한다.
구현뿐 아니라 추상화도 독립적 변경이 필요할 때 (1) 패턴을 사용한다.
기존 시스템에 부수적인 새로운 기능들을 지속적으로 추가할 때 사용하면 유용하며, 새로운 인터페이스를 정의하여 기존 프로그램의 변경 없이 기능을 확장할 수 있다.

(2)은/는 한 객체의 상태가 변화하면 객체에 상속되어 있는 다른 객체들에게 변화된 상태를 전달해주는 패턴이다.
일대다 관계를 가지며, 주로 분산된 시스템 간에 이벤트를 생성·발행(Publish)하고, 이를 수신(Subscribe)해야 할 때 이용한다.

정답 | (1) Bridge
(2) Observer

19. 다음은 디자인 패턴에 관한 설명이다. ( )안에 들어갈 디자인 패턴을 적으시오.

( )은/는 복잡한 시스템을 개발하기 쉽도록 클래스나 객체을 조합하는 구조 패턴에 속하며, 대리라는 이름으로도 불린다. 내부에서는 객체 간의 복잡한 관계를 단순하게 정리해 주고, 외부에서는 객체의 세부인 내용을 숨기는 역할을 한다.

정답 | proxy

20. 배치 프로그램과 유형 중에서 ①, ②, ③에 들어갈 유형은?

배치프로그램	배치프로그램 유형
(①)	한 모듈의 기능에 의한 출력이 다른 모듈에서 처리되는 형태의 응집도
(②)	사전에 정의한 조건이 충족되면 자동으로 실행된다.
(③)	사용자의 명시적인 요구가 있을 때마다 실행된다.

정답 ① 이벤트 배치 ② 정기 배치 ③ On-Demand 배치

제5편

인터페이스 구현

Chapter 01 인터페이스 설계서 확인하기

1. 인터페이스 설계서 확인

(1) 인터페이스 설계서(정의서)

① 인터페이스 구현을 위해서 인터페이스 설계 단계에서 작성된 인터페이스 설계서의 기능을 확인한다.

② 인터페이스 설계서는 이 기종 시스템이나 컴포넌트 간에 데이터 교환 및 처리를 위한 문서로, 각 시스템의 교환 데이터 및 업무, 송수신 주체 등이 정의되어 있다. 인터페이스 목록과 인터페이스 명세 부분으로 나누어 정의된다.

인터페이스 정의서

시스템명	인사노무관리	서브시스템명	전표작성		
단계명	설계	작성일자	18년 6월 1일	버전	1.0

1.인터페이스 목록

송신				전달			수신				관련 요구사항 ID	비고
인터페이스 번호	일련번호	송신 시스템명	프로그램 ID	처리형태	인터페이스 방식	발생빈도	상대 담당자 확인	프로그램 ID	수신 시스템명	수신번호		
HR_INV_01	1	전표발생	P_XSW_001	ON-LINE	URL 호출	수시	YYY	P_ERP_001	매입 시스템	RCV-001	REQ-IF-004	

2.인터페이스 명세

인터페이스 번호	데이터송신시스템					송신 프로그램 ID	데이터수신시스템					수신 프로그램 ID
	시스템명	데이터 저장소명	속성명	데이터타입	길이		데이터 저장소명	속성명	데이터 타입	길이	시스템명	
HR_INV_01	전표발생	급여결과	사번	CHAR	9	P_XSW_001	매입전표	거래자	CHAR	9	전표매입	P_ERP_001
HR_INV_01	전표발생		급여결과	NUMBER	10	P_XSW_001	매입전표	거래금액	NUMBER	10	전표매입	P_ERP_001

(2) 인터페이스 기능 식별

① 외부 모듈 기능 : 송신 및 전달 부분, 오퍼레이션과 사전 조건 등

② 내부 모듈 기능 : 수신 부분, 사후 조건 등

③ 공통 모듈 기능 : 내·외부 모듈 기능을 통해 공통적으로 제공되는 기능

외부 모듈(인사)	내부 모듈(회계)	공통
급여 계산	전표 발생	전표 발생
전표 발생	지출결의서	
결과 확인		

(3) 데이터 표준 확인

1) 인터페이스 데이터 표준 확인

인터페이스 구현을 위해서는 모듈 간 인터페이스에 사용되는 데이터를 표준화하고 전송할 데이터 형식을 구현한다.

구분	항목	데이터 표준화
입력값	급여 코드	• 급여 지급 연월을 숫자 6자리으로 명시 (ex.20230710) • 정규직은 R, 계약직은 T(ex.202307R)
	급여 일자	• YYYYMMDD 형태의 8자리로 전송 (ex. 202307010)
	계산 결과	• 직원 별 결과 항목 : 사번, 이름. 소속, 총지급액, 공제액, 실급여액 등
	급여액	• 금액은 정수로 표현하되, 3자리마다 쉼표로 표현(ex.2,500,000원)
출력값	전표 정보	• 발생 시기 : YYYYMMDD 형식 • 전표 구분 : 매입 AP, 매출 AR
	차변 대변	• 각 계정별 마스터 정보 발생(급여, 상여, 세금) • 각 귀속 부서별 급여 합계액
	거래처 정보	• 거래처(직원) : 사번_이름 형태로 정의 • 계좌정보 : 은행코드_계좌번호로 정의

2) 인터페이스 데이터 형식 종류

① XML

- 여러 특수 목적의 마크업언어를 만드는 용도에서 권장되는 다목적 마크업언어이다.
- HTML의 단점을 보완하여 구조화된 데이터를 교환하고, 사용자 정의 태그가 가능하다.

② JSON (JavaScript Object Notation)

- 속성-값 쌍(attribute-value pairs) 이루어진 구조적 데이터의 교환을 위해 인간이 읽을 수 있는 텍스트를 사용하는 개방형 표준 포맷이다.
- Javascript에서 객체를 만들 때 사용하는 표현식으로 특정 언어에 종속되지 않는다.

• 비동기 통신(AJAX)을 위해, 넓게는 XML을 대체하는 주요 데이터 포맷이다.

③ YAML (YAML Ain'tMarkup Language)

JSON과 완전히 상호 호환되면서 가독성이 좋고 사용자 친화적이다.

XML	JSON	YAML

<Servers>
<Server>
<name>Server1</name>
<owner>John</owner>
<created>123456</created>
<status>active</status>
</Server>
</Servers>
	{
	Servers: [
	{
	name: Server1,
	owner: John,
	created: 123456,
	status: active
	}
	]
	}
		Servers:
		- name: Server1
		owner: John
		created: 123456
		status: active

3) AJAX

① JavaScript를 사용한 비동기 통신, 클라이언트와 서버간 XML , JSON 등의 데이터를 주고받는 기술이다.

② 웹 페이지 재 적재시 전체 페이지를 불러오지 않고 페이지의 일부만을 적재 하는 방법으로 자원 낭비를 줄일 수 있다.

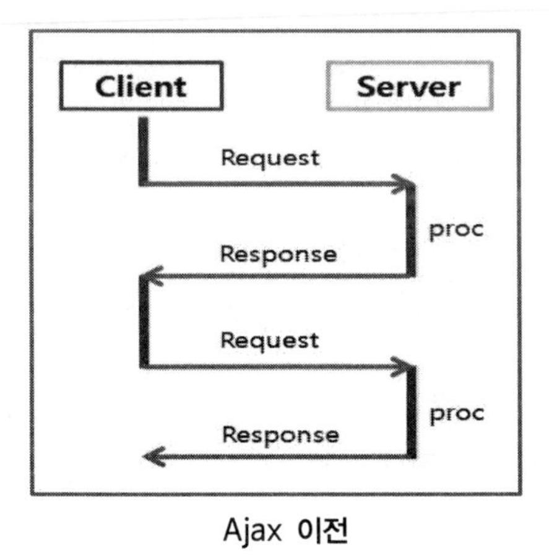

Ajax 이전

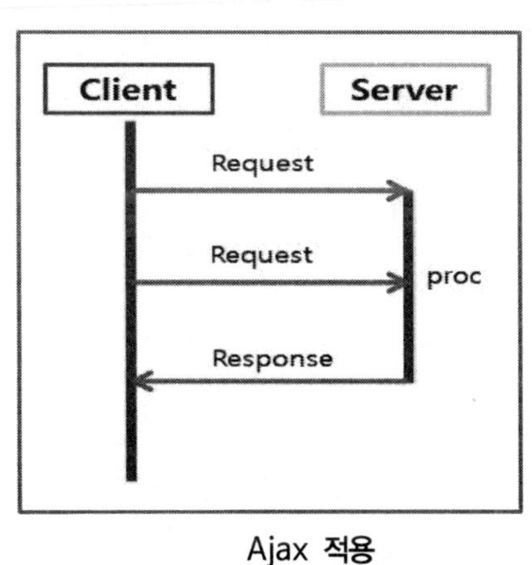

Ajax 적용

제5편 인터페이스 구현

Chapter 02 인터페이스 기능 구현하기

1. 인터페이스 기능 구현 정의

개발하고자 하는 응용소프트웨어와 연계 대상 모듈 간의 세부 설계서를 확인하여 일관되고 정형화된 인터페이스 기능 구현을 정의한다.

(1) 모듈 세부 설계서

모듈 세부 설계서는 구성 요소와 세부적인 동작 등을 정의한 설계서이다. 대표적인 모듈 세부 설계서에는 컴포넌트 명세서와 인터페이스 명세서가 있다.

1) 컴포넌트 명세서

컴포넌트 명세서는 컴포넌트의 개요 및 내부 클래스의 동작, 인터페이스를 통해 외부와 통신하는 명세를 정의한 것이다.

컴포넌트 ID	CR-COM-002	컴포넌트 명	인사발령
컴포넌트 개요	각 사의 인사발령을 수행하고 관계사와 필수정보를 공유하는 컴포넌트임		
내부 클래스			
ID	클래스명	설명	
CR-CLASS-01	발령이력 관리	발령형태에 따른 발령이력을 개인 이력관리에 등록한다.	
CR-CLASS-02	인사마스터 관리	가장 최근의 이력을 인사마스터에 반영한다. 이전 정보는 갱신한다.	
CR-CLASS-03	인터페이스 호출	발령사항을 인터페이스를 통해 관계사와 공유한다.	
인터페이스 클래스			
ID	인터페이스 명	오퍼레이션 명	구분
IF-HR-001	인사정보 전송 인터페이스	대상추출	전달대상
		정보전송	전달행위
		결과확인	전달결과

2) 인터페이스 명세서

인터페이스 명세서는 컴포넌트 명세서의 항목 중 인터페이스 클래스의 세부 조건 및 기능 등을 정의한 것이다.

인터페이스 ID	IF-HR-001	인터페이스명	인사정보 전송 인터페이스
오퍼레이션 명	인터페이스 대상 선정		
오퍼레이션 개요	관계사와 인터페이스 할 대상(정보)을 선택한다.		
사전조건	과장이상 정규직만 선택한다.		
사후조건	전송 이후 상대시스템의 결과값을 업데이트 한다.		
파라미터	발령구분, 발령정보		
반환값	Success / Fail		

(2) 인터페이스 기능 구현

1) 일관성 있는 인터페이스 기능 구현 정의

인터페이스의 기능, 인터페이스 데이터 표준, 모듈 세부 설계서를 통해 인터페이스 기능 구현을 정의한다.

2) 정의된 인터페이스 기능 구현 정형화

정의된 인터페이스 기능 구현 정형화는 정의한 인터페이스 기능 구현을 특정 하드웨어나 소프트웨어에 의존적이지 않도록 표준에 맞춰 정형화 하는 것을 의미한다.

2. 공통적인 인터페이스 구현

개발하고자 하는 응용소프트웨어와 연계 대상 모듈 간의 세부 설계서를 확인하여 공통적인 인터페이스를 구현한다.

(1) 데이터 통신을 이용한 인터페이스 구현

① 애플리케이션 영역에서 인터페이스 형식에 맞춘 데이터 포맷을 인터페이스 대상으로 전송하고, 이를 수신 측에서 파싱하여 해석하는 방식이다.

② JSON이나 XML 형식의 데이터 포맷을 사용하여 인터페이스를 구현한다.

(2) 인터페이스 엔티티를 통한 인터페이스 구현

① 인터페이스가 필요한 시스템 사이에 별도의 인터페이스 엔티티를 두어 상호 연계하는 역할을 한다.

② 일반적으로 인터페이스 테이블을 엔티티로 활용하는데, 인터페이스 테이블 한 개 또는 송-수신 인터페이스 테이블을 각각 두어 활용한다.

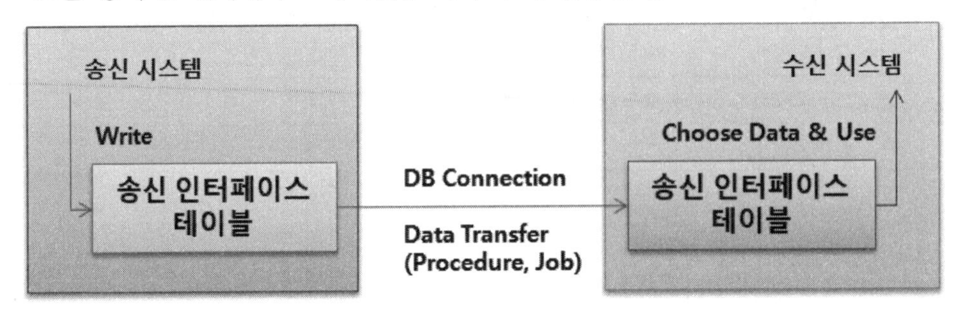

3. 인터페이스 보안 기능 적용

- 인터페이스는 시스템 모듈 간 통신 및 데이터 교환을 위한 통로로 사용되므로 보안의 취약점이 발생할 수 있으며 보안 기능의 적용은 필수이다.
- 보안 기능 적용은 인터페이스 보안 취약점 파악 후 적절한 보안 기능을 선택한다.

(1) 인터페이스 보안 취약 분석

- 인터페이스 기능이 수행되는 각 영역들의 구현 현황을 확인하고, 각 영역에 존재할 수 있는 보안 취약점을 분석한다.
- 보안 취약점 영역은 네트워크 영역, 애플리케이션 영역, 데이터베이스 영역으로 구분한다.

1) 네트워크 영역의 취약점

- 스니핑(Sniffing) : 네트워크상에서 타인의 패킷 교환을 훔쳐보는 행위

- 스푸핑(Spoofing) : 타인의 신분으로 위장하여 통신 상대방의 정보를 탈취하는 위장 공격으로 위장 형태에 따라 ARP 스푸핑, IP 스푸핑, DNS 스푸핑, 이메일 스푸핑 등으로 구분한다.
- 세션하이재킹 : 이미 인증받은 세션을 TCP 핸드쉐이킹의 취약점을 이용하여 탈취하는 공격
- 서비스거부(Dos) 공격: 목표시스템에 대량의 패킷을 전송하여 자원고갈, 통신 대역폭 낭비 등으로 시스템 기능을 마비시키는 가용성 파괴 공격이다.

2) 애플리케이션 영역의 취약점

- 버퍼 오버플로우: 프로그램 취약점을 이용한 공격으로 부프로그램의 복귀 주소 조작하여 시스템 권한을 탈취하는 공격이다.
- XSS(크로스 사이트 스크립트) 공격: 악성 스크립트 파일을 게시판 등에 삽입한 후 사용자 등이 게시물을 열람하거나 다운로드 했을 때 악성 코드가 설치되고 개인정보를 탈취하는 공격이다.

3) 데이터베이스 영역의 취약점

- 비인가 접근, 트리거 : 허가받지 않은 접근 및 DB 변경 동작 시 발생하는 보안 취약점이다.
- SQL Injection (SQL 인젝션) : 변조한 SQL 구문을 삽입하여 DB에 불법 접근하여 정보를 탈취하는 대표적인 웹 공격이다.

(2) 인터페이스 보안 기능 적용

인터페이스 보안은 네트워크, 애플리케이션, 데이터 영역별로 취약점에 대응하여 적용한다.

① 네트워크 영역 보안 : 데이터 암호화, 보안 프로토콜 IPsec을 적용한다.
② 애플리케이션 영역 보안 : 소프트웨어 개발 보안 가이드 라인을 준수하여 개발한다.
③ 데이터베이스 영역 보안 : 접근권한을 강화, 중요한 정보에 대하여 암호화 수행한다.

Chapter 03 인터페이스 구현 검증하기

1. 인터페이스 구현 검증

(1) 인터페이스 구현 검증 도구, 감시 도구

인터페이스 구현 및 감시 도구를 통해 인터페이스 동작 검증 및 Monitoring 할 수 있다.

1) 인터페이스 구현 검증 도구

인터페이스 구현 검증을 위해 인터페이스 단위 기능 및 시나리오에 기반한 통합 테스트가 필요하며, 테스트 자동화 도구를 이용하여 단위 통합 테스트의 효율성이 향상 된다.

[인터페이스 구현 검증 도구]

도구	설명
xUnit	java, C++, .Net 등 다양한 언어를 지원하는 단위 프레임워크
STAF	서비스 호출, 컴포넌트 재사용 등 다양한 환경을 지원하는 테스트 프레임워크
Fitnesse	웹 기반 테스트 케이스 설계/실행/결과 확인 등을 지원하는 테스트 프레임워크
NTAF	Naver 테스트 자동화 프레임워크이며, STAF와 FitNesse를 통합
Selenium	다양한 브라우저 지원 및 개발언어를 지원하는 웹 애플리케이션 테스트 프레임워크
watir	Ruby 기반 웹 어플리케이션 테스트 프레임워크

2) 인터페이스 감시 도구

인터페이스의 동작이 잘 진행되는지 확인하기 위해서 애플리케이션 모니터링 툴을 사용하여 동작 상태를 감시 할 수 있으며, 상용 제품 및 오픈소스를 이용한 애플리케이션 모니터링 툴이 있다.

(2) 인터페이스 오류 처리 확인 및 보고서 작성

1) 인터페이스 오류 처리 방법

① 사용자 화면에서 오류를 인지

가장 많이 쓰이는 방법이며 가장 직관적으로 오류를 인지 할 수 있다. 인터페이스

오류가 발생 할 경우 알람 형태로 화면에 표시되어, 주로 즉시적으로 데이터가 인터페이스되는 경우에 사용한다.

② 인터페이스 오류 로그 생성

인터페이스 오류의 자세한 내역을 알기 위해 사용되며, 시스템 관리자나 운영자가 오류 로그를 확인 할 수 있다. 시스템 운영 로그에 인터페이스 오류 시 관련 에러 로그가 생성 되도록 할 수 있다.

③ 인터페이스 관련 테이블에 오류 사항 기록

이력을 직관적으로 보기 쉬워 운영자가 관리하기 용이한 장점이 있다. 인터페이스 트랜잭션 기록을 별도로 보관하는 경우 테이블에 오류 사항을 기록할 수 있다.

2) 인터페이스 오류 처리 보고서

인터페이스에서 오류가 발생 시 관련 사항을 조직에서 정의된 보고 라인으로 인터페이스 오류 처리 보고서를 작성하여 즉각적으로 보고하여야 한다. 정형화된 형식은 없으며 조직 및 상황에 맞는 보고서를 작성하여 활용한다.

1. 다음 설명에 적합한 용어를 쓰시오.

시스템의 인터페이스 현황을 한눈에 확인하기 위하여 시스템의 인터페이스 목록 및 각 인터페이스의 상세 데이터 명세와 각 기능의 세부 인터페이스 정보를 정의한 문서

정답 인터페이스 설계서(정의서)

해설 인터페이스 설계서는 시스템의 인터페이스 현황을 한눈에 확인하기 위하여 시스템의 인터페이스 목록 및 각 인터페이스의 상세 데이터 명세와 각 기능의 세부 인터페이스 정보를 정의한 문서를 말한다.

2. 다음 ( ) 안에 들어갈 용어를 쓰시오.

( )은(는) 웹브라우저 간 HTML 문법이 호환되지 않는 문제와 SGML의 복잡함을 해결하기 위하여 개발된 다목적 마크업 언어이다.

정답 XML

해설 XML은 SGML의 단순화된 부분집합으로, 다른 많은 종류의 데이터를 기술하는데 사용할 수 있다. 주로 다른 종류의 시스템, 특히 인터넷에 연결된 시스템끼리 데이터를 쉽게 주고 받을 수 있게 하여 HTML의 한계를 극복할 목적으로 만들어졌다.

3. 다음 설명에 적합한 용어를 쓰시오.

"속성-값 쌍" 또는 "키-값 쌍"으로 이루어진 데이터 객체를 전달하기 위해 인간이 읽을 수 있는 텍스트를 사용하는 개방형 표준 포맷이다. 비동기 브라우저/서버 통신(AJAX)을 위해, 넓게는 XML을 대체하는 주요 데이터 포맷이다. 특히, 인터넷에서 자료를 주고 받을 때 그 자료를 표현하는 방법으로 알려져 있다. 자료의 종류에 큰 제한은 없으며, 특히 컴퓨터 프로그램의 변수값을 표현하는 데 적합하다.

정답 | JSON (Java Scripts Object Notation)
해설 | JSON에 대한 설명으로 비동기 브라우저/서버 통신을 위해(AJAX) "속성-값 쌍" "키-값 쌍"으로 이루어진 데이터 오브젝트를 전달하기 위해 인간이 읽을 수 있는 텍스트를 사용하는 개방형 표준 포맷이다.

4. 클라이언트와 서버 간 자바스크립트 및 XML을 비동기방식으로 처리하며, 전체 페이지를 새로 고치지 않고도 웹페이지일부 영역만을 업데이트할 수 있도록 하는 기술을 의미하는 용어를 쓰시오.

정답 | AJAX (Asynchronous JavaScript and XML)

5. 네트워크 트래픽에대해 IP(Internet Protocol) 계층에서 IP 패킷 단위의 데이터 변조 방지 및 은닉 기능을 제공하는 네트워크 계층에서의 보안 통신 규약을 쓰시오.

정답 | IPsec

6. Java(Junit), C++(Cppunit), .Net(Nunit)와 같이 다양한 언어를 지원하는 단위 테스트 프레임워크로 소프트웨어의 함수나 클래스와 같은 서로 다른 구성요소를 테스트 할 수 있게 해주는 인터페이스 구현 검증 도구는 무엇인가?

정답 | xUnit

7. 〈보기〉의 취약점 공격 중 데이터베이스 취약점과 가장 관련 있는 공격을 고르시오.

〈보기〉

스니핑, 세션 하이재킹, 백도어, 버퍼오버플로우, SQL 인젝션

정답 SQL 인젝션

해설
- 네트워크 취약점 공격 : 스니핑, 스푸핑, 세션하이제킹, 서비스거부 공격 등
- 애플리케이션 취약점 공격 : 버퍼오버플로우, XSS
- 데이터베이스 취약점 공격 : SQL 인젝션, 비인가 접근, 트리거 등

8. 인터페이스 구현 검증 도구를 3가지 서술 하시오.

정답 xUnit, STAF, Fitnesse, NTAF, Selenium, watir

해설

도구	설명
xUnit	java, C++, .Net 등 다양한 언어를 지원하는 단위 프레임워크
STAF	서비스 호출, 컴포넌트 재사용 등 다양한 환경을 지원하는 테스트 프레임워크
Fitnesse	웹 기반 테스트 케이스 설계/실행/결과 확인 등을 지원하는 테스트 프레임워크
NTAF	Naver 테스트 자동화 프레임워크이며, STAF와 FitNesse를 통합
Selenium	다양한 브라우저 지원 및 개발언어를 지원하는 웹 애플리케이션 테스트 프레임워크
watir	Ruby 기반 웹 어플리케이션 테스트 프레임워크

제6편

화면설계

Chapter 01 UI 요구사항 확인

(1) UI 표준

1) UI(User Interface)의 개념

① UI 즉, 사용자 인터페이스는 사용자와 시스템이 의사소통하는 방식이다. 사용자와 시스템 사이에서 원활한 작동을 위해 도와주는 프로그램의 일부분(장치, 소프트웨어)을 말한다.

② UI 표준은 시스템 전체의 모든 UI에 공통으로 적용될 내용으로 화면 구성, 화면 간 이동 등에 관한 규약이다.

2) UI의 유형

① CLI(Command Line Interface) : 사용자와 컴퓨터가 정보를 교환할 때 명령어 입력함으로써 정보를 이용할 수 있는 인터페이스

② GUI(Graphical User Interface) : 사용자와 컴퓨터가 정보를 교환할 때 마우스 등을 이용하여 작업을 수행하는 그래픽 환경의 인터페이스

③ NUI(Natural User Interface) : 멀티 터치, 동작 인식 등 사용자의 자연스러운 움직임을 인식하여 정보를 이용하는 인터페이스

3) UI의 설계 원칙

① 직관성 : 사용하는 사람 누구든 쉽게 이해할 수 있어야 하고 쉽게 사용할 수 있어야 한다.

② 유효성 : 사용자의 목적을 달성할 수 있도록 정확하고 완벽해야 한다.

③ 학습성 : 사용자 누구나 쉽게 학습할 수 있어야 한다.

④ 유연성 : 사용자의 요구사항을 최대한 수용하고, 오류를 방지할 수 있어야 한다.

(2) UI 지침

1) UI 지침

UI 지침은 UI 표준에 따라 개발 과정에서 꼭 지켜야 할 UI 요구사항, 구현 시 제약사항 등 공통의 세부 조건을 의미한다.

2) UI의 설계 지침

① 사용자 중심 : 실사용자에 대한 이해를 바탕으로 사용자가 쉽게 이해하고 편리하게 사용할 수 있는 환경을 제공한다.
② 결과 예측 가능 : 작동시킬 기능만 보고도 쉽게 결과를 예측할 수 있어야 한다.
③ 일관성 : 사용자가 버튼이나 조작하는 방법을 쉽게 기억하고 빠른 습득할 수 있도록 설계해야 한다.
④ 접근성 : 사용자의 연령, 성별, 직무 등 다양한 계층이 활용할 수 있도록 해야 한다.
⑤ 오류 발생 해결 : 오류 발생 시 사용자가 정확히 인지할 수 있도록 설계해야 한다.
⑥ 가시성 : 사용자가 조작하기 쉽도록 주요 기능은 메인 화면에 노출시킨다.
⑦ 표준화 : 쉽게 사용할 수 있도록 기능과 디자인을 표준화하여야 한다.

3) 오류 메시지나 경고에 관한 지침

① 오류 메시지는 이해하기 쉬워야 한다.
② 오류로부터 회복을 위한 구체적인 설명이 제공되어야 한다.
③ 오류로 인해 발생 될 수 있는 부정적인 내용을 적극적으로 사용자들에게 알려야 한다.
④ 오류 발생 시 텍스트 뿐 아니라 소리나 색을 사용하여 오류 발생을 전달하도록 한다.

4) UI 개발 시스템의 기능

① 사용자의 입력을 검증 할 수 있어야 한다.
② 에러 처리와 에러 메시지 처리를 할 수 있어야 한다.
③ 도움(help)과 프롬프트(prompt)를 제공해야 한다.

5) UI 요구사항 작성

① UI 요구사항은 반드시 실사용자 중심으로 작성해야 한다.
② UI 요구사항은 다양한 의견을 수렴해서 작성해야 한다.
③ UI 요구사항을 통해서 UI의 전체 구조를 파악, 검토해야 한다.

6) 품질 요구사항 (ISO/IEC 9126 품질 표준)

특성	의 미
신뢰성(Reliability)	정확하고 일관된 결과를 얻기 위하여 요구된 기능을 오류 없이 수행하는 정도
정확성(Correctness)	사용자의 요구 기능을 충족시키는 정도
유연성(Flexibility)	소프트웨어를 얼마만큼 쉽게 수정 할 수 있는가의 정도
무결성(Integrity)	허용되지 않는 사용이나 자료의 변경을 제어하는 정도
사용용이성(Usability)	소프트웨어를 쉽게 배우고 사용할 수 있는 정도
효율성(Efficiency)	소프트웨어 제품의 일정한 성능과 자원 소요 정도의 관계에 관한 속성 요구되는 기능을 수행하기 위해 필요한 자원의 소요 정도
이식성(Portability)	하나 이상의 하드웨어 환경에서 운용되기 위해 쉽게 수정될 수 있는 시스템 능력
재사용성(Reuseability)	소프트웨어 일부나 전체를 다른 목적으로 사용 할 수 있는 정도
유지보수성(Maintainability)	변경 및 오류 사항의 교정에 대한 노력을 최소화 하는 정도 사용자의 기능 변경을 만족시키고 소프트웨어를 진화시키는 것이 가능
상호운용성(Interoperability)	다른 소프트웨어와 정보를 교환할 수 있는 정도

Chapter 02 UI 설계

(1) UI 설계서

UI 설계서의 구성은 UI 설계서 표지, UI 설계서 개정 이력, UI 요구사항 정의, 시스템 구조, 사이트 맵, 프로세스 정의, 화면 설계 등으로 구성된다.

구성요소	내용
UI 설계서 표지	UI 설계서에 포함될 프로젝트 이름, 시스템 이름 등을 포함한다.
UI 설계서 개정 이력	UI 설계서 처음 작성 시 첫 번째 항목으로 '초안 작성'을 포함시키고 그에 해당하는 초기 버전을 1.0으로 설정한다. 수정 및 보완이 이루어 진 경우 버전을 ×.0으로 바꾸어 설정한다.
UI 요구사항 정의	UI 요구사항들을 다시 확인하고 정리한다.
시스템 구조	UI 프로토타입을 재확인하고, UI 요구사항들과 UI 프로토타입에 기초하여 UI 시스템 구조를 설계한다.
사이트 맵 (Site Map)	UI 시스템 구조의 사이트 맵 상세 내용(Site Map Detail)을 표 형태로 작성한다.
프로세스 (Process)정의	사용자 관점에서 요구되는 프로세스들을 진행되는 순성 맞추어 정리한다.
화면 설계	UI 프로토타입과 UI 프로세서 정의를 참고하여 각 페이지별로 필요한 화면을 설계한다. • 각 화면별로 구분되도록 각 화면별 고유 ID를 부여하고 별도의 표지 페이지를 작성한다. • 각 화면별로 필요한 화면 내용을 설계한다.

(2) UI 설계 도구

UI의 화면 구조나 배치등을 설계할 때 사용하는 도구로 작성된 결과물에 대한 미리보기 용도로 사용된다. 도구로는 와이어 프레임, 목업, 스토리보드, 프로토타입, 유스케이스 등이 활용된다.

① 와이어 프레임(Wireframe)

- 페이지의 개략적인 레이아웃과 각 페이지와 기능 간의 관계와 구조를 제안하고 시각화하는 도구로 UI의 뼈대를 작성한다.

- 화면 구성요소의 배치와 속성, 기능, 네비게이션 등과 관련한 동작들을 간단한 선과 사각형 정도만을 사용하여 윤곽을 그려 놓은 도면이다.
- 도구 : 파워포인트, 포토샵, 일러스트, 스케치, 손그림 등

② 목업(Mockup)

- 좀 더 실제 화면과 가깝도록 시각적 구성 요소만을 배치하여 실제 구현되지 않는 정적 모형이다.
- 도구 : 파워 목업, 발사믹 목업 등

③ 스토리보드 (Story Board)

- 스토리보드는 UI 설계를 위해서 디자이너와 개발자가 최종적으로 참고하는 문서이다.
- 정책이나 프로세스 및 콘텐츠의 구성, 와이어 프레임(UI, UX), 기능에 대한 정의, 데이터베이스의 연동 등을 구축하는 서비스를 위한 정보가 수록된 문서이다.
- 도구 : 파워포인트, 키노트, 스케치, Axure 등

④ 프로토타입(prototype)

- 사용자 요구사항을 기반으로 실제 동작하는 것처럼 만든 동적인 형태의 모형이다.
- 손으로 직접 작성하는 페이퍼 프로토타입과 프로그램을 이용하여 작성하는 디지털 프로토타입이 있다.
- UI 개발 시간을 단축시키고 개발 전에 오류 발견이 용이하다.
- 프로토타입은 전체 대상보다는 일부 핵심 기능 위주로 간단히 작성하여 효율적인 검증을 수행하도록 한다.
- 도구 : HTML/CSS, 카카오 오븐 등

⑤ 유스케이스(Use case)

- 사용자 관점에서의 요구사항으로, 시스템의 기능을 기술한다.
- 시스템이 제공하는 기능, 서비스 등을 정의하고, 개발 과정을 계획하고, 시스템의 범위를 결정한다.
- UML 다이어그램 완성 후 유스케이스 명세서를 작성한다.

(3) UI 화면 요소

① 라디오버튼: 여러 선택 사항 중 한 개만 선택

② 체크박스 : 여러 선택 사항 중 한 개 이상 선택

③ 토글버튼: 두 개의 옵션 중 하나만 선택

④ 콤보상자: 미리 정의된 옵션 목록에서 선택, 새로운 내용 입력 가능

⑤ 목록상자: 미리 정의된 옵션 목록에서 선택. 새로운 내용 입력 불가능

⑥ 텍스트 상자 : 여러 줄의 텍스트를 입력 영역을 정의할 때 사용하는 요소

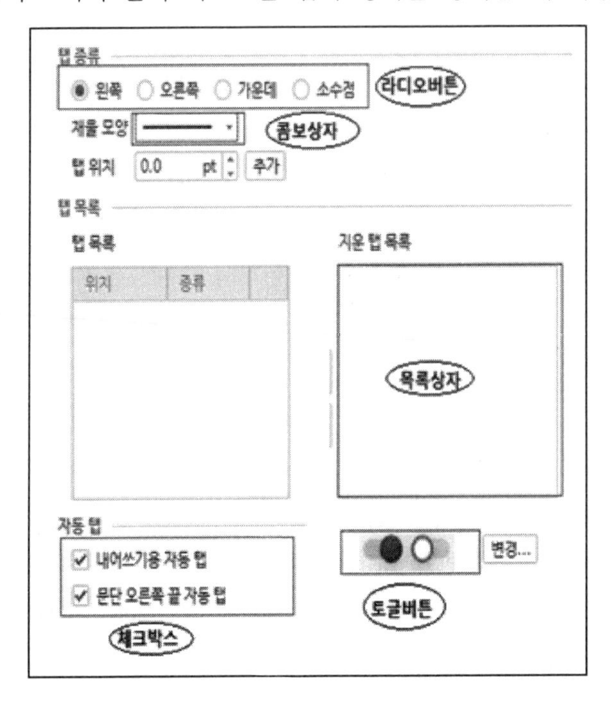

(4) UX 설계

① UX(User Experience)는 사용자가 어떤 시스템, 제품, 서비스를 직, 간접적으로 이용하면서 느끼고 생각하게 되는 감정, 태도, 행동 등의 총체적 경험을 말한다.

② UX는 UI의 사용성, 접근성, 편의성보다 사용자가 느끼는 만족이나 감성을 중시한다.

③ UX는 기술적인 효용뿐 아니라 사용자의 삶의 질 향상을 추구한다.

1. 다음 괄호안에 알맞는 답을 영문약어로 작성하시오.

> ( )는 사용자가 그래픽을 통해 컴퓨터와 정보를 교환하는 환경을 말한다. 이전까지 사용자 인터페이스는 키보드를 통해 명령어로 작업을 수행시켰지만 ( )에서는 키보드 뿐만 아니라 마우스 등을 이용하여 화면의 메뉴 중 하나를 선택하여 작업을 수행한다.
> 화면에 아이콘을 띄어 마우스를 이용하여 화면에 있는 아이콘을 클릭하여 작업을 수행하는 방식이다.
> 대표적으로는 마이크로소프트의 Windows, 애플의 Mac 운영체제 등이 있다.

정답 GUI

2. 다음은 사용자 인터페이스 설계 원칙에 대한 설명이다. 괄호안에 들어갈 설계 원칙을 적으시오.

> ○ 직관성: 누구나 쉽게 이해하고 사용할 수 있어야 한다.
> ○ (   ): 사용자의 목적을 정확하게 달성하여야 한다.
> ○ 학습성: 누구나 쉽게 배우고 익힐 수 있어야 한다.
> ○ 유연성: 사용자의 요구사항을 최대한 수용하며, 오류를 최소화하여야 한다.

정답 유효성

3. 아래에서 설명하는 내용을 영문 약자로 쓰시오.

> 키보드나 마우스와 같은 장치 없이 말이나 행동 그리고 감정과 같은 인간의 자연스러운 표현으로 컴퓨터나 장치를 제어할 수 있는 환경

정답 NUI
해설 NUI(Natural User Interface)는 인간의 말이나 행동으로 조작하는 인터페이스를 의미한다.

4. UI 설계 원칙 중 직관성에 대해 설명하시오.

정답	누구나 쉽게 이해하고, 쉽게 사용할 수 있어야 한다는 원칙

5. UX와 UI에 대한 개념을 쓰시오.

(1) UX(User Experience) :

(2) UI(User Interface) :

정답 해설	(1) 사람의 감정이나 경험을 나타내는 개념 (2) 사용자 인터페이스. 예로는 CLI이 있다.

6. 다음 각 항목에 해당하는 UI 설계 도구를 〈보기〉에서 찾아 적으시오.

(1) 좀 더 실제 화면과 가깝도록 시각적 구성 요소만을 배치하여 실제 구현되지 않는 정적 모형
(2) 콘텐츠에 대한 설명이나 페이지 간 이동 흐름 등을 추가한 문서
(3) 실제 구현된 것처럼 테스트가 가능한 동적인 형태의 모형

〈보기〉 스토리보드, 와이어 프레임, 유스케이스, 프로토타입, 목업, 아이콘

정답	(1) 목업 (2) 스토리보드 (3) 프로토타입

7. ISO 9126 국제 표준으로 소프트웨어 품질 특성과 평가를 위한 표준 지침 중 적합·적절성, 정밀·적합성, 상호운용성 등과 관련이 깊은 특성은?

정답 해설	기능성 기능성은 호환성, 보안성, 상호운용성, 정밀·정확성, 적합·적절성 등과 관련이 깊다.

8. UI 화면 요소 설명에 해당하는 UI 설계 도구를 〈보기〉에서 찾아 적으시오.

(1) 여러 선택 사항 중 한 개 이상 선택
(2) 두 개의 옵션 중 하나만 선택
(3) 미리 정의된 옵션 목록에서 선택, 새로운 내용 입력 가능

〈보기〉 라디오버턴, 토글상자, 콤보상자, 체크박스, 목록상자

정답 (1) 체크박스 (2) 토글상자 (3) 콤보상자

해설 라디오버튼: 여러 선택 사항 중 1개만 선택
체크박스 : 여러 선택 사항 중 1개 이상 선택
토글버튼: 두개의 옵션 중 하나만 선택
콤보상자: 미리 정의된 옵션 목록에서 선택, 새로운 내용 입력 가능
목록상자: 미리 정의된 옵션 목록에서 선택. 새로운 내용 입력 불가능

9. 소프트웨어 품질 목표와 일치하는 특성을 〈보기〉에서 올바르게 선택하시오.

(1) 하나 이상의 하드웨어 환경에서 운용되기 위해 쉽게 수정될 수 있는 특성
(2) 요구된 기능을 오류 없이 수행하는 정도

〈보기〉 신뢰성, 효율성, 이식성, 유지보수성, 무결성

정답 (1) 이식성 (2) 신뢰성

제7편

애플리케이션 테스트 관리

Chapter 01 애플리케이션 테스트케이스 설계

(1) 애플리케이션 테스트

1) 테스트의 정의

테스트는 소프트웨어에 내재된 결함을 발견하는 일련의 과정으로 고객의 요구사항이 만족 되었는지 확인(Validation)하고, 기능이 정상 수행되어 개발자의 기대를 충족하였는지를 검증(Verification)하는 것이다.

2) 테스트의 기본 원칙

① 테스트는 결함이 존재함을 밝히는 활동
② 완벽한 테스팅은 불가능
③ 결함 집중 : 파레토 법칙처럼 결함은 특정 모듈에서 집중적으로 발생
④ 살충제 패러독스 : 동일한 테스트케이스를 적용하는 경우 결함을 찾지 못함
⑤ 테스팅은 정황에 의존적 : 소프트웨어 정황(환경)에 맞게 테스트
⑥ 오류 및 부재의 궤변 : 결함이 없다고 소프트웨어 품질이 좋은 건 아님
⑦ 테스트 팀 운영 : 테스트는 개발자와 관계없는 별도의 팀에서 운영

> **▶ 파레토 법칙**
> 전체 코드의 20%에서 80%의 결함이 발생한다는 법칙 (결함 집중)

3) 테스트 프로세스

① 테스트 계획 : 테스트 목표를 정의하고 테스트 대상 및 범위 결정
② 테스트 분석 및 설계 : 테스트 요구사항 분석하여 테스트 도구 준비
③ 테스트 케이스 및 시나리오 작성 : 테스트 케이스, 시나리오 작성
④ 테스트 수행 : 테스트 환경에서 테스트를 수행하고 결과 기록
⑤ 테스트 평가 및 보고 : 테스트 결과를 비교, 분석하여 보고서 작성
⑥ 결함 추적 및 관리 : 결함 발생 부분과 종류를 추적, 관리

(2) 테스트 방식의 분류

1) 프로그램 실행 여부에 따른 테스트

정적 테스트	• 프로그램을 실행하지 않고 명세서나 소스 코드를 대상으로 테스트 • 소프트웨어 개발 초기 결함을 발견할 수 있어 개발 비용을 절감 • 종류 : 워크스루, 인스펙션, 코드 검사 등
동적 테스트	• 프로그램을 실행하여 오류를 찾는 테스트 • 소프트웨어 개발 전 단계에서 테스트 수행 가능 • 종류 :블랙박스 테스트, 화이트박스 테스트

2) 실행 주체에 따른 테스트

확인(Validation)	• 사용자 관점에서 소프트웨어 결과를 테스트 • 사용자 요구에 적합한 제품이 완성되었는지를 테스트
검증(Verification)	• 개발자 관점에서 소프트웨어 개발 과정을 테스트 • 제품이 기능, 비기능 요구사항을 잘 준수했는지를 테스트

3) 테스트 기반에 따른 테스트

명세 기반 테스트	사용자 요구사항에 대한 명세를 빠짐없이 테스트케이스로 만들어 구현
구조 기반 테스트	소프트웨어 내부의 논리 흐름에 따라 테스트케이스를 작성하고 확인
경험 기반 테스트	유사 소프트웨어나 기술에 대한 테스터의 경험을 기반으로 수행

4) 목적에 따른 테스트

복구(Recovery)	시스템에 여러 결함을 주어 장애를 발생시킨 후 올바르게 복구되는지 확인
보안(Security)	허가받지 않은 불법 침입으로부터 시스템의 보안 장비가 정상적으로 작동하는지를 확인
강도(Stress)	과도한 정보량이나 빈도 등을 부과하여 과부하 시에도 소프트웨어가 정상적으로 작동하는지를 확인
성능(Performance)	소프트웨어의 실시간 성능이나 전체적 효율성을 진단하는 테스트로, 소프트웨어의 응답시간, 처리량 등을 점검
구조(Structure)	소프트웨어 내부의 논리적 경로, 소스 코드의 복잡도 등을 평가
회귀(Regression)	소프트웨어의 변경,수정된 코드에 새로운 결함이 없음을 확인
병행(Parallel)	변경된 소프트웨어와 기존 소프트웨어에 동일한 결과를 입력하여 결과를 비교

(3) 테스트케이스

① 테스트케이스(testcase)는 구현된 소프트웨어가 사용자의 요구사항을 정확하게 준수했는지 확인하기 위해 설계된 명세서이다.

② 테스트 케이스는 입력값, 실행 조건, 예상 결과 등으로 구성된다.

③ 명세 기반 테스트의 설계 산출물에 해당된다.

④ 프로그램에 결함이 있더라도 입력에 대해 정상적인 결과를 낼 수 있기 때문에 결함을 검사할 수 있는 테스트 케이스를 찾는 것이 중요하다.

〈예시〉 테스트 케이스

테스트케이스 ID	테스트 조건	테스트 데이터	예상결과	검증방법
003	일자/시간 갱신	22.09.18.13시	100 조회	SQL

(4) 테스트 시나리오

① 테스트 시나리오는 테스트 케이스를 적용 순서에 따라 여러 테스트 케이스를 묶은 집합

② 테스트 케이스들을 적용하는 구체적 절차를 명세한 문서

③ 테스트 순서에 대한 구체적 절차, 사전 조건, 입력 데이터 등을 설정

〈예시〉 테스트 시나리오

테스트 ID	A-001	세부 항목	사용자 MAIN
담당자	홍길동	테스트 횟수	
테스트 영역	사용자 페이지	테스트 조건	ID/PW 일치
테스트 개요	각 정보 링크 확인		
NO	테스트케이스	확인 사항	예상 결과
1	패스워드 로그인	ID/PW 입력 여부	로그인 성공/실패
2	공인인증서 로그인	공인인증서 등록 여부	로그인 성공/살패
3	개인/기업 서비스	개인/기업 서비스 링크	각 페이지 이동
4	공지 사항	해당 정보 이동 여부	페이지 이동

(5) 테스트 오라클

테스트 결과의 올바른 판단을 위해 사전에 정의된 참값을 대입하여 비교하는 기법 및 활동으로 결과 판단을 위해 테스트케이스에 대한 예상 결과를 계산하거나 확인한다.

① 테스트 오라클의 특징

- 제한된 검증 : 테스트 오라클을 모든 테스트케이스에 적용할 수 없음
- 수학적 기법 : 테스트 오라클의 값을 수학적 기법을 이용하여 산출
- 자동화 가능 : 테스트 대상 프로그램의 실행, 결과 비교, 커버리지 측정등을 자동화할 수 있음

② 테스트 오라클의 종류

참 오라클	모든 테스트 케이스의 입력값에 대해 기대하는 결과를 제공하는 오라클로 모든 오류검출이 가능
샘플링오라클	특정 몇몇 테스트 케이스의 입력값에 대해서만 기대하는 결과를 제공하는 오라클
추정오라클	특정 테스트 케이스의 입력값에 대해서는 기대 결과를 제공하고 나머지 입력값들에 대해서는 추정(Heuristic)으로 처리하는 오라클로 샘플링 오라클을 개선
일관성검사 오라클	애플리케이션의 변경이 있을 때, 테스트 케이스의 수행 전과 후 결과값이 동일한지 확인하는 오라클

(6) 개발단계와 테스트 레벨

테스트 레벨은 개발 단계와 대응하는 단위 테스트, 통합 테스트, 시스템 테스트, 인수 테스트를 의미한다. 단계별로 진행 함으로써 코드 오류뿐 아니라 요구 분석 오류, 설계 오류, 인터페이스 오류 등을 발견할 수 있다.

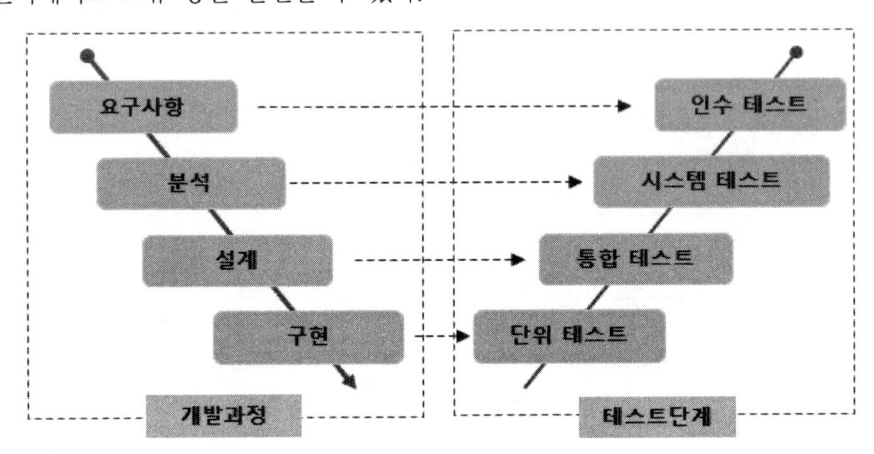

1) 단위 테스트 (Unit Test)

① 구현 단계에서 각 모듈의 개발을 완료한 후 개발자가 명세서의 내용대로 정확히 구현되었는지를 테스트를 수행한다.

② 모듈 내부의 구조를 구체적으로 볼 수 있는 구조적 테스트를 시행한다.
③ 테스트할 모듈을 호출하는 모듈도 있고, 테스트할 모듈이 호출하는 모듈도 있다.
④ 단위 테스트 케이스는 독립적이어야 한다.
⑤ 단위 테스트 도구(xUnit) : JUnit, Nunit, JMockit, EMMA 등

2) 통합 테스트 (Integration Test)

① 단위 테스트가 끝난 모듈들을 결합하면서 테스트를 수행한다.
② 시스템을 구성하는 모듈의 인터페이스와 결합을 테스트하는 것이다.
③ 통합 방향에 따라 하향식, 상향식, 혼합식, 빅뱅 통합 테스트로 구분한다.

3) 시스템 테스트 (System Test)

① 개발된 소프트웨어가 시스템의 기능적, 비기능적 성능을 테스트한다.
② 성능, 복구, 보안, 강도(stress) 테스트 등을 수행한다.

4) 인수 테스트 (Acceptance Test)

① 개발한 소프트웨어가 사용자 요구사항을 충족하는지를 테스트한다.
② 알파 테스트, 베타 테스트 등으로 구분한다.

알파 테스트	• 개발자의 장소에서 사용자가 개발자 앞에서 수행하는 테스트 • 통제된 환경에서 사용자와 개발자가 사용상 문제점을 함께 확인
베타 테스트	• 여러 사용자 중 선정된 최종사용자가 수행하는 필드 테스트 • 개발자를 제외하고 사용자가 직접 수행하고 문제점을 확인

(7) 테스트 기법

정적 테스트는 프로그램을 실행하지 않고 명세 기반 테스트를 하는 것으로 정형 기술 검토(FTR)인 워크스루, 인스펙션 등이 있고 테스트 시 프로그램을 실행하는 동적 테스트는 화이트박스 테스트와 블랙박스 테스트로 구분한다.

1) 정적 테스트 = 정형 기술 검토(FTR)

Walkthrough (워크스루)	• 개발자와 전문가들이 같이 검토하는 기술적 검토회의 • 사용사례를 확장하여 명세하거나 설계 다이어그램, 원시코드, 테스트 케이스 등에 적용 • 오류의 조기 검출이 목적이며 발견된 오류는 문서화

	• 검토를 위한 자료를 미리 배포하여 검토
Inspections (인스펙션)	• 개발 단계의 산출물에 대한 품질을 평가하는 검열과정 • 개발자 없이 관련 분야에 대해 훈련을 받은 전문팀에서 검열 • 검열 항목에 대한 체크 리스트를 이용하여 작업을 수행

① 정형 기술 검토 지침

- 제품의 검토에만 집중하고 해결책에 대해서는 논하지 않는다.
- 문제영역을 명확히 표현한다.
- 의제와 참가자의 수를 제한한다.
- 논쟁과 반박을 제한한다.
- 각 체크리스트를 작성하고 자원과 시간 일정을 할당한다.
- 참가자들은 사전에 작성한 메모들을 공유한다.

② 인스펙션 과정

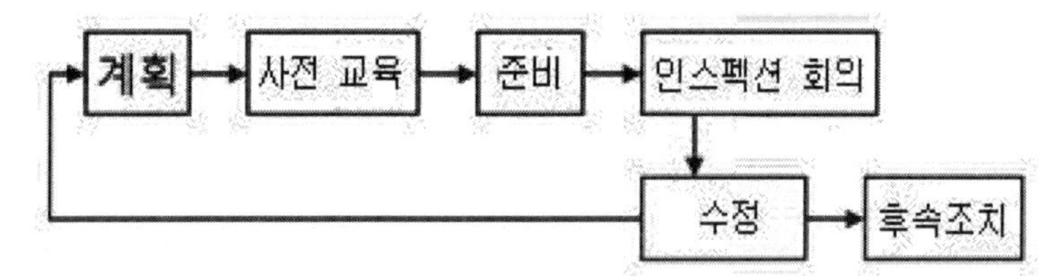

2) 동적 테스트

구분	화이트박스 테스트	블랙박스 테스트
정의	• 제품 내부 논리 구조 검사 • 소스 코드가 필요	• 제품 외부의 기능 검사 • 소스 코드가 불필요
특징	제어 흐름에 초점을 둔 구조 검사	정보 영역에 초점을 둔 기능검사
시험 방법	• 원시 코드의 모든 문장을 한 번 이상 수행 • 모듈 안 작동을 직접 관찰	• 기능별 입력에 대한 출력 정확성 검사 • 부정확하거나 잘못된 기능, 누락 된 기능검사
기법	• 기초경로 검사 • 조건 검사 • 루프 검사 • 데이터 흐름검사	• 동치 분할 검사 • 경계값 검사 • 원인-효과 그래프 • 오류 예측 검사 • 비교 검사
시점	검사단계 전반부	검사단계 후반부

3) 화이트박스 테스트 검증 기준(Coverage)

구문 커버리지 (Statement Coverage)	소스 코드의 모든 구문이 한 번 이상 수행되도록 테스트케이스를 설계
결정 커버리지 (Decision Coverage)	소스 코드의 모든 조건문이 한 번 이상 수행되도록 테스트 케이스를 설계하는 것으로 분기 커버리지 하고도 함
조건 커버리지 (Condition Coverage)	소스 코드의 모든 조건문에 대해 조건이 Ture인 경우와 False인 경우가 한 번 이상 수행되도록 테스트케이스 설계
변형 조건/결정 커버리지 (Modified Condition/Decision)	조건과 결정을 복합적으로 고려한 측정 방법이며, 결정 포인트 내의 다른 개별적인 조건식 결과에 상관없이 독립적으로 전체 조건식의 결과에 영향을 주는 테스트 커버리지

예 **커버리지 형태에 따른 테스트케이스(t) 구성**

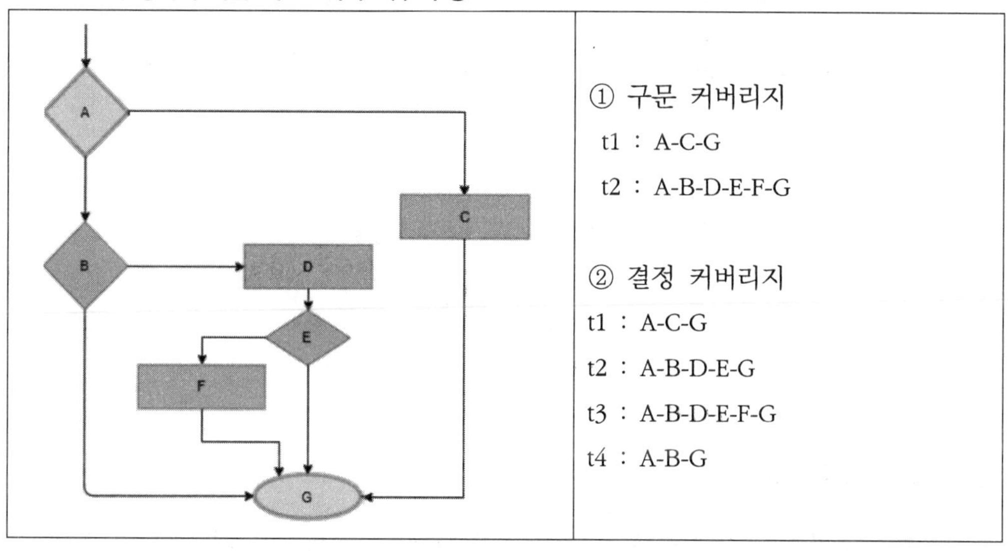

4) 순환 복잡도(Cyclomatic Complexity) = 맥케이브 순환도

① 화이트박스 테스트의 기초경로 검사를 이용해 논리적 복잡도 확인이 가능하다.

② 제어흐름도 G에서 순환 복잡도 V(G)는 다음 방법으로 계산한다.

〈방법1〉 제어 흐름도의 내부영역 수와 외부영역 수 더한 영역수를 계산

〈방법2〉 제어 흐름도에서 V(G) = E-N+2 (E는 화살표 수, N은 노드수)

※ 아래 제어 흐름도에서 순환 복잡도를 계산하시오.

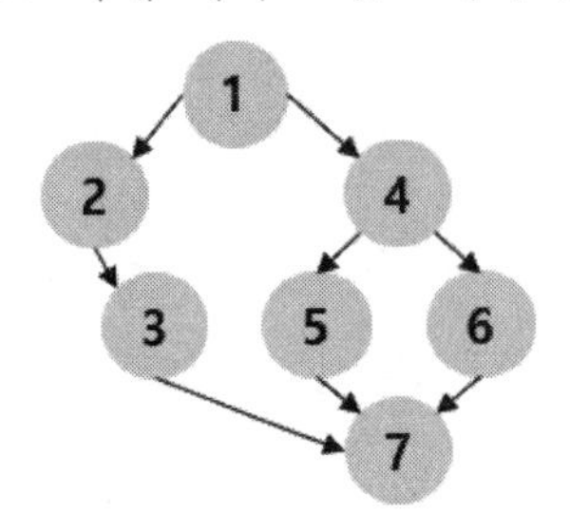

방법①: 복잡도=내부영역+외부영역=2+1=3

방법②: 복잡도=화살표(E)-노드수(N)+2=8-7+2=3

5) 경계값 분석 테스트 케이스

블랙박스 테스트로 입력 조건의 경계값 부근에서 결함 발생이 높기 때문에 경계값 앞, 경계값, 경계값 뒤로 테스트 케이스를 선정하여 테스트를 수행한다.

〈예제〉 입력값 X를 기준으로, 입력 조건이 min〈=X〈=max 일 때 테스트 케이스는 다음과 같다.

테스트 케이스 : min-1, min, min+1, max-1, max, max+1

(8) 테스트 자동화 도구

테스트 자동화는 사람 대신 테스트 도구를 이용하여 반복적인 테스트 작업을 효율적으로 수행하는 것이다. 테스트 자동화 도구를 이용하여 인간의 판단이나 조작 실수에서 발생하는 휴먼에러(human error)를 줄일 수 있다.

1) 테스트 자동화 도구 유형

정적 분석 도구	소스 코드를 실행하지 않고 코드의 의미를 분석하여 결함을 찾는 원시적 분석 기법을 적용 코딩 표준, 코딩 스타일, 코드 복잡도 등을 발견하기 위한 자동화 도구
동적 분석 도구	소스 코드를 실행하여 프로그램 동작이나 반응을 추적하고 코드에 존재하는 메모리 누수, 스레드 결함 등을 분석하는 기법을 적용

테스트 케이스 생성 도구	자료흐름도 : 원시 프로그램을 입력받아 자료흐름도 작성 기능테스트 : 주어진 기능을 상태를 파악하여 입력을 작성 입력 도메인 분석 : 입력 변수 도메인 분석 랜덤테스트 : 입력값을 무작위 추출
테스트 실행 도구	스크립트 언어를 사용하여 테스트를 실행
성능 테스트 도구	가상의 사용자를 만들어 처리량, 응답 시간, 자원 사용률 등을 인위적으로 적용 후 테스트
테스트 통제 도구	테스트 계획 및 관리, 결함 관리 등을 수행하는 도구
테스트 하네스 도구	테스트 실행 환경을 시뮬레이션하여 테스트를 지원할 코드와 데이터를 생성하는 도구

2) 테스트 하네스 도구

① 테스트 드라이버 : 테스트 대상 하위 모듈을 호출하고, 파라미터를 전달하고, 모듈 테스트 수행 후의 결과를 도출하는 등 상향식 테스트에 필요

② 테스트 스텁 : 제어 모듈이 호출하는 타 모듈의 기능을 단순히 수행하는 도구로 하향식 테스트에 필요

③ 테스트 슈트 : 테스트 대상 컴포넌트나 모듈, 시스템에 사용되는 테스트 케이스의 집합

④ 테스트 케이스 : 입력 값, 실행 조건, 기대 결과 등의 집합

⑤ 테스트 스크립트 : 자동화된 테스트 실행 절차에 대한 명세

⑥ Mock 오브젝트 : 사용자의 행위를 조건부로 사전에 입력해 두면, 그 상황에 예정된 행위를 수행하는 객체

Chapter 02 애플리케이션 통합 테스트

(1) 통합 테스트

애플리케이션 통합 테스트는 단위 테스트가 끝난 모듈들을 통합해 가면서 테스트를 수행한다. 각 모듈 간의 인터페이스 관련 오류 및 결함을 찾아내기 위한 테스트 기법으로 통합 방향에 따라 하향식, 상향식, 혼합식 통합 테스트로 구분한다.

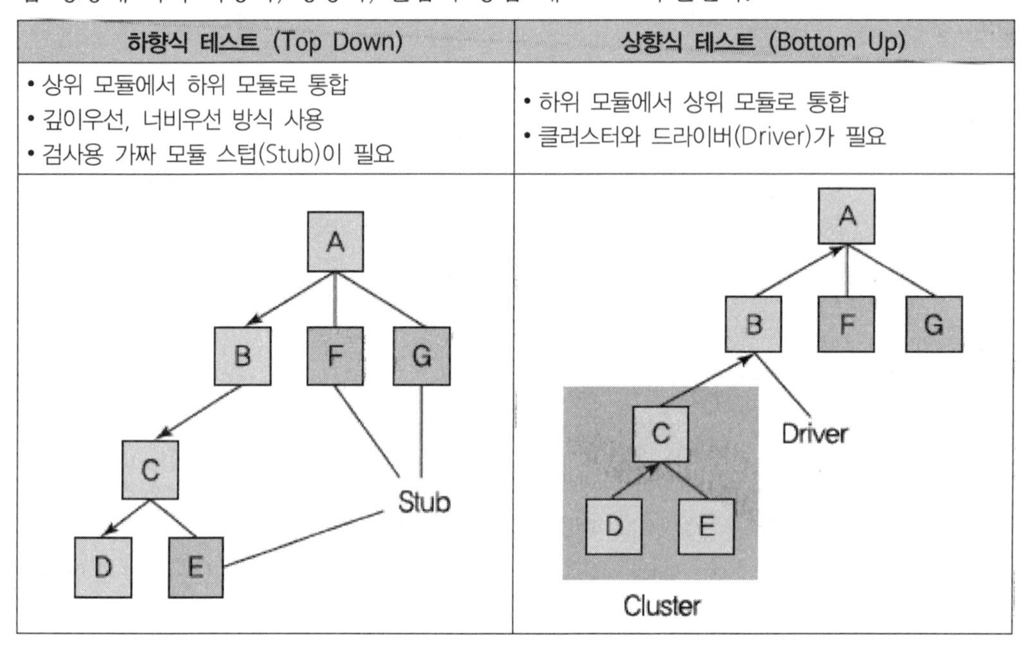

하향식 테스트 (Top Down)	상향식 테스트 (Bottom Up)
• 상위 모듈에서 하위 모듈로 통합 • 깊이우선, 너비우선 방식 사용 • 검사용 가짜 모듈 스텁(Stub)이 필요	• 하위 모듈에서 상위 모듈로 통합 • 클러스터와 드라이버(Driver)가 필요

(2) 결함관리

1) 결함관리 개요

① 결함관리는 통합 테스트 수행 결과 발견된 결함의 추이 분석을 통해 잔존 결함을 추정할 수 있다.

② 결함관리는 통합 테스트 결과 분석을 통해 테스트의 충분성과 발견된 결함에 대한 개선 조치를 수행하는 활동이다.

2) 결함 판단 기준

① 기능 명세서에 가능하다고 명시한 기능이 수행되지 않는 경우
② 기능 명세서에 명시되어 있지 않지만 수행해야만 하는 기능이 수행되지 않는 경우
③ 테스터 시각에서 보았을 때 문제가 있다고 판단되는 경우

3) 결함 관리 프로세스

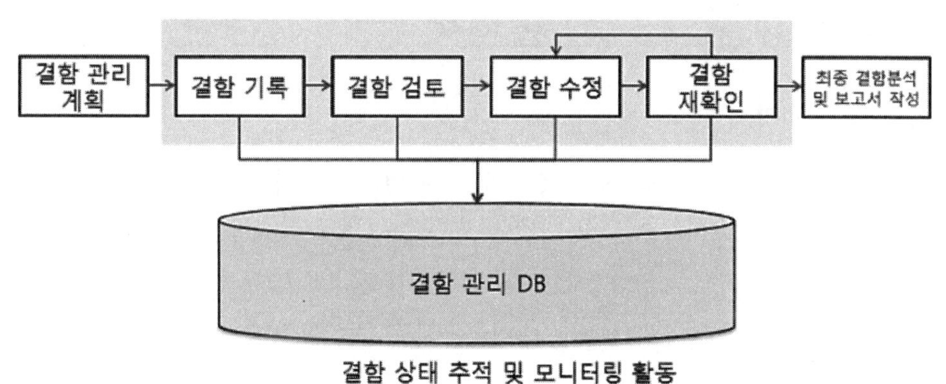

결함 상태 추적 및 모니터링 활동

4) 결함 상태

테스트 완료 후 발견된 결함의 분포, 추세, 에이징 분석등의 관리 측정 지표의 속성 값들을 분석하고, 향후 애플리케이션의 어떤 모듈 또는 컴포넌트에서 결함이 발생할지를 추정하는 작업이다.

① 결함 분포 : 각 애플리케이션 모듈 또는 컴포넌트의 특정 속성에 해당하는 결함의 수를 측정하여 결함의 분포를 분석
② 결함 추세 : 테스트 진행 시간의 흐름에 따른 결함의 수를 측정하여 결함 추세를 분석
③ 결함 에이징 : 등록된 결함에 대해 특정한 결함 상태의 지속 시간을 측정하여 분석

5) 결함 상태 추적

상태	내용
Open	결함이 보고되고 등록된 상태
Assigned	결함 분석 및 수정을 위해 담당자에게 결함이 전달된 상태
Fixed	결함 수정이 완료된 상태
Deferred	결함 수정이 연기된 상태
Closed	결함이해결되어 테스터와 담당자가 종료를 승인한 상태
Clarified	종료 승인한 결함을 검토하여 결함이 아니라고 확인된 상태

6) 결함 조치 관리

결함 조치 관리는 결함 조치로 변경된 코드의 버전과 이력을 관리하는 것으로 결함을 수정하는 코드 인스펙션과 변경 이력을 관리하는 형상 관리를 통해 진행된다.

① 코드 인스펙션

- 코드 인스펙션은 프로그램을 수행하지 않고 코드를 읽어보고 눈으로 확인하는 정적 테스트에 활용
- 코드를 분석하여 코딩 표준 준수 여부, 효율성 등을 확인
- 코드 인스펙션 수행 시 사전 검토 작업이 요구됨
- 코드 인스펙션은 다른 개발자에게 기술 습득의 기회를 제공
- 코드 인스펙션을 수행하면 90%까지 오류 검색 및 품질 향상 가능

> **▶ 코드 인스펙션 대상**
> - 개발 가이드라인 및 코딩 표준 위반
> - 소스 코드 보안 취약점
> - 사용되지 않은 변수, 코드(Dead Code)
> - 일관되지 않은 인터페이스

② 형상관리

- 소프트웨어의 변경 사항을 체계적으로 추적하고 통제하는 활동이다.
- 단순히 파일 변경 내역만 관리하는 것이 아니라 관련된 결과물(요구사항 정의서, 설계 문서, 코드 등등)에 대해 형상을 만들고 이를 체계적으로 관리하는 것으로 소프트웨어에 대한 이력을 확인할 수 있다.

Chapter 03 애플리케이션 성능 개선

(1) 애플리케이션 성능 지표

애플리케이션 성능은 사용자가 요구한 기능을 최소한의 자원을 사용하여 최대한 많은 기능을 처리하는 정도를 나타내는 것으로 애플리케이션 성능 측정 지표는 아래와 같다.

처리량(Throughput)	일정 시간 내 애플리케이션이 처리하는 일의 양
응답 시간(ResponseTime)	애플리케이션에 요청을 전달한 시간부터 응답이 도착할 때까지 걸린 시간
경과 시간(TurnAround Time)	애플리케이션에 작업을 의뢰한 시간부터 처리가 완료될 때까지 걸린 시간
자원 사용률(ResourceUsage)	애플리케이션이 의뢰한 작업을 처리하는 동안의 CPU, 메모리, 네트워크 사용량 등 자원 사용률

(2) 소스 코드 최적화

애플리케이션의 성능 저하는 애플리케이션 로직이 복잡한 나쁜 코드(Bad Code)에서 많이 발생하므로 소스 코드 최적화와 리팩토링을 통해서 소스 코드 구조를 개선할 필요성이 있다. 소스 코드 최적화는 읽기 쉽고 변경 및 추가가 쉬운 클린 코드(Clean Code)를 작성하는 것으로, 소스 코드 품질을 위해 기본적인 원칙과 기준을 정의하고 있다.

1) Bad Code

프로그램의 로직이 복잡하고 이해하기 어렵게 작성된 코드

① 스파게티 코드 : 코드의 로직이 복잡하게 얽혀 있는 코드

② 외계인 코드 : 아주 오래되거나 참고문서, 개발자가 없어 유지보수 작업이 어려운 코드

2) Clean Code

가독성이 좋아 누구나 쉽게 이해하고, 수정 및 추가를 할 수 있는 단순한 코드로 의존성을 줄이고, 중복을 최소화할 수 있다.

3) Clean Code 작성 원칙

가독성	• 누구든지 쉽게 코드를 읽을 수 있도록 작성 • 작성 시 이해하기 쉬운 용어를 사용 • 들여쓰기 기능 사용
단순성	• 코드를 간단하게 작성 • 한번에 한 가지를 처리하도록 코드를 작성하고 클래스/메소드/함수 등을 최소 단위로 분리
의존성 배제	• 코드가 다른 모듈에 미치는 영향을 최소화 • 코드 변경 시 다른 부분에 영향이 없도록 작성
중복성 최소화	• 코드 중복 최소화 • 중복 코드는 삭제하고 공통된 코드를 사용
추상화	상위 클래스에서는 간략하게 애플리케이션의 특징을 나타내고,상세 내용은 하위 클래스에서 구현

4) 리팩토링(refactoring)

리팩토링은 기능의 변경 없이 복잡한 코드 구조를 이해하기 쉽고 가독성이 높은 코드 구조로 재구성하는 활동이다. 버그를 제거하거나 새로운 기능을 추가하는 행위가 아니다.

① 리팩토링의 목적

- 나쁜 코드를 정리하여 소프트웨어의 디자인을 개선한다.
- 프로그램 가독성을 높여 코드를 쉽게 이해할 수 있다.
- 코드의 버그를 쉽게 발견할 수 있고 유지보수를 용이하게 할 수 있다.

② 리팩토링 방법

나쁜 코드	설명	리팩토링
중복된 코드	기능, 코드 중복	중복 제거
긴 메소드	메소드가김	메소드분할
큰 클래스	속성과 메소드가많음	클래스의 크기 축소

5) 재사용(Reuse)

① 소프트웨어 재사용은 새로 개발할 소프트웨어의 모듈이 기존 소프트웨어와동일하여 새로 작성하지 않고 재사용하는 것을 의미한다.

② 기존에 개발된 소프트웨어의 개발 경험 및 지식을 새로운 소프트웨어에 적용함으로써 품질과 생산성을 향상한다.

③ 소프트웨어 재사용 단위로 객체들의 모임인 컴포넌트(Component)를 사용한다.

④ 재사용률을 높이기 위해서는 모듈의 크기가 작을수록 좋다.

6) 재공학(Reengineering)

① 소프트웨어 재공학은 기존 시스템의 데이터와 기능의 개선 및 개선을 통해 소프트웨어 유지보수성과 품질을 향상하는 기술이다.

② 재공학 활동은 분석→ 재구성→ 역공학→ 이식 순으로 진행된다.

분석(Analysis)	기존 소프트웨어 명세서를 확인하여 소프트웨어 동작을 이해하고 재공학 대상을 선정하는 것
재구성(Restructuring)	소프트웨어 기능 변경없이 형태에 맞게 수정하는 활동이다
역공학 (Reverse Enginnering)	기존 소프트웨어를 분석하여 설계, 분석 정보를 생성하는 기술
이식(Migration)	기존 소프트웨어를 다른 운영체제나 하드웨어 환경에서 사용할 수 있도록 변환하는

(3) 소스코드 분석 도구

- 소스 코드의 코딩 스타일, 코드에 설정된 코딩 표준, 코드의 복잡도, 코드에 존재하는 메모리 누수 현상, 스레드결함 등을 발견하기 위해 사용하는 도구이다.
- 정적 분석 도구와 동적 분석 도구로 구분한다.

1) 정적 분석 도구

소스 코드의 실행 없이, 코드의 의미를 분석해 결함을 찾아내는 원시적 코드 분석 기법이다.

구분	도구명	설명	지원 환경	도구 지원
정적 분석 도구	pmd	자바 및 타 언어 소스코드에 대한 버그, 데드코드 분석	Linux, Windows	Eclipse, NetBeans
	cppcheck	C/C++ 코드에 대한 메모리누수, 오버플로우 등 문제 분석	Windows	Eclipse, gedit
	SonarQube	소스코드 품질 통합 플랫폼, 플러그인 확장 가능	Cross-Platform	Eclipse
	checkstyle	자바 코드에 대한 코딩 표준 준수 검사 도구	Cross-Platform	Ant, Eclipse, NetBeans

2) 동적 분석 도구

소스 코드를 실행하여 프로그램 동작이나 반응을 추적하고 코드에 존재하는 메모리 누수, 스레드 결함 등을 분석하는 기법이다.

구분	도구명	설명	지원 환경	도구 지원
동적 분석 도구	Avalanche	Valgrind 프레임워크 및 STP 기반 소프트웨어 에러 및 취약점 동적 분석 도구	Linux Android	-
	Valgrind	자동화된 메모리 및 스레드 결함 발견 분석 도구	Cross-Platform	Eclipse, NetBeans

적중 예상문제

1. 테스트에 대한 두 가지 시각 확인(Validation)과 검증(Verification)에 대하여 기술하시오.

정답 해설

① 확인(Validation)
- 사용자의 요구사항이 충족되었음을 객관적인 증거로 알아보는 것
- 우리는 제품을 올바르게 만들고 있는가?

② 검증(Verification)
- 사용자의 요구사항에 맞게 구현되었음을 알아보는 것(개발자 관점)
- 우리는 올바른 제품을 만들고 있는가?

2. 다음은 테스트 종류에 대한 설명이다. A, B에 들어갈 알맞은 용어를 보기에서 찾아 쓰시오.

(A) 은/는 개별 모듈, 서브루틴이 정상적으로 실행되는지 확인
(B) 은/는 인터페이스 간 시스템이 정상적으로 실행되는지 확인

[보기] 시스템 테스트 / 인수 테스트 / 알파 테스트 / 단위 테스트 / 통합 테스트 / 회귀 테스트

정답

A: 단위 테스트
B: 통합 테스트

3. 아래에서 설명하는 테스트 도구를 쓰시오.

자바 프로그래밍 언어를 이용한 xUnit의 테스트 기법으로써 숨겨진 단위 테스트를 끌어내어 정형화시켜 단위 테스트를 쉽게 해주는 테스트용 프레임워크이다.

정답 JUnit

4. 다음은 소프트웨어 통합 테스트에 대한 설명이다. A, B에 들어갈 알맞는 답을 작성하시오.

(A) 방식은 하위 모듈부터 시작하여 상위 모듈로 테스트를 진행하는 방식이며, 이 방식을 사용하기 위해서는 (B)가 필요하다. (B)는 이미 존재하는 하위 모듈과 존재하지 않은 상위 모듈에 대한 인터페이스 역할을 한다

정답 A: 상향식
B: 테스트 드라이버

5. 다음 인수 테스트 설명에 대하여 괄호 안에 알맞는 내용을 작성하시오.

1. ( ) 테스트는 하드웨어나 소프트웨어의 개발 단계에서 상용화하기 전에 실시하는 제품 테스트 작업. 제품의 결함 여부, 제품으로서의 가치 등을 평가하기 위해 실시한다. 선발된 잠재 고객으로 하여금 일정 기간 무료로 사용하게 한 후에 나타난 여러 가지 오류를 수정, 보완한다. 공식적인 제품으로 발매하기 이전에 최종적으로 실시하는 테스트 작업이다.

2. ( ) 테스트는 새로운 제품 개발 과정에서 이루어지는 첫 번째 테스트. 즉, 시제품이 운영되는 동안의 신제품 연구와 개발 과정 단계에서 초기 작동의 결과를 평가하는 수단이며 개발 회사 내부에서 이루어지는 테스트로서 단위 테스트, 구성 테스트, 시스템 테스트 등을 포함한다.

정답 1. 베타
2. 알파

6. 다음은 화이트 박스 테스트 검증 기준에 대한 설명이다. 다음에서 설명하는 알맞은 용어를 보기에서 찾아 쓰시오.

(1) 최소 한 번은 모든 문장을 수행한다.
(2) 결정(Decision) 검증 기준이라고도 하며 조건 별로 True/False일 때 수행한다.
(3) (2)와 달리 전체 조건식에 상관없이 개별 조건식의 True/False에 대해 수행한다.

〈보기〉 다중 조건 커버리지, 변형 조건 / 결정 커버리지, 조건 커버리지, 결정 커버리지, 구조 커버리지, 구문 커버리지

정답 (1) 구문 커버리지
(2) 결정 커버리지
(3) 조건 커버리지

7. 아래에서 설명하는 테스트 기법은 무엇인가?

입력 자료 간의 관계와 출력에 영향을 미치는 상황을 체계적으로 분석 후 효용성이 높은 테스트 케이스를 선정해서 테스트하는 기법

정답 원인 효과 그래프 (Cause Effect Graph)

8. 다음은 V&V 모델을 형상화한 V다이어그램이다. a,b,c,d 단계에서 수행할 테스트를 올바르게 채우시오.

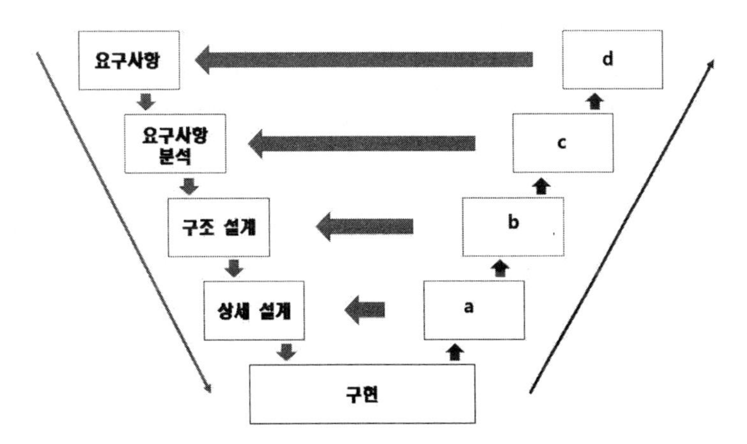

정답 | a. 단위 테스트 b.통합 테스트 c. 시스템 테스트 d.인수 테스트

9. 다음 설명에 알맞는 테스트 용어를 〈보기〉에서 골라 작성하시오.

오류를 제거하거나 수정한 시스템이나 시스템 컴포넌트 또는 프로그램이 오류 제거와 수정에 의해 새로이 유입된 오류가 없는지를 확인하는 일종의 반복 시험이다.

반복적인 시험이 필요한 이유는 오류가 제거·수정되는 상당수의 시스템이 의도치 않았던 오동작이나 새로운 형태의 오류를 일으키기 때문이다.

결국, 수정·변경된 시스템이나 시스템 컴포넌트 또는 프로그램이 명세된 요구 사항을 충족시키는지를 확인하는 시험의 한 형태이다.

〈보기〉 Stress, Performance, Regression, Load, Security

정답 | Regression
해설 | Regression (회귀) 테스트는 시스템 수정을 한 후 오류를 확인 하기 위한 테스트

10. 점수에 따른 성적 부여가 잘 되었는지 테스트하고자 한다. 아래에 알맞는 테스트 기법은 무엇인가?

점수	성적
0~59	가
60~69	양
70~79	미
80~89	우
90~100	수

정답 | 동치 분할 테스트
해설 | 동일한 결과를 내는 입력들을 하나의 그룹으로 묶어서 입력 그룹의 대표 값을 정해 테스트하는 블랙박스 테스트 방식

11. 다음은 테스트케이스의 구성요소에 대한 설명이다. 괄호 (1), (2), (3) 안에 들어갈 알맞은 내용을 〈보기〉에서 고르시오.

식별자 ID	테스트 항목	(1)	(2)	(3)
DS-45S-21	로그인 기능	사용자 초기 화면	사용자 아이디 (Test11) 비밀번호 (test@#@!#)	로그인 성공
DS-45S-25	로그인 기능	사용자 초기 화면	사용자 아이디 (Test11) 비밀번호 (“”)	로그인 실패

〈보기〉 테스트 오라클, 테스트 데이터, 예상결과, 테스트 시나리오, 테스트 조건

정답
(1) 테스트 조건
(2) 테스트 데이터
(3) 예상 결과

12. 다음은 블랙박스 기법에 대한 예제이다. ①, ②에 해당하는 블랙박스 기법을 쓰시오.

① 0 ≤ x ≤ 10이면 -1, 0, 10, 11 검사

② 입력 데이터의 영역을 유사한 도메인별로 유효값과 무효값을 그룹핑하여 나누어서 검사

정답
① 경계값 분석
② 동치 분할 테스트

13. 다음과 같이 점수에 따른 금액을 출력하는 알고리즘이 있다. 테스트 입력값을 보고 이와 같은 테스트의 명칭을 적으시오.

[입출력]
점수: 90~100 → 금액: 700만원
점수: 80~89 → 금액: 500만원
점수: 70~79 → 금액: 300만원
점수: 0~69 → 금액: 0만원

[테스트 입력값]
-1, 0, 1, 69, 70, 71, 79, 80, 81, 89, 90, 91, 99, 100, 101

정답	경계값 분석 (Boundary Value Analysis)

14. 다음 보기 중에서 블랙박스 테스트 기법을 3가지 골라 작성하시오.

a. Equivalence Partitioning
b. Boundary Value Analysis
c. Base Path Test
d. Loop Test
e. Cause-effect Graph
f. Decision Coverage
g. Statement Coverage

정답	a, b, e
해설	블랙박스 테스트 : a, b, e 화이트박스 테스트 : c, d, f, g 커버리지(coverage)는 화이트 박스의 검증 기준이다.

15. 다음 아래 제어 흐름 그래프가 분기 커버리지를 만족하기 위한 테스팅 순서를 쓰시오.

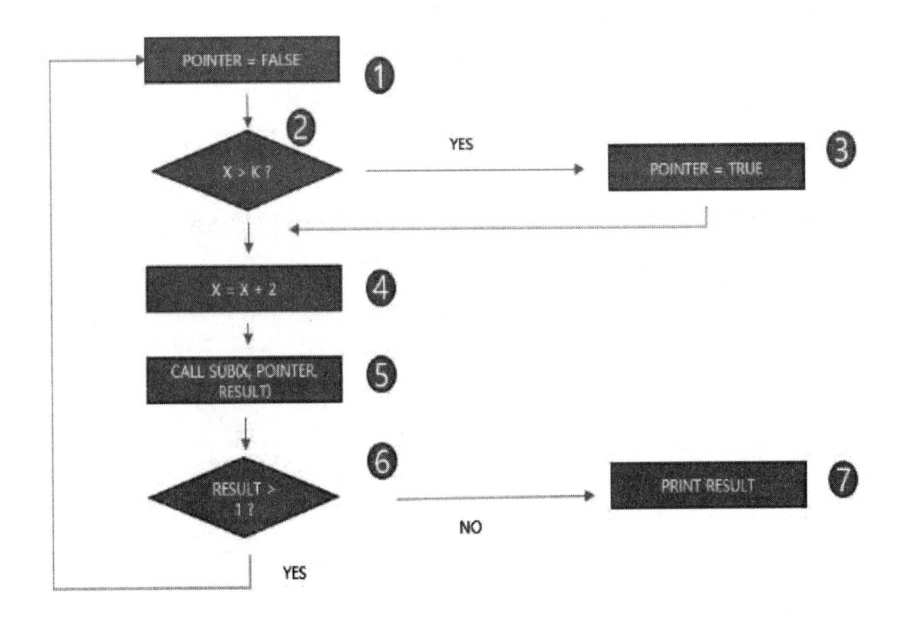

정답 | 1234561, 124567 또는 1234567, 124561

16. 클린 코드 작성 원칙 중 클래스, 메소드, 함수 등을 최소의 단위로 분리하는 것과 연관성이 높은 작성원칙은?

정답 | 단순성
해설 | 단순성의 원칙
- 클래스, 메소드, 함수 등을 최소 단위로 구분한다.
- 한 번에 한 가지 처리만을 수행한다.

17. 리팩토링의 목적에 대하여 기술하시오.

정답
- 나쁜 코드를 정리하여 소프트웨어의 디자인을 개선한다.
- 프로그램 가독성을 높여 코드를 쉽게 이해하기 할 수 있다.
- 코드의 버그를 쉽게 발견할 수 있고 유지보수를 용이하게 할수 있다.

18. 테스트 오라클 유형 네 가지를 쓰시오.

정답
해설
① 참(True) 오라클
- 모든 입력 값에 대하여 기대하는 결과를 생성함으로써 발생된 오류를 모두 검출할 수 있는 오라클이다.

② 샘플링(Sampling) 오라클
- 특정한 몇 개의 입력 값에 대해서만 기대하는 결과를 제공해 주는 오라클이다.

③ 휴리스틱(Heuristic) 오라클
- 샘플링 오라클을 개선한 오라클로, 특정 입력 값에 대해 올바른 결과를 제공하고, 나머지 값들에 대해서는 휴리스틱(추정)으로 처리하는 오라클이다.

④ 일관성 검사(Consistent) 오라클
- 애플리케이션 변경이 있을 때, 수행 전과 후의 결과 값이 동일한지 확인하는 오라클이다.

19. 테스트 오라클 중 특정한 몇 개의 입력값에 대해서만 기대하는 결과를 제공해주는 오라클은 무엇인가?

정답 샘플링 오라클
해설 특정한 몇 개의 입력 값에 대해서만 기대하는 결과를 제공해 주는 오라클이다.

20. 다음은 소스코드 분석도구에 대한 설명이다. (1), (2)에 해당하는 분석 기법의 명칭을 쓰시오.

(1) 소스 코드의 실행 없이, 코드의 의미를 분석해 결함을 찾아내는 원시적 코드 분석 기법

(2) 소스 코드를 실행하여 프로그램 동작이나 반응을 추적하고 코드에 존재하는 메모리 누수, 스레드 결함 등을 분석하는 기법

정답 (1) 정적 분석 기법
(2) 동적 분석 기법

21. 결함 관리 측정 지표 3가지를 쓰시오.

정답
해설
① 결함 분포
- 각 애플리케이션 모듈 또는 컴포넌트의 특정 속성에 해당하는 결함의 수를 측정하여 결함의 분포를 분석할 수 있다.

② 결함 추세
- 테스트 진행 시간의 흐름에 따른 결함의 수를 측정하여 결함 추세를 분석할 수 있다.

③ 결함 에이징
- 등록된 결함에 대해 특정한 결함 상태의 지속 시간을 측정하여 분석할 수 있다.

22. 화이트 박스 테스트에서 사용하는 커버리지(검증기준) 중 모든 구문에 대하여 한 번 이상 수행하는 테스트 커버리지는 무엇인가?

정답 구문(statement) 커버리지

해설
① 구문(Statement) 커버리지
- 코드 구조 내의 모든 구문에 대해 한 번 이상 수행하는 테스트 커버리지를 말한다.

② 조건(Condition) 커버리지
- 결정 포인트 내의 모든 개별 조건식에 대해 수행하는 테스트 커버리지를 말한다.

③ 결정(Decision) 커버리지
- 결정 포인트 내의 모든 분기문에 대해 수행하는 테스트 커버리지를 말한다.

④ 변형 조건 · 결정(Modified Condition/Decision) 커버리지
- 조건과 결정을 복합적으로 고려한 측정 방법이며, 결정 포인트 내의 다른 개별적인 조건식 결과에 상관없이 독립적으로 전체 조건식의 결과에 영향을 주는 테스트 커버리지를 말한다.

23. 아래는 애플리케이션 성능을 측정하기 위한 요소들이다. (가), (나),(다)에 들어갈 용어를 적으시오.

속성	설명
(가)	일정 시간 내에 애플리케이션이 처리하는 일의 양
(나)	애플리케이션에 요청을 전달한 시간부터 응답이 도착할 때까지 걸린 시간
(다)	애플리케이션에 작업을 의뢰한 시간부터 처리가 완료될 때까지 걸린 시간
자원 이용률	애플리케이션이 의뢰한 작업을 처리하는 동안의 CPU 사용량, 메모리 사용량, 네트워크 사용량 등

정답
(가) 처리량
(나) 응답시간
(다) 반환시간

제8편

SQL 응용서버프로그램 구현

Chapter 01 SQL (Structured Query Language)

① 관계데이터베이스 처리를 위한 표준 언어이다.

② 관계 대수와 관계 연산의 특성을 모두 가지는 구조적 질의어이다.

③ 대화식의 비절차적 언어뿐 아니라 응용 프로그램에 삽입되어 사용하는 절차적 언어로도 사용 가능하다.

④ 데이터 정의어(DDL), 데이터 조작어(DML), 데이터 제어어(DCL)의 모든 명령어를 지원한다.

(1) DDL (데이터 정의어)

1) 데이터베이스 정의어 (DDL)

- 스키마, 도메인, 뷰, 테이블 등의 구조를 정의, 변경, 삭제하는 언어이다.
- DDL 명령어로 CREATE, ALTER, DROP 문이 사용된다.

2) CREATE : 테이블 정의

형식	CREATE TABLE <테이블명> (속성명 데이터타입 [NOT NULL] [DEFAULT <값>] [PRIMARY KEY], [UNIQUE (속성명)], [FOREIGN KEY (외래키) REFERENCES <참조테이블이름> (기본키)], [CHECK(조건식)]);

예) 다음 조건에 맞도록 "학생" 테이블을 정의하시오.

학생

학번	이름	학년	학과	과목코드

<조건>
- 학번은 정수형으로 NULL을 가질 수 없고 기본키이다.
- 이름은 가변길이 문자열 10자리
- 학년은 정수형으로 1~4 사이만 입력되는 제약조건을 가진다.
- 학과는 고정길이 문자열 15자리
- 과목코드는 문자열로 과목테이블의 과목코드를 참조하는 외래키이다.

[해설]

```
CREATE TABLE 학생
( 학번 INT NOT NULL,
  이름 VARCHAR(10),
  학년 INT,
  학과 CHAR(15),
  과목코드 CHAR(10),
  PRIMARY KEY(학번),
  FOREIGN KEY(과목코드) REFERENCES 과목(과목코드),
  CHECK(학년>=1 AND 학년<=4)
);
```

2) ALTER : 테이블 변경

형식	ALTER TABLE 〈테이블명〉
	ADD 추가할 속성명 데이터타입 ; // 속성추가
	MODIFY 변경할 속성명 데이터타입; // 속성변경
	DROP COLUMN 삭제할 속성명 ; // 속성삭제

예 Student 테이블에 address열을 추가하는 경우
Alter table student add address varchar(20);

예 Student 테이블의 address열의 속성을 char(10)으로 변경하는 경우
Alter table student modify address char(10);

예 Student 테이블의 address열을 삭제하는 경우
Alter table student drop column address ;

3) DROP : 테이블 삭제

형식	DROP TABLE 〈테이블명〉 [CASCADE ǀ RESTRICT] ;

- 기본 테이블에 의해 만들어진 뷰나 인덱스도 자동 삭제된다.
- 현재 사용 중인 테이블과 참조중인 테이블은 삭제할 수 없다
- CASCADE를 사용하면 테이블 및 참조 테이블, 제약 조건과 뷰들이 모두 자동 삭제된다.
- RESTRICT를 사용하면 제약 조건이나 뷰들이 없는 경우에만 테이블이 삭제된다.

예 "학생" 테이블을 삭제하면서 학생 테이블을 참조하는 모든 테이블도 같이 삭제한다.
DROP TABLE 학생 CASCADE ;

(2) DML (데이터 조작어)

- 데이터베이스에 저장된 데이터 값을 삽입, 삭제 , 갱신하기 위한 언어이다.
- DML 명령어로 INSERT, DELETE, UPDATE, SELECT 문이 사용된다.

예 참조관계인 두 테이블 학생 및 성적 테이블을 이용해 데이터 검색 명령어를 수행하시오

〈학생〉

학번	이름	학년	학과
9001	박찬호	4	전자
9002	손흥민	3	게임
9003	김연아	3	보안
9005	박지성	3	게임
9007	류현진	1	게임

〈성적〉

학번	과목코드	중간고사	기말고사
9001	A002	80	95
9002	B001	70	85
9003	A002	85	70
9005	A001	65	90
9007	B003	95	65

1) INSERT = 튜플 삽입

형식	INSERT INTO 테이블명(속성목록 .)VALUES(데이터 목록.);

① 속성 목록이 여러개 일 때 데이터는 순서대로 일대일 할당된다.

② 속성 목록이 생략되었을 때는 테이블의 속성 순서대로 일대일 할당된다.

③ 문자 데이터는 반드시 홑따옴표로 묶어서 표시한다.

예 **"학생" 테이블의 학번, 이름 속성에 (9004,박길동)을 삽입하시오.**
INSERT INTO 학생(학번,이름,) VALUES (9004, '박길동');

예 **"학생" 테이블에 각 속성에 대응하여 튜플 (9005, '차길동', 3, 보안)을 삽입하시오.**
INSERT INTO 학생 VALUES (9005, '차길동', 3, '보안');

2) DELETE = 튜플 삭제

형식	DELETE FROM 테이블명 [WHERE 조건];

① 테이블 이름은 하나만 기술해야 한다.

② 조건에 맞는 튜플을 삭제시에는 반드시 WHERE 절을 기술한다.
③ WHERE 절 생략 시에는 모든 튜플이 삭제되고 빈 테이블만 남는다.
④ 삭제할 튜플값을 외래키로 가진 테이블에서도 같은 삭제 연산이 수행되어야 한다.

예 학생 테이블에서 학번이 9004인 학생을 삭제하시오.
DELETE FROM 학생 WHERE 학번 = 9004;

예 수강 테이블의 모든 튜플을 삭제하시오.
DELETE FROM 수강 ;

3) UPDATE = 튜플 변경

형식	UPDATE 테이블명 SET 속성명 = 데이터 값 [WHERE 조건];

① SET에 기술된 변경값을 해당 속성값으로 변경한다.
② WHERE 절 기술 시 조건에 만족하는 튜플만 변경되고, WHERE 절 생략시에는 모든 속성값이 변경된다.
③ 기본키 변경시에는 참조하는 외래키도 변경되어야 한다.

예 학번이 9003인 학생의 이름을 '박지성'으로 변경하시오.
UPDATE 학생 SET 이름='박지성' WHERE 학번=9003;

예 모든 학생의 점수를 1점씩 더하시오.
UPDATE 학생 SET 점수=점수+1;

4) SELECT = 튜플 검색

형식	SELECT [DISTINCT] 속성명1, 속성명2 ... FROM 테이블명1, 테이블명2, ... [WHERE 조건] [ORDER BY 속성 [ASC] 또는 [DESC] [GROUP BY 그룹화 속성 [HAVING 그룹조건] ;

① SELECT 절에는 속성, 그룹함수, 산술식, 문자 상수 등이 올 수 있다.
② DISTINCT는 중복된 데이터를 제거하고 표시할 때 사용한다.
③ FROM 절은 질의에 필요한 테이블을 나열한다.
④ WHERE 절은 FROM 절에 명시된 테이블에서 추출할 조건을 기술한다.

⑤ ORDER BY 절은 검색 결과에 대해 속성별로 오름차순, 내림차순을 지정할 수 있다.
⑥ GROUP BY 절은 그룹화할 기준 속성을 기술한다.
⑦ HAVING 절은 그룹들 중에서 선택할 조건을 기술하며 내장된 그룹함수와 함께 기술한다.

-〈기본 검색〉 ----------------------------------

❶ 학생 테이블에서 모든 학생 정보를 검색하시오. (결과는 모두 동일)

```
• SELECT * FROM 학생;
• SELECT 학번, 이름, 학년, 학과 FROM 학생;
• SELECT 학생.학번, 학생.이름, 학생,학년 학생.학과 FROM 학생;
```

❷ 학생 테이블에서 중복이 배제된 학과를 검색하시오.

```
SELECT DISTINCT FROM 학생 ;
```

-〈조건 검색〉-----------------------------------

• 조건 검색은 WHERE절을 이용해 표현한다.
• 이상(>=), 이하(<=) 표현은 BETWEEN ~ AND ~와 동등하다.

❶ 학생 테이블에서 '게임'과 학생의 학번, 이름, 학과을 검색하시오.

```
SELECT 학번, 이름, 학과 FROM 학생 WHERE 학과='게임';
```

❷ 학생 테이블에서 2학년 이상이면서 '게임'과 학생의 이름, 학년, 학과를 검색하시오.

```
SELECT 이름, 학년, 학과 FROM 학생
WHERE 학년 >=2 AND 학과='게임';
```

❸ 성적 테이블에서 중간고사 점수가 70 이상~90 이하인 학생의 정보를 검색하시오.

```
SELECT * FROM 성적 WHERE 중간고사 >=70 AND 중간고사 <=90;
```

```
SELECT * FROM 성적 WHERE 중간고사 BETWEEN 70 AND 90;
```

속성X의 조건이 A이상~ B이하 일 때 SQL로 표현은 두 가지로 서로 동등하다.
① ~ where X>=A AND X<=B
② ~ where X BETWEEN A AND B

-<부분 문자열 검색>--------------------------------------

- 부분 문자열 표현은 '%' (모든 문자 대체), '_' (한 문자 대체)가 있다.
- 부분 문자열 검색 시 연산자는 반드시 LIKE 연산자를 사용한다.

❶ 성적 테이블에서 과목코드가 B로 시작하는 튜플을 검색하시오.

```
SELECT *  FROM 성적  WHERE  과목코드 LIKE 'B%';
```

❷ 성적 테이블에서 과목명이 3글자인 과목코드, 과목명을 검색하시오.

```
SELECT 과목코드, 과목명 FROM 성적 WHERE 과목명 LIKE '_ _ _';
```

-<NULL 검색>--------------------------------------

- NULL에 대한 비교는 키워드를 사용한다.
- NULL에 대한 참값 비교는 IS NULL, 거짓값 비교는 IS NOT NULL을 사용한다.

❶ 성적 테이블에서 중간고사 시험을 안 본 학생의 모든 정보를 검색하시오.

```
SELECT * FROM 수강 WHERE 과목 IS NULL;
```

❷ 학생 테이블에서 학과가 NULL 이 아닌 학번과 과목명을 검색하시오.

```
SELECT 학번, 과목명 FROM 학생 WHERE 학과 IS NOT NULL;
```

-<정렬 검색>--

- ORDER BY 절을 이용하면 지정한 속성으로 정렬하여 검색한다.
- 정렬 방식은 오름차순(기본): ASC / 내림차순: DESC로 구분한다.

❶ 성적 테이블에서 학번, 과목코드, 기말고사를 검색하되, 과목코드 기준으로 내림차순 정렬해보자. 만약 과목코드가 같다면 기말고사 순으로 오름차순 정렬

```
SELECT 학번, 과목코드, 기말고사 FROM 성적
ORDER BY 과목코드 DESC, 기말고사 ASC;
```

-<집계 함수를 이용한 검색>------------------------

집계 함수	해 설
SUM (속성)	지정한 속성에 대한 합계, 단 속성은 숫자 타입
AVG (속성)	지정한 속성에 대한 평균
MAX(속성)	지정한 속성에 대한 최대값
MIN(속성)	지정한 속성에 대한 최소값
COUNT(속성)	지정한 속성에 대한 튜플 개수 (NULL 값 제외)
COUNT(*)	지정한 속성에 대한 튜플 개수 (NULL 값 포함)

- 집계 함수(Aggregation function)는 검색된 튜플 집단에 적용되는 함수이다.
- 한 릴레이션의 한 개의 속성에 적용되어 단일 값을 반환한다.
- 집단 함수는 중복값을 포함하므로 중복값 배제 시 DISTINCT를 먼저 사용하고 집단 함수를 적용한다.

❶ 성적 테이블에서 중간고사 최대값과 평균값을 검색하시오.

```
SELECT MAX(중간고사), AVG(중간고사) FROM 성적;
```

❷ 성적 테이블에서 중간고사 최대값과 평균값을 아래같이 출력하는 SQL문을 작성하시오.

최대값	평균값
XXX	XX.X

```
SELECT MAX(중간고사) AS 최대값, AVG(중간고사) AS 평균값
FROM 성적;
```

❸ 학생 테이블에서 학과 수를 검색하시오. (중복학과는 한번 만 표시)

```
SELECT  COUNT(DISTINCT 학과) FROM 학생;
```

-<그룹별 통합 검색>--------------------------------

- GROUP BY 절을 이용하면 지정한 그룹화 속성으로 그룹화하여 검색한다.
- 그룹에 대한 조건을 부여할 때는 HAVIBG절을 추가로 사용할 수 있다. HAVING절은 단독으로 사용 할 수 없고 GROUP BY절과 같이 사용해야 한다.

❶ 성적 테이블에서 과목코드별 기말고사 합계를 검색하시오.

```
SELECT 과목코드, SUM(기말고사) FROM 성적  GROUP BY 과목코드 ;
```

❷ 성적 테이블에서 2과목이상 시험 본 과목 코드별 기말고사 평균을 검색하시오.

```
SELECT 과목코드, AVG(기말고사) FROM 성적
GROUP BY 과목코드 HAVING  COUNT(*)>=2;
```

5) 복수 테이블 검색 (조인 질의어)

- 두 테이블의 공통 속성(기본키, 외래키)을 조인조건을 이용하여 두 테이블을 연결한다.
- 이때 공통속성의 기준은 속성명과는 무관하고 도메인이 일치해야 한다.
- 만약 두 테이블의 속성명이 같다면 (.)를 사용하는 한정 표현법을 사용하여 구분한다.
- 테이블 명은 별칭(alias)으로 간략히 나타낼 수도 있다.
- 다양한 조인 형식이 제공된다.

예 참조 관계에 있는 <사원> 테이블과 <부서> 테이블의 조인 수행
(사원 테이블 기본키 : empno, depart 테이블 기본키 : dno)

<사원>

사번	사원명	직급	급여	부서코드
1003	손흥미	부장	500	2
1365	류현지	과장	400	1
2105	박대완	대리	300	2
3001	이강이	직원	200	3
3100	홍길동	과장	400	1
3425	일지매	대리	300	3

<부서>

부서코드	부서명
1	영업
2	기획
3	개발

<형식1>

```
SELECT  사원.사원명, 부서.부서명
FROM    사원, 부서
WHERE   사원.부서코드=부서.부서코드;
```

<형식2> inner join

```
SELECT  사원.사원명, 부서.부서명
FROM    사원  JOIN  부서 ON  사원.부서코드=부서.부서코드;
```

<형식3>

```
SELECT  사원.사원명, 부서.부서명
FROM    사원 JOIN  부서 USING (부서코드);
```

〈형식4〉 별칭사용

```
SELECT  E.사원명, D.부서명
FROM    사원 E,  부서 D              // 테이블 별칭 E, D
WHERE   E.부서코드=D.부서코드 ;
```

6) 중첩 SQL (Sub Query)

- 서브쿼리는 Select 절을 중첩해서 사용하는 방법으로 안쪽의 Select 절을 수행한 후 그 결과를 외부의 Select 절로 반환하여 처리하는 질의문이다.
- 반환하는 연산자로 여러 개 값을 반환할 때는 'IN', 하나의 값을 반환할 땐 '='를 사용한다.

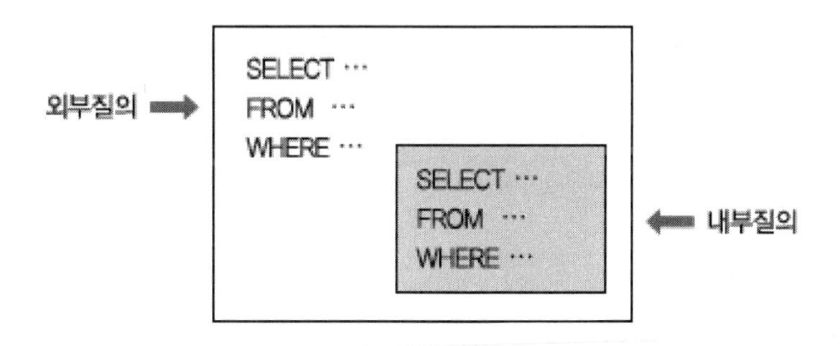

예 다음 릴레이션 R1과 R2에 대해 아래의 SQL문을 실행한 결과는?

```
SELECT B FROM R1
WHERE C=(SELECT C FROM R2 WHERE D='K';
```

R1

A	B	C
1	a	x
2	b	x
1	c	y

R2

C	D	E
x	k	3
y	x	3
z	1	2

〈결과〉

a
b

예 영업부나 개발부에 근무하는 사원들의 이름을 검색하는 중첩 SQL을 작성하시오.

사번	사원명	직급	급여	부서코드
1003	손흥미	부장	500	2
1365	류현지	과장	400	1
2105	박대완	대리	300	2
3001	이강이	직원	200	3
3100	홍길동	과장	400	1
3425	일지매	대리	300	3

부서코드	부서명
1	영업
2	기획
3	개발

[해설]
- 단계1. 부서 테이블에서 부서가 영업 또는 개발인 부서번호를 검색한다.
- 단계2. 사원 테이블에서 부서코드에 해당 사원명을 검색한다.

```
SELECT 사원명
FROM 사원
WHERE 부서코드 IN  ( SELECT 부서코드
                      FROM 부서
                     WHERE 부서명 = '영업' OR 부서명 = '개발' ;
```

(3) DCL(데이터 제어어)

- 데이터베이스의 무결성, 권한, 보안, 병행제어, 회복 등을 수행하기 위한 언어이다.
- 데이터베이스를 올바르게 유지 관리하기 위해 필요한 규칙과 기법에 따라 데이터베이스를 제어하고 보호한다.
- DCL 명령어로 GRANT, REVOKE, COMMIT, ROLLBACK 문이 사용된다.

1) GRANT = 권한 부여

형식	GRANT 권한 ON 테이블명 TO 사용자명 [WITH GRANT OPTION];

① TO 이후 사용자에게 ON 테이블에 대하여 권한을 부여한다.
② 권한 종류 : INSERT, DELETE, UPDATE, SELECT, ALL 등
③ WITH GRANT OPTION : 부여받은 권한을 다른 사용자에게 다시 부여 가능

예 DBA는 U1 사용자에게 학생 테이블의 검색 권한을 부여하고, 권한 부여권도 부여하시오.
DBA : GRANT SELECT ON 학생 TO U1 WITH GRANT OPTION;

예 U1 사용자는 U2 사용자에게 학생 테이블의 검색 권한을 부여하시오.
U1 : GRANT SELECT ON 학생 TO U2;

2) REVOKE = 권한 취소

형식	REVOKE [GRANT OPTION FOR] 권한 ON 테이블명 FROM 사용자명 [CASCADE |RESTRICT];

① FROM 이후 사용자에게 부여했던 권한을 취소한다.

② GRANT OPTION FOR : 다른 사용자에게 권한을 부여할 권한도 취소

③ CASCADE : 사용자 권한 및 하위 사용자 권한도 모두 취소

④ RESTRICT : 하위 사용자에게 부여한 권한이 존재하면 REVOKE 명령을 무시

예 DBA 는 U1 사용자에게 부여한 학생 테이블의 검색 권한 및 이하 모든 권한을 취소하시오.
DBA : REVOKE SELECT ON 학생 FROM U1 CASCADE;

3) COMMIT 와 ROLLBACK

① COMMIT : 결과가 정상 완료 되어 물리적 디스크로 저장된다.

② ROLLBACK : 결과에 문제가 발생하여 데이터가 원래 상태로 복구된다.

(4) 뷰 관련 명령어

1) 뷰 정의문

형식	CREATE VIEW 뷰_이름[(속성목록)] AS SELECT문 ;

- AS 이후 Select 문의 결과를 이용하여 뷰로 정의한다.
- Select 문에는 UNION이나 ORDER BY 절을 사용할 수 없다.
- 뷰이름 뒤에 속성목록을 기술하지 않으면 SELECT 절의 속성명이 자동 할당된다.

예 학생 테이블에서 '컴퓨터' 학과의 학번, 이름, 학년을 '컴공학생' 뷰로 정의하시오.

```
CREATE VIEW 컴공학생 (학번, 이름, 학년)
            AS SELECT      학번, 이름, 학년
            FROM           학생
            WHERE          부서='컴퓨터' ;
```

2) 뷰 삭제문

형식	CREATE VIEW 뷰_이름[(속성목록)] AS SELECT문 ;

- 뷰의 정의는 ALTER문으로 수정할 수 없으므로 뷰 삭제 후 재정의 되어야 한다.
- RESTRICT : 뷰가 다른 곳에서 참조되고 있지 않는 한 데이터베이스에서 제거한다. 만약 다른 곳에서 참조 중이면 삭제 명령은 무시된다.
- CASCADE : 뷰를 참조하는 다른 모든 뷰나 제약 조건이 함께 삭제한다.

예 '컴공학생' 뷰와 관련되는 모든 제약조건도 삭제하시오.

```
DROP VIEW  컴공학생 CASCADE;
```

(5) 인덱스 관련 명령어

1) 인덱스 정의문

형식	CREATE [UNIQUE] INDEX 인덱스명 ON 테이블명(속성명 [ASC I DESC] [,속성명 [ASC I DESC]]) [CLUSTER] ;

- UNIQUE 사용된 경우 : 중복 값이 없는 속성으로 인덱스를 생성한다.
- ASC : 오름차순 정렬, DESC : 내림차순 정렬, 생략된 경우 : 오름차순으로 정렬
- CLUSTER : 사용하면 인덱스가 클러스터드 인덱스로 설정

예 emp테이블에서 sano속성을 내림차순 정렬하여 sano_idx이름으로 인덱스를 생성하시오.

```
Create index  sano_idxon emp(sano desc);
```

Chapter 02 절차형 SQL

(1) 절차형 SQL 개념

① 프로그래밍이 가능한 SQL 언어이다.
② DBMS에서 직접 실행된다.
③ 조건문, 반복문 등 SQL 문장의 연속적인 작업 처리 가능하다.
④ 프로시저, 사용자 정의함수, 트리거 등이 있다.

(2) 절차형 SQL의 종류

1) 프로시저(Procedure)

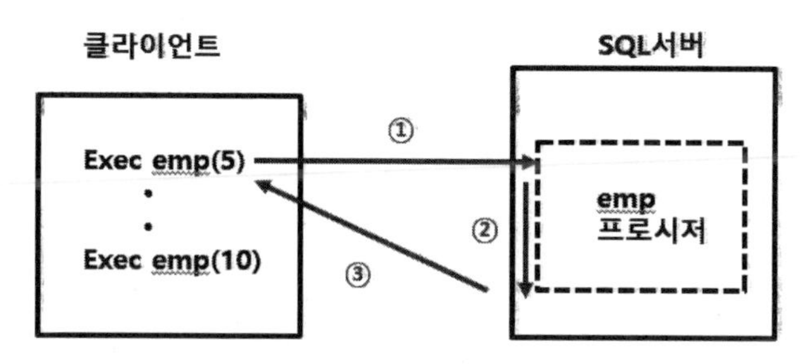

① 여러 개의 SQL 명령문을 하나의 정의된 프로시저 이름으로 미리 컴파일하여 SQL서버에 저장해두고 필요시 함수처럼 호출하여 사용하는 SQL 기술이다. 저장 프로시저(stored procedure)라고도 불리운다.
② 프로시저 호출 시 컴파일 없이 재사용 가능하므로 매우 빠르게 SQL문을 수행할 수 있다.
③ 프로시저 호출과 결과 반환 시 매개변수만 이용하므로 네트워크 트래픽을 줄일 수 있다.
④ 시스템에서의 일일 마감 작업, 또는 일련의 배치 작업 등을 프로시저를 활용하여 관리하고 주기적으로 수행하기도 한다.

2) 사용자 정의함수

① 프로시저와 동일하게 절차형 SQL을 활용하여 작성되지만 일련의 연산 처리의 결과를 단일값으로 반환하는 SQL이다.

② SQL 문에서 평가할 수 있는 함수를 추가함으로써 데이터베이스 서버의 기능을 확장할 수 있다.

③ 사용자가 직접 정의하고 작성 가능하다.

3) 트리거

① 트리거는 데이터베이스 시스템에서 삽입, 갱신, 삭제 등의 이벤트가 발생할 때 DBMS에서 자동적으로 실행되도록 하는 절차형 SQL이다.

② 사용자가 직접 호출하는 것이 아니라, 데이터베이스에서 자동적으로 호출되어 실행되는 것을 말한다.

③ 데이터 무결성 유지와 로그 메시지 출력 등의 처리 등에 사용된다.

1. 학생 테이블에 주소 속성을 추가하는 SQL문을 작성하려고 한다. A, B를 채우시오.

```
( A ) TABLE 학생 ( B ) 주소 VARCHAR(20);
```

정답 A: ALTER , B : ADD

해설
속성 추가 : ALTER ~~ ADD ~~
속성 삭제 : ALTER ~~ DROP COLUMN ~~
속성 변경 : ALTER ~~ MODIFY ~~

2. [학생] 테이블에서 학생 이름이 '민수'인 튜플을 삭제하는 쿼리를 작성하시오.

순번	학년	이름
1	1	종현
2	2	민수
3	2	수연
4	3	수지

〈조건〉
- 컬럼의 값이 문자열일 경우 작은 따옴표 (' ')를 표시하시오.
- SQL 마지막에 세미콜론(;)은 표기하지 않아도 관계 없습니다.

정답 DELETE FROM 학생 WHERE 이름 ='민수' ;

3. 테이블의 튜플을 수정하고자 한다. 올바른 SQL을 작성하기 위해 A, B를 채우시오.

```
( A ) 테이블명 ( B ) 컬럼 = 값 WHRE 점수 >= 90;
```

정답 A: UPDATE
B: SET

4. 다음 SQL 결과에 올바른 쿼리를 작성하여 빈칸을 채우시오.

[성적 테이블]

번호	이름	점수
1	홍길동	95
2	임꺽정	90
3	유관순	80
4	이성계	60

```
SELECT 번호, 이름, 점수 FROM 성적 ( 1 ) BY ( 2 ) ( 3 );
```

정답 (1) ORDER
(2) 점수
(3) DESC

5. 다음 조건을 만족하면서, 과목별 점수의 평균이 90이 상인 과목이름, 최소점수, 최대점수를 구하는 SQL문을 작성하시오.

〈조건〉
- 대소문자를 구분하지 않는다.
- WHERE 구분을 사용하지 않는다.
- GROUP BY, HAVING구문을 반드시 사용한다.
- 세미콜론(;)은 생략 가능하다.
- 별칭(AS)을 사용해야 한다.

[성적]

과목코드	과목이름	학점	점수
1000	컴퓨터과학	A+	95
2000	운영체제	B+	85
1000	컴퓨터과학	B+	85
2000	운영체제	B	80

[결과]

과목이름	최소점수	최대점수
컴퓨터과학	83	95

정답 SELECT 과목이름, MIN(점수) AS 최소점수, MAX(점수) AS 최대점수 FROM 성적 GROUP BY 과목이름 HAVING AVG(점수) >= 90;

6. 다음은 '이'씨 성을 가진 사람의 이름을 내림차순으로 출력하기 위한 SQL문이다. A, B에 들어갈 알맞은 답안을 작성하시오.

```
SELECT … FROM … WHERE 이름 LIKE (   A   ) ORDER  BY (   B   );
```

정답 A: '이%'
B: 이름 DESC

7. 다음과 같은 "학생" 테이블을 대상으로, 3학년과 4학년의 학번과 이름을 출력하는 SQL문을 작성하시오. (단, IN 구문을 반드시 사용할 것)

학번	이름	학년
1111	홍길동	1
2222	임꺽정	2
3333	유관순	3
4444	안중근	3
5555	홍범도	4

정답	SELECT 학번,이름 FROM 학생 WHERE 학년 IN (3,4);
해설	IN 연산자 : 여러 개의 값 목록 중에서 하나의 값이라도 만족하면 조건에 해당하는 결과를 출력

8. 집계함수에 대한 의미를 쓰시오.

함수	의미
COUNT	(①)
MAX	(②)
MIN	(③)
SUM	(④)
AVG	(⑤)

정답
① 속성값의 개수
② 속성값의 최대값
③ 속성값의 최솟값
④ 속성값의 합계
⑤ 속성값의 평균

9. 학생 테이블에 전기과 학생이 50명, 컴공과 학생이 100명, 전자과 학생이 50명 있다고 할 때, 다음 SQL문 ①, ②, ③의 실행 결과로 표시되는 튜플의 수를 쓰시오. (단, DEPT 필드는 학과를 의미)

```
① SELECT 학과 FROM 학생;
② SELECT DISTINCT 학과 FROM 학생;
③ SELECT COUNT(DISTINCT 학과) FROM 학생 WHERE 학과='컴공';
```

정답
① 200
② 3
③ 1

10. 다음 조건을 만족하면서 학과별로 튜플 수가 얼마인지 구하는 SQL문을 작성하시오.

- WHERE 구문을 사용하지 않는다.
- GROUP BY 를 사용한다.
- 별칭(AS)을 사용한다.
- 집계 함수를 사용한다.

[학생]

학과	학생
전기	이순신
컴퓨터	안중근
컴퓨터	윤봉길
전자	이봉창
전자	강우규

[결과]

학과	학과별튜플수
전기	1
컴퓨터	2
전자	2

정답 SELECT 학과, COUNT(학과) AS 학과별튜플수 FROM 학생 GROUP BY 학과;

11. 다음 주어진 student 테이블의 name 속성에 idx_name를 인덱스 명으로 하는 인덱스를 생성하는 SQL문을 작성하시오.

id	name	grade
1111	홍길동	1
2222	임꺽정	2
3333	유관순	3
4444	안중근	3
5555	홍범도	4

정답 CREATE INDEX idx_name ON student(name);

12. 데이터 제어어(DCL) 중 GRANT 에 대하여 설명하시오.

정답 | 데이터베이스 사용자에게 권한을 부여하는데 사용하는 명령어

13. 다음은 Inner Join을 하기 위한 SQL이다. A, B에 들어갈 내용을 적으시오.

```
SELECT ... FROM 학생정보 a JOIN 학과정보 b ( A ) a.학과 = b.( B );
```

정답 | A: ON
B: 학과

14. SQL 제어어(DCL)에는 COMMIT, ROLLBACK, GRANT, REVOKE가 있다. 그 중 ROLLBACK에 대해 약술하시오.

정답 | ROLLBACK : 트랜잭션의 실패로 작업을 취소하고, 이전 상태로 되돌리는 명령어

15. 아래와 같은 테이블에 SQL 명령어를 적용할 경우 알맞는 출력값을 작성하시오.

```
insert into 부서 (부서코드, 부서명) value ('10', '영업부'),
('20', '기획부'), ('10', '개발부');
insert into 직원 (직원코드, 부서코드)  value ('1000', '10');
insert into 직원 (직원코드, 부서코드)  value ('2000', '10');
insert into 직원 (직원코드, 부서코드)  value ('3000', '10');
insert into 직원 (직원코드, 부서코드)  value ('4000', '20');
insert into 직원 (직원코드, 부서코드)  value ('5000', '20');
insert into 직원 (직원코드, 부서코드)  value ('6000', '30');
insert into 직원 (직원코드, 부서코드)  value ('7000', '30');

SELECT DISTINCT COUNT(직원코드) FROM 직원 WHERE 부서코드 = '20';
DELETE FROM 부서 WHERE 부서코드 = '20';
SELECT DISTINCT COUNT(직원코드) FROM 직원;
```

정답 2
7

핵심공략 정보처리기사 실기 한권으로 끝내기

제9편

소프트웨어 개발 보안 구축

Chapter 01 SW 개발 보안 환경

(1) 보안 요구 사항

1) 보안의 3요소

보안 요소는 보안 시스템에서 충족해야 할 요구사항이다. 특히 기밀성, 무결성, 가용성은 보안의 3요소로 불리운다.

기밀성(Confidentiality)	인가된 사용자에게만 시스템 정보 접근 허용
무결성(Intergrity)	인가된 사용자만 시스템 정보에 대한 수정이 가능
가용성(Availablity)	인가 받은 사용자는 시스템 내 정보를 언제든지 사용 가능
인증(Authentication)	합법적 사용자인지를 확인하는 모든 행위
부인 방지(NonRepudiation)	송, 수신한 자가 송, 수신 사실을 부인할 수 없게 함

2) 보안 관련 용어

자산 (Asset)	조직내 보호해야 할 경제적 가치가 있는 것 (예) 하드웨어, 소프트웨어, 네트워크, 데이터, 문서, 인력
위협 (Threat)	조직의 자산에 악영향을 끼칠 수 있는 잠재적인 사건이나 행위 (예) 해킹, 바이러스, 천재지변
취약점 (Vulnerability)	시스템이 가지고 있는 구조적 약점 (예) 백신 미설치, 평문 전송, 비밀번호 공유
위험 (Risk)	위협이 취약점을 이용하여 자산에 손실을 가져올 가능성 위험 = f(자산, 위협, 취약점)

(2) 보안 공격

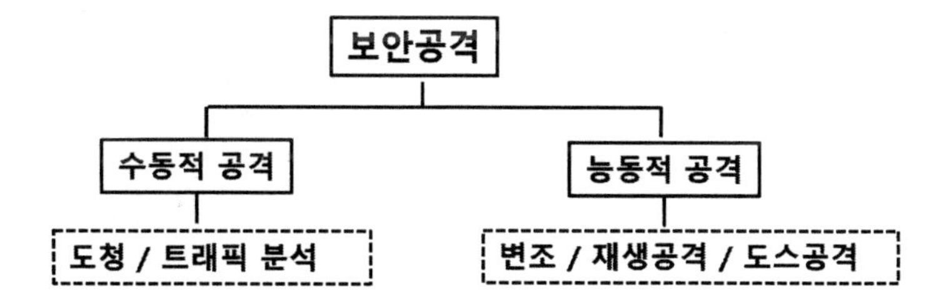

① 수동적 공격(소극적 공격) : 네트워크 상의 전송 중인 패킷을 도청, 트래픽 분석
② 능동적 공격(적극적 공격) : 직접 패킷에 접근하여 변조, 삽입, 삭제하는 공격

(3) 네트워크 공격

1) 스니핑(Sniffing)

네트워크상에서 주고받는 패킷 정보를 추출하여 사용자의 계정 또는 패스워드를 탈취하거나 통신내용을 엿보는 공격

2) 스푸핑(spoofing)

공격자가 다른 사람의 신분을 자신으로 위장하여 공격하는 기술 (IP Spoofing, Mail Spoofing, ARP spoofing 등)

3) 세션 하이재킹(Session Hijacking)

① 이미 인증을 받아 세션을 유지하고 있는 연결을 빼앗는 공격으로 인증을 위한 모든 검증을 우회할 수 있음
② TCP 패킷의 시퀀스 번호 제어의 취약점 이용

4) 백도어(Back door, Trap Door)

네트워크 또는 서비스 관리자가 유지보수의 편의를 위해 인증 없이 접근 가능한 비밀통로로 이를 악용한 공격

(4) 서비스 거부 공격(DoS; Denial of Service)

① 대량의 통신 트래픽을 희생자 컴퓨터로 전송하여 시스템의 자원을 고갈하고, 네트워크에 과부하를 유발시켜 정상적인 서비스를 수행하지 못하게 하는 공격
② 기밀성, 무결성 파괴가 아닌 가용성을 파괴하는 공격
③ 공격 특성 : 자원 파괴, 자원 고갈, 네트워크 대역폭 낭비
- 공격 종류 : syn flooding, land attack, ping of death, tear drop 등

1) SynFlooding

TCP 연결 설정 과정에서 Half-Open 연결 시도가 가능하다는 취약성을 이용한 DOS 공격

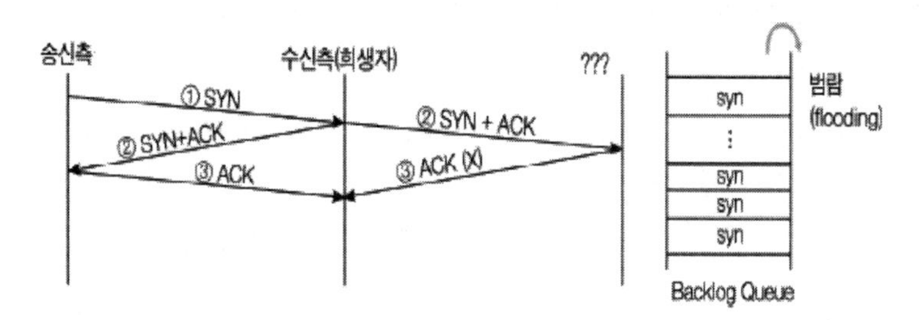

2) Land Attack

패킷 전송 시 송신지 주소를 수신지 주소를 동일하여 전송하여 공격 대상을시스템을 무한루핑(looping) 상태로 만들어 장애를 유발하는 DOS 공격

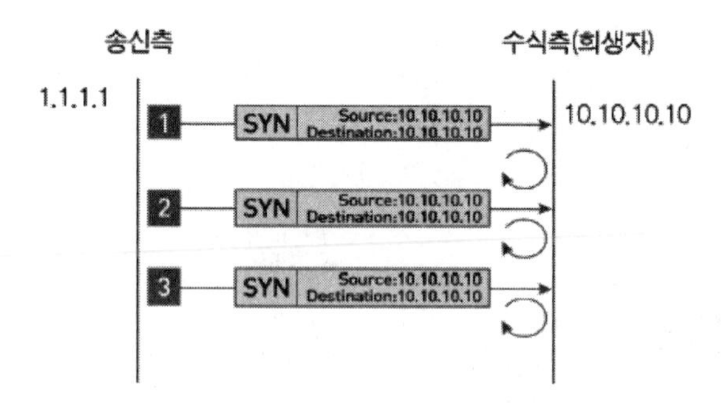

3) Ping of Death

Ping 명령을 이용하여 ICMP 패킷 사이즈를 아주 크게 만들어 연속으로 전송하여 전송하면 수신 측에서 조각난 패킷들을 계속 조립하게 됨으로써 시스템 부하를 증가시키는 DoS공격

```
Pingging 192.168.1.100 with 65500 bytes of data:
Replay from 192.168.1.100: bytes=65500 time<1ms TTL=128
Replay from 192.168.1.100: bytes=65500 time<1ms TTL=128
Replay from 192.168.1.100: bytes=65500 time<1ms TTL=128
Replay from 192.168.1.100: bytes=65500 time<1ms TTL=128
Replay from 192.168.1.100: bytes=65500 time<1ms TTL=128
Replay from 192.168.1.100: bytes=65500 time<1ms TTL=128
```

4) Tear Drop

공격자가 IP헤더를 조작하여 비정상 IP Fragments(조각)들을 전송하고 수신 측에서 재조립시 패킷 일부가 겹치거나 일부 데이터를 포함하지 않게 하여 부하를 일으키는 DoS공격

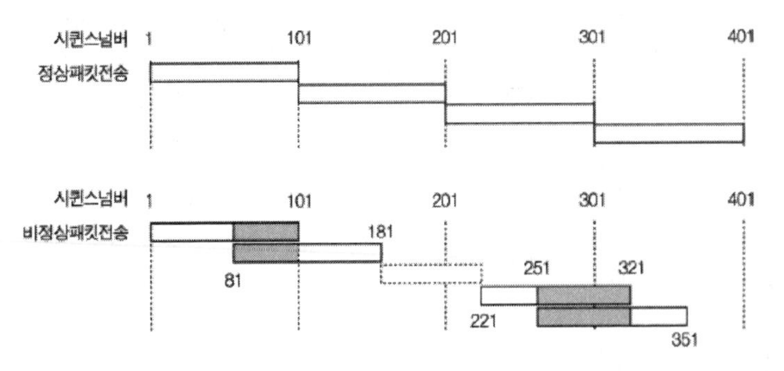

5) Smurf

공격자가 ICMP의 특성, 브로드캐스트 주소, 증폭 네트워크 등을 이용하여 특정 시스템을 마비시키는 DoS공격

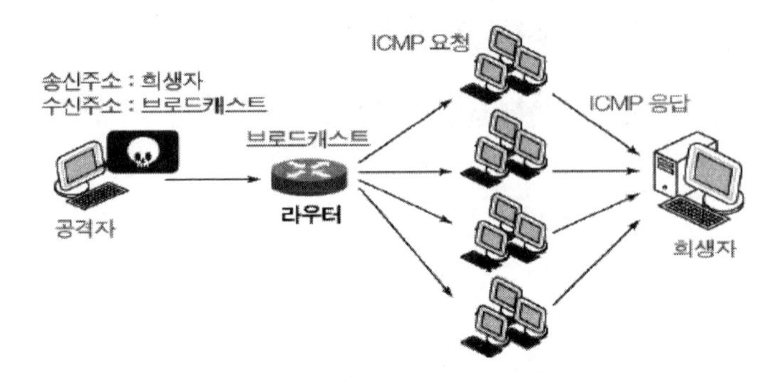

6) 분산 DoS(DDoS)

- 인터넷상에 분산되어 있는 다수의 좀비 PC를 이용, 대량의 접속 트래픽을 특정 사이트에 전송하여 과부하를 유발 시키는 공격
- DDoS 공격 도구로 Trinoo, TFN(Tribe Flood Network), Stacheldraht(슈타첼드라트) 등이 사용된다.

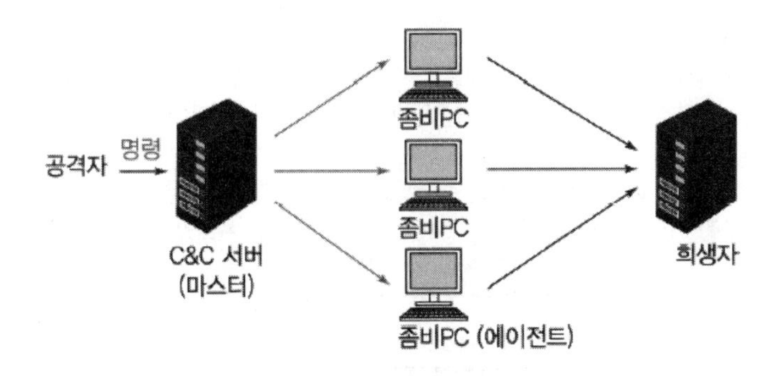

(5) 웹(web) 보안 공격

1) SQL 인젝션(injection)

- 사용자의 입력 값 등 외부 입력 값이 SQL 쿼리에 삽입(injection)되어 발생한다.
- 임의로 작성한 SQL 구문을 애플리케이션에 삽입하는 공격방식이다.
- 로그인과 같이 웹에서 사용자의 입력 값을 받아 데이터베이스 SQL문으로 데이터를 요청하는 경우 SQL Injection을 수행할 수 있다.

예 로그인 무력화 SQL injection 공격

```
SELECT user FROM user_table
WHERE id='admin' AND password=' ' OR '1' = '1';
```

2) 크로스사이트 스크립트 (XSS)

- 웹페이지에 악의적인 스크립트를 포함시켜 사용자 측에서 실행되게 유도함으로써, 정보유출 등의 공격을 유발할 수 있는 취약점이다.
- 게시판이나 웹 메일 등에 자바 스크립트와 같은 스크립트 코드를 삽입 해놓고 사용자가 다운로드 또는 실행하게 하여 개인정보 유출 등을 수행하는 공격이다.

▶ 웹 관련 참고 사항

1) OWASP(The Open Web Application Security Project)
- 국제 웹 보안 표준 기구로 오픈소스 웹 애플리케이션 보안 프로젝트이다.
- 웹에 관한 정보 노출, 악성 파일 및 스크립트, 보안 취약점 등을 연구하며, 매년 OWASP TOP 10을 발표한다.

2) 쿠키(Cookie)

① Cookie는 HTTP 환경에서 상태를 유지하기 위한 기술로 인터넷 사용자가 웹 사이트를 방문할 경우 해당 웹 서버를 통해 사용자의 컴퓨터 즉 클라이언트에 설치되는 작은 텍스트 파일이다.

② 쿠키를 전송할 때 마다 트래픽이 증가되고, 쿠키 유출 시 사용자 정보의 노출, 개인 접속 행태 수집, 웹 접근권한 취득 등 보안 문제가 발생할 수 있다.

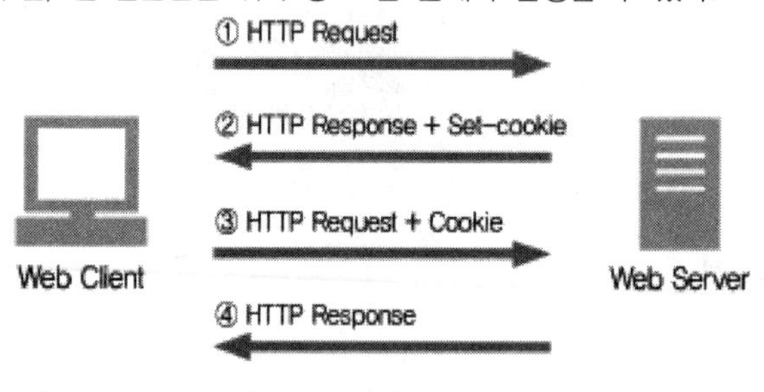

(6) 기타 보안 공격

1) 사회공학(Social engineering)

기술적 공격이 아닌 사람의 신뢰와 심리를 이용한 모든 공격

2) 랜섬웨어(Ransomware)

시스템 내 파일과 문서를 암호화한 후 열지 못하게 하는 악성 코드로 해독키 전달을 조건으로 돈을 요구하기도함

3) 제로데이 공격(Zero day attack)

보안취약점 발견 후 공표되기도 전에 해당 취약점을 이용한 해킹 공격으로 방어 대책이 만들어지지 않은 새로운 공격을 의미함

(7) 악성코드

1) 바이러스(Virus)

바이러스는 운영 체제를 포함한 어떤 실행 프로그램에 자신을 기생(감염)시키는 코드를 의미한다. 바이러스는 스스로 동작할 수 없다. 실행 프로그램에서 실행 시 바이러스가 동작된다."(RFC1135)

2) 웜(Worm)

웜은 스스로 동작 가능한 프로그램이며, 자신을 실행시키기 위해 메모리 상에 존재하여 시스템의 자원을 소모한다. 그리고 자신을 다른 시스템으로 네트워크를 이용해 전파시킬 수 있다.(RFC 1135)

3) 트로이목마(Trojan horse)

악성 루틴이 숨어 있는 프로그램으로, 겉보기에는 정상적인 프로그램으로 보이지만 실행하면 악성 코드를 실행한다.

	자기 복제	자가 전파	숙주 여부	주요 감염 경로
바이러스	○	×	○	이동식 저장장치, 컴퓨터프로그램 등
웜	○	○	×	인터넷, 네트워크
트로이목마	×	×	×	웹페이지, 이메일, P2P다운로드 사이트

(8) ISMS (정보보호관리체계)

① ISMS : 정부에서 정한 인증기관 및 심사기관에서 기업이 주요 정보 자산을 보호하기 위해 수립 · 관리 · 운영하는 정보보호 관리체계가 인증 기준에 적합한지를 심사하여 인증을 부여하는 제도

② ISMS-P : '정보보호 관리체계 인증(ISMS)'과 '개인정보보호 관리체계 인증(PIMS)'으로 개별 운영되던 인증체계를 하나로 통합한 '통합인증제도'

Chapter 02 SW 개발 보안 설계

(1) Secure SDLC (보안 SDLC)

① SW 개발 과정에서 발생 할 수 있는 보안의 취약점을 최소화하여, 보안 요구사항인 기밀성, 무결성, 가용성을 유지하는 일련의 활동을 의미한다.

② SW 생명 주기의 각 단계별로 요구되는 보안 활동을 모두 포함한다.

요구사항 분석	설계	구현	테스트	유지보수
• 요구사항 중 보안항목 식별 • 요구사항 명세서	• 보안설계 검토, 보안설계서 작성 • 보안 통제 수립	• 표준코딩정의서, SW 개발 보안 가이드 준수해 개발 • 소스코드 보안 약점 진단, 개선	• 모의침투 테스트 또는 동적 분석을 통한 보안 취약점 진단 및 개선	• 지속적 개선 • 보안 패치

(2) Secure SDLC 방법론

CLASP	• SDLC의 초기 단계에서 보안 강화를 위해 개발된 방법론 • 활동 중심, 역할 기반 프로세스로 구성되어 있으며, 현재 운용 중인 시스템에 적용하기에 적합
SDL	• 마이크로소프트 사에서 안전한 소프트웨어 개발을 위해 기존 SDLC를 개선한 방법론 • 전통적인 나선형 모델을 기반
Seven Touchpoints	• 소프트웨어 보안의 모범 사례를 SDLC에 통합한 방법론 • 개발 과정의 모든 산출물에 대해 위험 분석 및 테스트 수행 • SDLC의 각 단계에 관련된 7개의 보안 강화 활동 수행

(3) 취약점 분석 및 보안 설계

1) 입력 데이터 검증 및 표현

사용자와 프로그램의 입력 데이터에 대한 유효성검증* 체계를 갖추고, 유효하지 않은 값에 대한 처리방법 설계한다.

2) 보안기능

인증, 접근통제, 권한관리, 비밀번호 등의 정책이 적절하게 반영될 수 있도록 설계한다.

3) 에러처리

에러 또는 오류상황을 처리하지 않거나 불충분하게 처리되어 중요정보 유출 등 보안약점이 발생하지 않도록 설계한다.

4) 세션통제

HTTP를 이용하여 연결을 유지하는 경우 세션을 안전하게 할당하고 관리하여 다른 세션 간 데이터 공유 금지 등 세션을 안전하게 관리할 수 있도록 설계한다.

Chapter 03 SW 개발 보안 구현

(1) 시큐어 코딩 (secure coding)

- 소프트웨어(SW)를 개발함에 있어 개발자의 실수, 논리적 오류 등으로 인해 SW에 내포될 수 있는 보안취약점을 배제하기 위한 코딩 기법
- 구현 단계에서 보안 약점을 최소화하기 위한 코딩 작업
- 소프트웨어 개발 보안 가이드라인에 맞게 작성
- 소프트웨어 개발자가 익혀야 할 코딩 실무 지침서

▶시큐어 코딩 가이드라인

적용 대상	보안 약점	대응 방안
입력데이터 검증 및 표현	입력값에 대한 검증 누락, 부적절한 검증, 잘못된 형식 지정	입력 데이터에 대한 유효성 검증 체계 수립
보안 기능	보안 기능의 부적절한 구현	인증, 접근 통제, 권한관리
시간 및 상태	시간 및 상태의 부적절한 관리	공유자원의 접근 직렬화
에러 처리	에러 미처리	보안 약점 발생하지 않도록 시스템 설계 및 구현
코드 오류	개발자가 범할 수 있는 코딩 오류	코딩 규칙 도출 후 검증 가능한 스크립트 구성과 경고 순위의 최상향 조정 후 경고 메세지 코드 제거
캡슐화	기능성이 불충분한 캡슐화로 인해 인가되지 않은 사용자에게 데이터 누출	디버거 코드 제거와 필수정보 외의 클래스 내 프라이빗 접근자 지정
API오용	의도된 사용에 반하는 방법으로 API를 사용하거나, 보안에 취약한 API 사용	개발 언어별 취약 API 확보 및 취약 API 검출 프로그램 사용

(2) 인증 시스템

1) 접근 단계

- 식별(identification) : 자신의 신원을 시스템에 밝히는 것 (ID 입력)
- 인증(Authentication) : 자신의 신원을 시스템에 증명하는 과정(패스워드)
- 허가(Authorization) : 인증 후 정보 자산에 접근할 권한을 취득하는 것

2) 인증 방식

레벨	기반기술	종류
Type 1	지식기반 (What You Know)	패스워드, PIN 등
Type 2	소유기반 (What You Have)	토큰, 스마트카드 등
Type 3	존재기반 (What You Are)	지문, 홍채, 정맥 등
Type 4	행위기반 (What You Do)	음성, 서명, 움직임 등

3) 인증 서버

① SSO (single sign on)

- 한 번의 로그인을 통하여 시스템별 별도의 인증 절차 없이 다양한 시스템에 접근이 가능한 인증 서버
- 하나의 시스템에서 인증에 성공하면 다른 시스템에 대한 접근권한도 얻는 시스템

② AAA (Authentication, Authorization, Accounting)

- 인증(A) : 시스템 접근을 허용하기 전에 사용자의 신원을 검증
- 권한(A) : 검증된 사용자에게 어떤 수준의 권한과 서비스를 허용
- 계정(A) : 사용자의 자원 사용 정보를 모아서, 과금, 감사 등을 수행

③ 커버로스 (Kerberos)

- 비밀키 암호 기법을 사용하는 티켓(ticket)기반 인증 서버
- SSO의 인증서버로 사용자 인증, 계정, 감사 기능을 수행

(3) 접근제어 시스템

- 접근제어(Access Control)는 정보 자산에 접근을 요구하는 사용자를 식별하고, 확인하여 접근을 승인하거나 거부함으로써 비인가자의 불법적인 자원접근 및 파괴를 예방하는 H/W, S/W 및 행정적인 관리를 총칭한다.
- 접근제어는 MAC, DAC, RBAC의 접근제어 정책에 의해 운용된다.

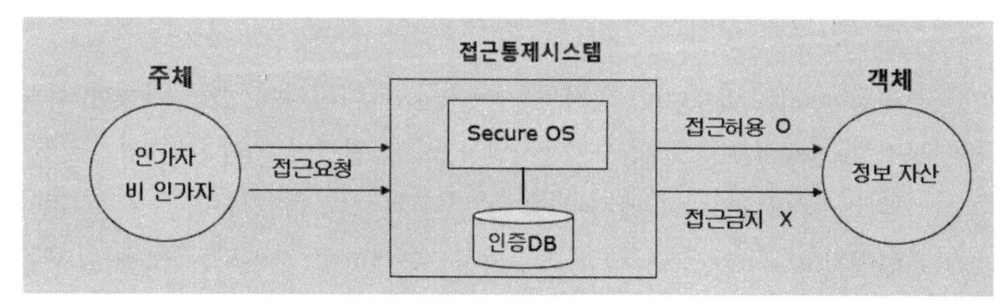

▶ 접근제어 정책

강제적 접근제어 (MAC)	• 주체와 객체에게 부여한 보안등급(security label)에 기초하여 접근 권한을 부여하는 방식이다. • 규칙(rule) 기반으로 보안이 엄격하다.
임의적 접근제어 (DAC)	• 데이터 소유자가 신분(Identity)에 따라 융통성 있게 접근 권한을 부여하는 방식이다. • 접근제어리스트(ACL)를 작성하여 이용한다.
역할기반접근제어 (RBAC)	• 사용자의 역할(role)에 접근 권한을 부여하는 방식이다. • 조직의 기능 변화에 효율적인 접근 제어 방식이다.

(4) 암호 알고리즘

① 암호란 암호화 되지 않은 평문을 암호문으로 변환하여 제3자가 평문의 내용을 알지 못하도록 하는 기술

② 암호화(encryption) ; 평문을 암호문으로 바꾸는 과정

③ 복호화(decryption) : 암호문을 평문으로 바꾸는 과정

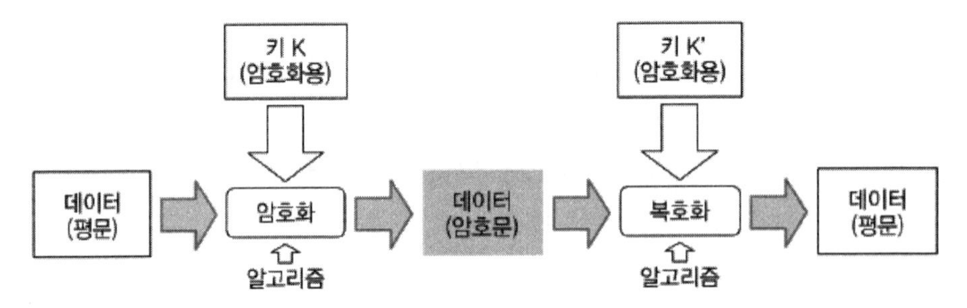

1) 암호 시스템의 기본 요소

① 알고리즘(algorithm): 암호화와 복호화에 적용된 수학적 원리 및 수행 절차

② 키(key): 암호화 혹은 복호화 능력을 얻기 위한 지식으로 반드시 비밀 유지

2) 암호 시스템 보안 서비스

① 기밀성(confidentiality) : 인가된 사용자들만 메시지에 접근 가능한 특성

② 무결성(integrity) : 인가된 사용자만 메시지 변경이 가능한 특성

③ 인증(authentication) : 메시지 송·수신자의 신분을 검증하는 것을 의미

④ 부인방지(non-repudiation) : 송수신 사실 대하여 부인하는 것을 방지

(5) 암호 시스템의 분류

암호 시스템은 키의 운용에 따라 대칭키(비밀키)와 비대칭키(공개키) 암호로 구분한다.

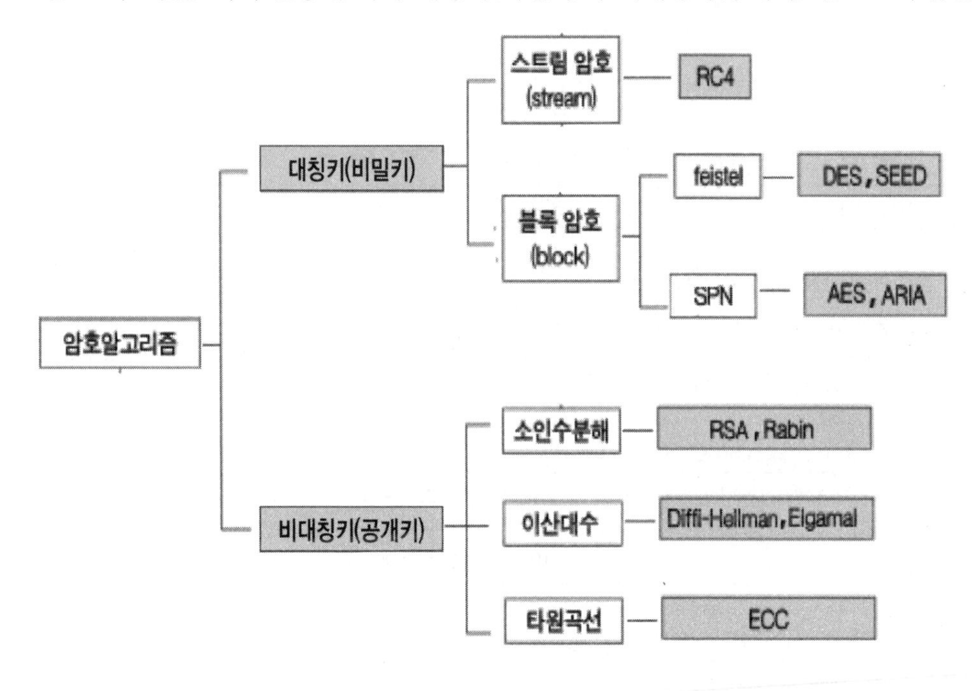

1) 대칭키 암호 (비밀키 암호)

- 암호키와 복호키가 동일하다.
- 하나의 키를 공유하므로 비밀키, 관용키, 공유키, 단일키 암호로 불린다.
- 대칭키 암호는 메시지 암호(기밀성)에만 사용된다.
- 암호속도가 빠르지만 키 전달 문제가 발생하고 키 관리가 힘들다.
- n명의 사용자일 때 필요한 키 개수= $\frac{n(n-1)}{2}$
- 대표적 대칭키 암호 알고리즘 : DES, AES

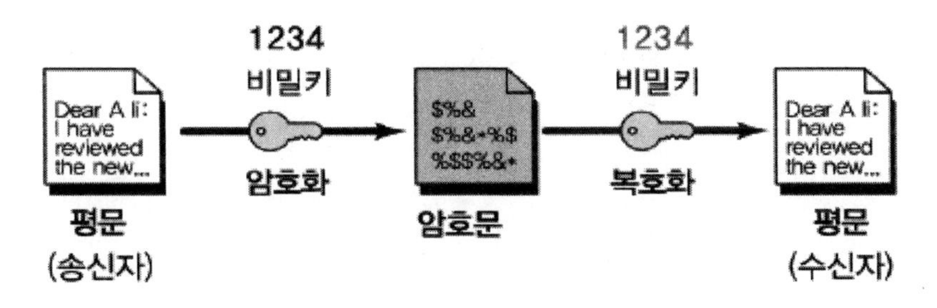

▶ **대칭키 블록 암호 알고리즘의 종류**

구분	블록 사이즈	키 사이즈	라운드 수	구조 및 활용
DES	64bit	56bit	16 라운드	Feistel
AES	128bit	128bit 192bit 256bit	10라운드 12라운드 14라운드	SPN (미국표준암호)
IDEA	64bit	128bit	8라운드	PGP 암호
SKIPJACK	64bit	80bit	32라운드	Clipper 칩에 내장

▶ **국내 개발 대칭키 암호 알고리즘**

알고리즘	주요 특징
SEED	1999년 한국인터넷진흥원 등 순수 국내기술로 개발된 Feistel 구조의 128비트 블록 암호 알고리즘 2005년 ISO/IEC 및 IETF에서 국제 블록암호 알고리즘 표준으로 제정
ARIA	Academy(학계), Research Institute(연구소), Agency(정부기관)이 개발한 SPN 구조의 128비트 블록 암호 알고리즘 AES와 동일한 128/192/256 비트 키길이와 12/14/16 라운드를 수행
HIGHT	KISA, ETRI, 고려대가 공동 개발한 64비트 블록 암호 알고리즘 RFID, USN의 저전력 경량화를 요구하는 환경에서 기밀성 제공
LEA	대한민국 국가표준으로 제정된 128비트 블록암호 알고리즘 빅데이터, 클라우드, 모바일 등 고속 환경 및 경량 환경에서 기밀성을 제공

2) 비대칭키 암호 (공개키 암호)

- 암호키와 복호키가 서로 다르다.
- 암호키와 복호키가 한 쌍으로 생성되고 공개키, 개인키로 구분한다.
- 공개키를 이용해 개인키를 유추할 수 없어야 한다.
- 공개키 암호는 메시지 암호(기밀성) 뿐 아니라 전자서명(인증) 생성에도 사용된다.
- 암호속도가 느리지만 키 전달 문제가 없고 키 관리가 용이하다.
- n명의 사용자일 때 필요한 키 개수=$2n$
- 대표적 공개키 암호 알고리즘 : RSA

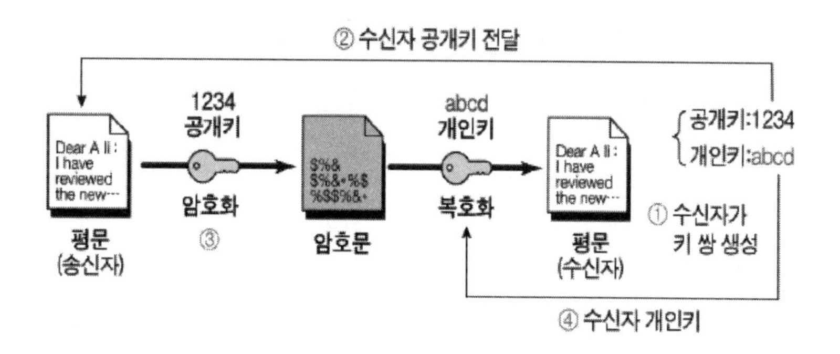

3) 공개키 암호 알고리즘의 종류

알고리즘	주요특징
RSA	• 소인수분해의 어려움에 기반 • 대표적인 공개키 알고리즘
Diffie-Hellman ElGamal	• 이산대수의 어려움에 기반 • Diffie-Hellman은 최초의 공개키 알고리즘
ECC	• 타원곡선상의 이산대수 어려움에 기반 • RSA 적은 비트수로 동일한 암호 강도를 가짐

4) 해시 함수

① 가변길이의 메시지를 입력하면, 고정길이의 출력을 생성하는 함수이다.

② 일방향 함수로 출력을 이용하여 입력값을 구하는 것은 불가능하다.

③ 해시 함수는 메시지의 무결성을 제공한다.

④ 대표적 해시 알고리즘 : MD4, MD5, SHA, HAVAL 등

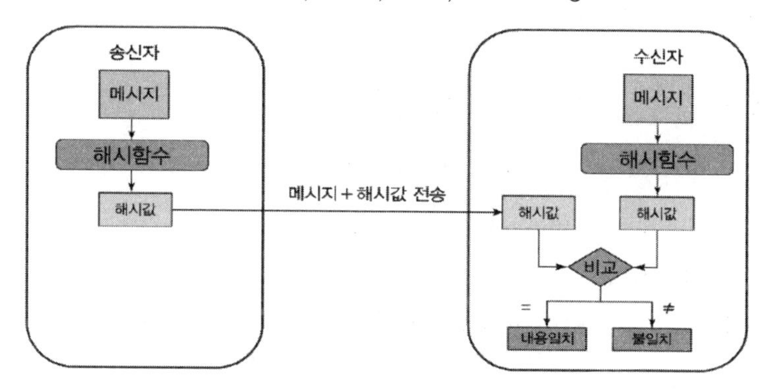

Chapter 04 보안 프로토콜

(1) VPN (가상 사설망)

① 인터넷과 같은 공중망에 사설망을 구축하여 마치 전용망을 사용하는 효과를 가지는 보안 네트워크이다.

② 보안 프로토콜의 집합으로 터널링 기술을 통해서 외부 영향없이 안전한 통신이 가능하다.

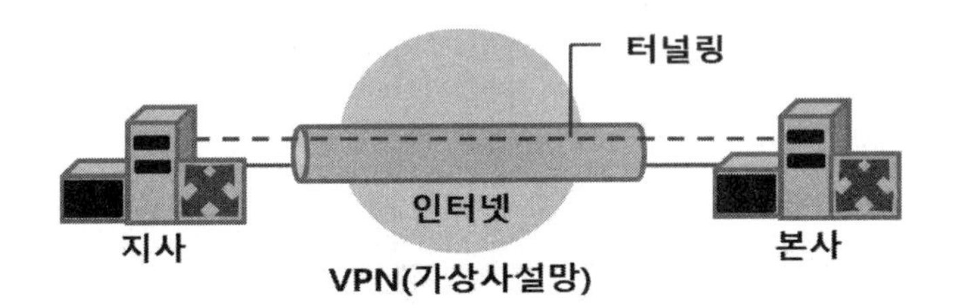

(2) OSI 계층별 보안 프로토콜

7계층	응용 계층	SSL, S-HTTP, S-MIME, SSH
3계층	네트워크 계층	IPsec
2계층	데이터링크 계층	L2TP, PPTP

1) PPTP (Point-to-Point Tunneling Protocol)

① Microsoft의 RAS(원격접속시스템)에 기반

② 전화 접속 프로토콜 PPP 패킷을 캡슐화

③ Window Server, Client에서 지원

④ 정보보호 서비스 : 기밀성(암호), 인증(MS-CHAP) 모두 지원

2) L2TP (Layer Two Tunneling Protocol)

① L2F 프로토콜과 PPTP 프로토콜을 결합한 프로토콜

② 인터넷 서비스 제공자(ISP)를 목표로 제안

③ Windows Server 지원 안 함

④ 정보 보호 서비스 : 인증(인증서)만 제공, 기밀성(암호)은 지원안됨

3) IPsec (Internet Protocol Security)

① OSI 3계층, 네트워크 계층의 보안 표준 프로토콜

② IP패킷에 AH, ESP 필드를 추가하여 보안 기능 제공

③ AH : 인증, 무결성을 제공

④ ESP : 인증 , 무결성, 기밀성(암호)을 제공

⑤ 터널모드 , 전송모드에서 동작

4) SSL (Secure Socket Layer)

① SSL은 웹 표준 암호화 통신으로서 웹 서버와 웹 브라우저 사이의 모든 정보를 암호화함

② OSI 7 계층 중 전송~응용계층 사이에서 동작

③ SSL 인증서를 이용하여, 세션 키 암호화를 수행

5) SSH (Secure Shell)

① SSH는 Telnet, FTP rlogin 등 원격 접속보안 프로토콜

② SSH 클라이언트와 서버 사이에서 인증, 암호화, 무결성 등을 제공

③ SSH는 TCP 22번 Port를 사용하여 통신

6) SET (Secure Electronic Transaction)

① SET은 신용카드를 기반 전자결제 보안 프로토콜

② 전자상거래에 대한 금융 결제를 안전하게 제공하는 지불 프로토콜

Chapter 05 보안 솔루션

(1) 방화벽 (firewall)

- 외부의 불법 침입으로부터 내부망을보호하기 위한 침입 차단 시스템
- 관리자가 설정해 놓은 접근제어목록(ACL)에 따라 패킷허용 또는 차단
- 방화벽의 기본정책은 모든 접근을 거부한 후 명백하게 허용 가능한 패킷만허용

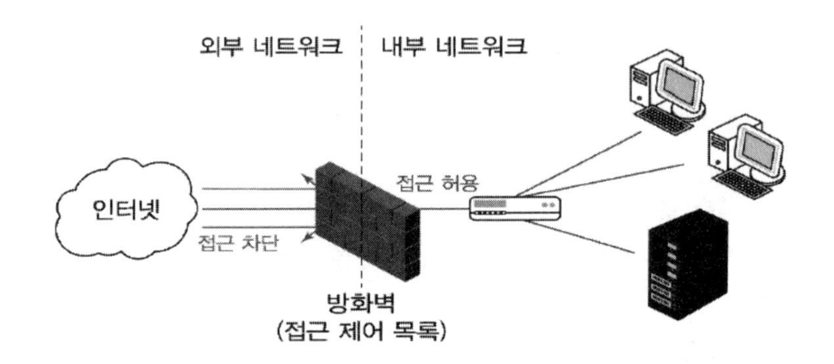

(2) IDS (Intrusion Detection System)

- 방화벽을 통과한 패킷으로부터 내부 네트워크의 침입 여부를 실시간 탐지하는 침입 탐지 시스템
- IDS의 기본정책은 모든 접근을 통과시킨 후 명백하게 금지한 패킷만 금지

▶탐지 방식

① 오용 탐지(Misuse) : 이미 발견되고 정립된 패턴DB를 이용해 공격을 탐지

② 이상 탐지(Anomaly) : 평균 상태를 기준으로 비정상 행위 시 공격을 탐지

(3) IPS (Intrusion Prevention System)

- 침입 여부만 알려주는 수동적인 방화벽이나 IDS와 달리 공격 특징을 찾아내 자동 조치를 취하는 실시간 침입 방지 시스템
- 침입 경고 이전에 공격을 차단하는데 중점을 둠

1. 보안의 3요소를 쓰시오.

정답 가용성, 무결성, 기밀성

해설 - 보안의 3요소
- 기밀성 : 인가자는 정보 접근이 가능하다는 특성
- 무결성 : 인가자는 정보 수정이 가능하다는 특성
- 가용성 : 인가지는 필요시 언제든지 정보 이용이 가능하다는 특성

2. 정보 보안의 3요소 중 가용성(Availability)에 대하여 설명하시오.

정답 인가자는 필요할 때 언제든지 정보를 사용할 수 있는 특성

3. 해킹 공격의 종류 중 하나인 스니핑(Sniffing)에 대하여 설명하시오.

정답 네트워크상에서 전송되는 트래픽(패킷)을 훔쳐보는 소극적 공격 행위.

4. 다음은 스푸핑 공격에 대한 설명이다. 괄호안에 들어갈 알맞은 답안을 작성하시오.

( ) 스푸핑은 근거리 통신망 하에서 ( ) 메시지를 이용하여 상대방의 데이터 패킷을 중간에서 가로채는 중간자 공격 기법이다. 이 공격은 데이터 링크 상의 프로토콜인 ( )를 이용하기 때문에 근거리상의 통신에서만 사용할 수 있는 공격이다.

정답	ARP
해설	ARP 스푸핑 : ARP 프로토콜의 특성을 변형하여 상대방의 데이터 패킷을 중간에서 가로채는 공격이다.

5. 아래 설명에 대한 알맞는 답을 작성하시오.

(1) 은/는 보안학적 측면에서 기술적인 방법이 아닌 사람들간의 기본적인 신뢰를 기반으로 사람을 속여 비밀 정보를 획득하는 기법이다.

(2) 은/는 빅데이터(Big Data)와 비슷하면서도 구조화돼 있지 않고, 더는 사용하지 않는 '죽은' 데이터를 의미한다. 일반적으로 정보를 수집해 저장한 이후 분석이나 특별한 목적을 위해 활용하는 데이터가 아니며, 저장공간만 차지하고 이러한 이유로 심각한 보안 위험을 초래할 수 있다.

정답	(1) 사회공학
해설	(2) 다크 데이터

6. 소프트웨어를 개발함에 있어 개발자의 실수, 논리적 오류 등으로 인해 소프트웨어에 내포될 수 있는 보안 취약점을 배제하기 위한 코딩 기법을 무엇이라 하는가?

정답	시큐어 코딩
해설	시큐어 코딩은 소프트웨어를 개발함에 있어 개발자의 실수, 논리적 오류 등으로 인해 소프트웨어에 내포될 수 있는 보안취약점을 배제하기 위한 코딩 기법을 뜻한다.

7. 다음은 정보 보호 기술인 AAA에 대한 설명이다. (1), (2), (3)에 해당하는 용어를 〈보기〉에서 찾아 적으시오.

(1) 시스템을 접근하기 전에 접근 시도하는 사용자의 신원을 검증
(2) 검증된 사용자에게 어떤 수준의 권한과 서비스를 허용
(3) 사용자의 자원(시간,정보,위치 등)에 대한 사용 정보를 수집

〈보기〉

Accounting, Authentication, Authorization

정답 (1) Authentication, (2) Authorization, (3) Accounting
해설 Authentication(인증), Authorization(허가), Accounting(계정)

8. 다음 설명에 대한 답을 영어 약자로 작성하시오.

정부에서 정한 인증기관 및 심사기관에서 기업이 주요 정보자산을 보호하기 위해 수립·관리·운영하는 정보보호 관리체계가 인증 기준에 적합한지를 심사하여 인증을 부여하는 제도

정답 ISMS
해설 ISMS (정보보호관리체계) 인증 : 정보보호 관리에 대한 표준적 모델 및 기준을 제시하여 기업의 정보보호관리체계 수립 및 운영을 촉진하고 기업의 정보보호를 위한 일련의 활동이 객관적인 인증심사 기준에 적합한지를 인증하는 제도

9. 아래 설명에 대하여 괄호 안에 들어갈 알맞는 용어를 작성하시오.

( )은/는 여러 개의 사이트에서 한번의 로그인으로 여러가지 다른 사이트들을 자동적으로 접속하여 이용하는 방법을 말한다. 일반적으로 서로 다른 시스템 및 사이트에서 각각의 사용자 정보를 관리하게 되는데 이때 하나의 사용자 정보를 기반으로 여러 시스템을 하나의 통합 인증을 사용하게 하는 것을 말한다.

정답 SSO 또는 Single Sign On 또는 싱글 사인 온
해설 SSO : 한번의 로그인을 통해서 여러 시스템에 접속하여 서비스를 이용할 수 있는 인증 솔루션

10. 소프트웨어 보안 취약점 중 하나인 SQL Injection에 대해 간략히 설명하시오.

정답 악의적 사용자가 임의의 SQL 문을 주입하고 실행되게 하여 데이터베이스가 비정상적인 동작을 하도록 조작하는 행위이다.

11. 괄호 안에 들어갈 공격 기법을 적으시오.

> (　　) 은/는 세션 관리 취약점을 이용한 공격 기법으로, '세션을 가로채다' 라는 의미이다. 이 공격은 정상적 연결을 RST 패킷을 통해 종료시킨 후 재연결 시 희생자가 아닌 공격자에게 연결한다.

정답 세션 하이재킹

12. 소프트웨어 개발보안 측면에서의 시큐어 코딩의 목적을 쓰시오.

정답

- 안정성 및 신뢰성의 확보
- 보안 취약점 및 결함의 방지
- 안전한 대고객 서비스의 확대

13. 다음에서 설명하는 해시 함수는?

> 128비트 암호화 해시 함수로 RFC 1321로 지정되어 있으며, 주로 프로그램이나 파일이 원본 그대로인지를 확인하는 무결성 검사 등에 사용된다. 1991년에 로널드 라이베스트(Ronald Rivest)가 예전에 쓰이던 MD4를 대체하기 위해 고안하였다.

정답 | MD5

14. 네트워크 계층(network layer, 3계층)인 인터넷 프로토콜(IP)에서 '암호화', '인증', '키 관리'를 통해 보안성을 제공해 주는 표준화된 기술을 무엇이라 하는가?

정답 | IPsec

15. 다음에서 설명하는 서비스 거부 공격은?

> 패킷의 출발지 주소(Address)나 포트(port)를 임의로 변경하여 출발지와 목적지 주소(또는 포트)를 동일하게 함으로써, 공격 대상 컴퓨터의 실행 속도를 느리게 하거나 동작을 마비시켜 서비스 거부 상태에 빠지도록 하는 공격

정답 | 랜드 공격 (Land Attack)

16. 다음에서 설명하는 블록 암호 알고리즘을 적으시오.

> 이것은 미국 NBS (National Bureau of Standards, 현재 NIST)에서 국가 표준으로 정한 암호 알고리즘으로, 64비트 평문을 64비트 암호문으로 암화하는 대칭키 암호 알고리즘이다. 키는 7비트마다 오류검출을 위한 정보가 1비트씩 들어가기 때문에 실질적으로는 56비트이다. 현재는 취약하여 사용되지 않는다.

정답 | DES (Data Encryption Standard)

17. 미국 국립 표준 기술연구소 (NIST), DES를 대체하며, 128 비트 블록 크기와 128,192,256비트 키 크기의 대칭 키 암호화 방식은?

정답 | AES (Advanced Encryption Standard)

18. 다음은 대칭 키 알고리즘에 대한 설명이다. 해당 설명에 맞는 용어를 보기에 골라 작성하시오.

(1) Xuejia Lai와 James Messey 가 만든 알고리즘으로 PES(Proposed Encryption Standard)에서 IPES(Improved PES)로 변경되었다가, 1991년에 제작된 블록 암호 알고리즘으로 현재 국제 데이터 암호화 알고리즘으로 사용되고 있다. 64비트 블록을 128비트의 key를 이용하여 8개의 라운드로 구성되어 있다.

(2) 미국의 NSA에서 개발한 Clipper 칩에 내장되는 블록 알고리즘이다. 전화기와 같은 음성을 암호화 하는데 주로 사용되며 64비트 입출력에 80비트의 키 총 32라운드를 가진다.

〈보기〉 DES, RSA , IDEA, AES, RC4, ECC, SKIPJACK, Diffie-Hellman

정답 | (1) IDEA
(2) SKIPJACK

19. 시스템 객체의 접근을 개인 또는 그룹의 식별자에 기반을 둔 방법, 어떤 종류의 접근 권한을 가진 사용자가 다른 사용자에 자신의 판단에 따라 권한을 허용하는 접근제어 방식은?

정답 | 임의적 접근 통제(DAC, Discretionary Access Control)

해설 | - 접근통제 방법
- 강제적 접근 통제(MAC) : 객체와 주체의 보안 등급에 따라 권한을 통제
- 임의적 접근 통제(DAC) : 소유자에 의해 주체의 식별자에 따라 권한을 통제
- 역할 기반 접근 통제(RBAC) : 개인별 역할에 따라 권한을 통제

20. 다음 설명에 해당하는 알맞은 용어를 영문 3글자로 쓰시오.

- 다른 컴퓨터에 로그인, 원격 명령 실행, 파일 복사 등을 수행할 수 있도록 다양한 기능을 지원하는 프로토콜 또는 이를 이용한 응용 프로그램이다.
- 데이터 암호화와 강력한 인증 방법으로 보안성이 낮은 네트워크에서도 안전하게 통신할 수 있다.
- 키(Key)를 통한 인증 방법으로 사용하려면 사전에 클라이언트의 공개키를 서버에 등록해야 한다.
- 기본적으로는 22번 포트를 사용한다.

정답 SSH

21. 다음에서 설명하는 공격 기법을 쓰시오.

이 공격은 APT 공격에서 주로 쓰이는 공격으로, 공격 대상이 방문할 가능성이 있는 합법적인 웹 사이트를 미리 감염시킨 뒤, 잠복하고 있다가 공격 대상이 방문하면 대상의 컴퓨터에 악성코드를 설치하는 방식이다.

정답 워터링 홀(Watering Hole)

22. 아래 설명에 대한 악성 코드를 기술하시오.

(1) 독자적으로 실행되는 악성코드로 자기 복제가 가능하다
(2) 정상 프로그램 가장한 악성코드로 자기복제 기능은 없다.
(3) 다른 실행 프로그램에 기생하는 악성코드로 자기 복제가 가능하다.

정답
(1) 웜
(2) 트로이 목마
(3) 바이러스

23. 다음 ( ) 안에 알맞은 내용을 쓰시오.

구분	내용
대칭 키 암호 알고리즘	ARIA 128/192/256, SEED
( )	SHA-256/384/512, HAS-160
비대칭 키 알고리즘	RSA, ECDSA

정답 해시 알고리즘

해설 해시 값으로 원래 입력값을 찾아낼 수 없는 일방향성의 특성을 가진 알고리즘

24. 다음은 네트워크에 관련한 내용이다. 괄호 안에 들어갈 알맞은 답을 작성하시오.

( )은/는 인터넷을 통해 디바이스 간에 사설 네트워크 연결을 생성하며, 퍼블릭 네트워크를 통해 데이터를 안전하게 익명으로 전송하는 데 사용된다.
또한 사용자 IP 주소를 마스킹하고 데이터를 암호화하여 수신 권한이 없는 사람이 읽을 수 없도록 한다.

정답 VPN (가상사설망)

25. 아래 내용을 확인하여 알맞는 답을 작성하시오.

- 2 계층(데이터링크 계층)에서 구현되는 터널링 기술 중 하나
- L2F와 PPTP가 결합된 프로토콜로 VPN과 인터넷 서비스 제공자(ISP)가 이용
- IPsec을 함께 사용하면 PPTP보다 훨씬 안전하지만 보안보다 익명화에 더 적합

정답 L2TP

26. 다음 보안 관련 설명으로 괄호 안에 들어갈 가장 알맞는 용어를 작성하시오.

(　　)은/는 머신러닝 기술을 이용하여 IT 시스템에서 발생하는 대량의 로그를 통합관리 및 분석하여 사전에 위협에 대응하는 보안 솔루션이다. 서로 다른 기종의 보안솔루션 로그 및 이벤트를 중앙에서 통합 수집하여 분석할 수 있으며, 네트워크 상태의 monitoring 및 이상징후를 미리 감지할 수 있다.

정답 SIEM (보안 정보 및 이벤트 관리)

해설 SIEM은 보안 정보 관리(SIM)와 보안 이벤트 관리(SEM)를 결합한 시스템으로 실시간 모니터링과 이벤트 분석 기능을 제공할 뿐 아니라, 규정 준수 또는 감사 목적으로 보안 데이터를 추적하고 로깅

27. 아래 설명에 대하여 알맞는 답을 작성하시오.

(1)은/는 프로세서(processor) 안에 독립적인 보안 구역을 따로 두어 중요한 정보를 보호하는 ARM사에서 개발한 하드웨어 기반의 보안 기술로 프로세서(processor) 안에 독립적인 보안 구역을 별도로 하여, 중요한 정보를 보호하는 하드웨어 기반의 보안 기술이다.

(2)은/는 사용자들이 사이트에 접속할 때 주소를 잘못 입력하거나 철자를 빠뜨리는 실수를 이용하기 위해 유사한 유명 도메인을 미리 등록하는 일로 URL 하이재킹(hijacking)이라고도 한다.

정답 (1) Trustzone
(2) typosquatting

제10편
프로그래밍 언어 활용

Chapter 01 기본문법 활용하기

(1) 프로그래밍 언어

- 프로그래밍 언어는 컴퓨터와 의사소통을 할 수 있게 해주는 언어를 뜻한다.
- 컴퓨터를 구동하고 사람이 원하는 작업을 수행할 수 있는 소프트웨어를 작성하기 위한 형식언어이다.

① 저급 언어 : 소스코드를 심볼로 작성 후 어셈블러로 번역하는 언어로 어셈블리어가 대표적이다.

② 고급 언어 : 소스코드를 자연어로 작성 후 컴파일러, 인터프리터로 번역하는 언어로 C언어, C++, 자바, 파이썬 등이 있다.

(2) 자료형(Data Type)과 변수

- 메모리 공간에 저장할 데이터가 문자, 정수, 실수인지 등을 나타내는 형식이다.
- 자료형이 정의되어야만 데이터를 저장할 변수도 정의된다.
- 자료형 정의는 프로그래밍 언어마다 차이가 있다.

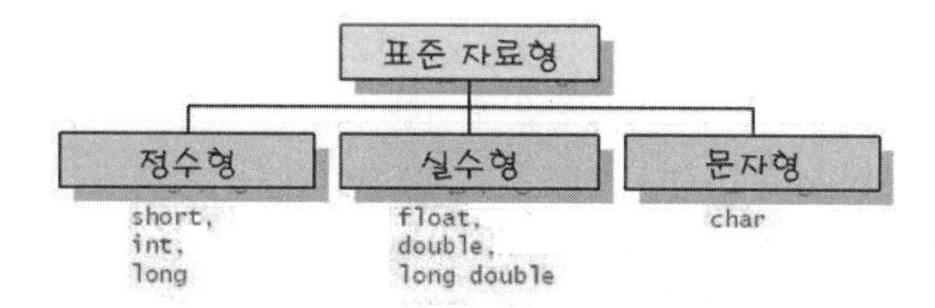

1) C언어 자료형

종류	자료형	크기
문자	char	1Byte
정수	short	2Byte
	int	4Byte
	long	4Byte
실수	float	4Byte
	double	8Byte

2) 자바 자료형

유 형	표 현	크 기
문자	char	유니코드, 2Byte
정수	byte	1Byte
	short	2Byte
	int	4Byte
	long	8Byte
실수	float	4Byte
	double	8Byte
논리	boolean	true / false

3) 변수

- 데이터를 기억하는 메모리 공간을 의미한다.
- C언어와 자바는 변수 선언 시 변수명 앞에 반드시 자료형을 기술해야 하지만 파이썬은 자료형을 기술하지 않고 변수명만 사용한다.
- 변수명은 변수명 규칙에 맞게 기술되어야 한다.
- C언어, 자바의 변수명 규칙은 동일하게 적용된다.

4) 변수명 규칙

- 영문자, 숫자, _(밑줄 ; Underbar)만 사용 가능하다.
- 첫 글자는 영문자, _(밑줄)로 시작해야 하며 숫자는 올 수 없다.
- 글자 수 제한 없으며 중간에 공백이나 *, +, -, / 등의 특수문자 사용 불가능하다.

- 대, 소문자 구분한다.
- 예약어를 변수명으로 사용할 수 없다.

5) 변수명 선언 예

① int a ;　　　　　　　　// 정수형 변수 a 선언
② int b ;　　　　　　　　// 정수형 변수 b 선언
③ int a, b, sum ;　　　　// 정수형 변수 a, b, sum 선언
④ int a=10, b=3 ;　　　　// 정수형 변수 a, b 선언 후 초기값 할당
⑤ float aa, bb, ave ;　　// 실수형 변수 aa, bb, ave 선언
⑥ float ave= 87.5 ;　　　// 실수형 변수 ave 선언 후 초기값 할당
⑦ char a ;　　　　　　　// 문자 변수 a 선언
⑧ char a='B' ;　　　　　// 문자 변수 a 선언 후 문자상수 'B' 할당
⑨ char name[10]="Korea" ;　// 문자 배열 선언 후 문자열 "Korea" 할당

(3) 연산자

- 연산자는 연산식을 구성하는 요소로 연산자를 통해서 연산이 이루어진다.
- C언어, 자바의 연산자는 모두 같은 의미를 가지고 동일하게 사용된다.
- 연산자 괄호 〉 산술 연산자 〉 관계 연산자 〉 비트 논리 연산자 〉 논리 연산자 〉 할당 연산자 (=) 순으로 연산된다.

1) 산술 연산자

① 사칙연산과 나머지 연산을 수행하는 연산자이다.
② 두 개의 피연산자를 대상으로 연산이 수행된다.

연산자	의미	기능
+	덧셈	a = b + c
-	뺄셈	a = b - c
*	곱셈	a = b * c
/	나눗셈	a = b / c
%	나머지	a = b % c

2) 관계 연산자

① 두 수간에 대소 관계 및 특정 조건을 검사할 때 사용하는 연산자이다.

② 연산 결과 관계가 성립되면 즉 참(true)이면 1을, 성립되지 않는 거짓(false)이면 0을 반환한다.

연산자	의미	사 용 법
>	크다	a = (b > c) : b가 c보다 크면 a=1, 그렇지 않으면 a = 0
<	작다	a = (b < c) : b가 c보다 작으면 a=1, 그렇지 않으면 a = 0
>=	크거나 같다	a = (b >= c) : b가 c보다 크거나 같으면 a=1, 그렇지 않으면 a = 0
<=	작거나 같다	a = (b <= c) : b가 c보다 작거나 같으면 a=1, 그렇지 않으면 a = 0
==	같다	a = (b == c) : b와 c가 같으면 a=1, 그렇지 않으면 a = 0
!=	같지 않다	a = (b != c) : b와 c가 같지 않으면 a=1, 그렇지 않으면 a = 0

3) 논리연산자

① 여러 개의 조건을 결합하여 판정하는 연산자로 &&(AND), ||(OR), !(NOT)의 논리 연산을 수행한다.

② 결과는 관계 연산자와 마찬가지로 참(true)일 때는 1을, 거짓(false) 일 때는 0을 반환한다.

연산자	의미	설명	사용 예
&&	그리고(AND)	둘 다 참이어야 참	a = 100 일때, (a > 100) && (a < 200) ⇨ 거짓(0)
||	또는(OR)	둘 중 하나만 참이어도 참	a = 100 일때, (a == 100) || (a==200) ⇨ 참(1)
!	부정(NOT)	참이면 거짓, 거짓이면 참	a = 100 일때, !(a < 100) ⇨ 참(1)

예 a=4, b=5, c=0, d=0, e=0, f=0일 때 연산 후 변수에 기억되는 값은?

```
c = a > 5 && b > 4      →  c= 0
d = a > 5 || b > 4      →  d= 1
e = !c                  →  e= 1
f = b % a;              →  f= 1
```

4) 비트 논리연산자

① 비트 연산자는 비트(2진수) 단위로 논리연산을 수행하는 연산자이다.

② 비트 단위로 AND, OR, XOR, NOT 등의 기본 논리 연산을 수향한다.

연산자	의 미	사 용 법
&	비트 곱 (AND)	a = b & c ⇨ b와 c를 비트AND 연산하여 a에 대입
|	비트 합 (OR)	a = b | c ⇨ b와 c를 비트 OR 연산하여 a에 대입
^	배타적 논리합(XOR)	a = b ^ c ⇨ b와 c를 XOR 연산하여 a에 대입
~	비트 반전 (1의 보수)	a = ~b ⇨ b의 각 비트를 반전하여 a에 대입
<<	왼쪽으로 이동 (shift)	a << b ⇨ a를 b만큼 왼쪽으로 비트 이동 $= a * 2^b$
>>	오른쪽으로 이동 (shift)	a >> b ⇨ a를 b만큼 오른쪽으로 비트 이동 $= a / 2^b$

예 a=12(00001100), b=2(00000010)일 때의 예이다.

연산식	의 미	실행 결과
~a	a의 모든 비트를 0은 1로, 1은 0으로 변환	11110011
a & b	비트 AND연산으로 a, b가 모두 1일 때 결과는 1, 그 외는 0	00000000
a | b	비트 OR 연산으로 a, b 둘 중 하나만 1이면 결과는 1, 그 외는 0	00001110
a ^ b	비트 XOR연산으로 a, b 가 같은 비트값이면 결과는 0, 다르면 1	00001110
a ≪ b	a를 b만큼 왼쪽으로 비트 이동 (b비트 이동시 결과는 $a \times 2^b$)	00110000
a ≫ b	a를 b만큼 오른쪽으로 비트 이동 (b비트 이동시 결과는 $a \div 2^b$)	00000011

※ XOR(배타적 논리합) : 두 비트가 다르면 1, 그 외의 경우는 0이 된다.

5) 증감 연산자

① 변수값을 1증가 또는 1감소시키는 연산자이다.

② 연산자 위치에 따라 전위 또는 후위 연산자로 구분되고 활용에 있어서도 차이가 있다.

연산자	연산식	의미
+ + (증가연산자)	+ + a	변수의 값을 먼저 1 증가한 후 명령문을 실행
	a + +	명령문을 실행한 후 변수값을 1 증가
- - (감소연산자)	- - a	변수의 값을 먼저 1 감소한 후 명령문을 실행
	a - -	명령문을 실행한 후 변수값을 1 감소

- a++와 ++a의 차이

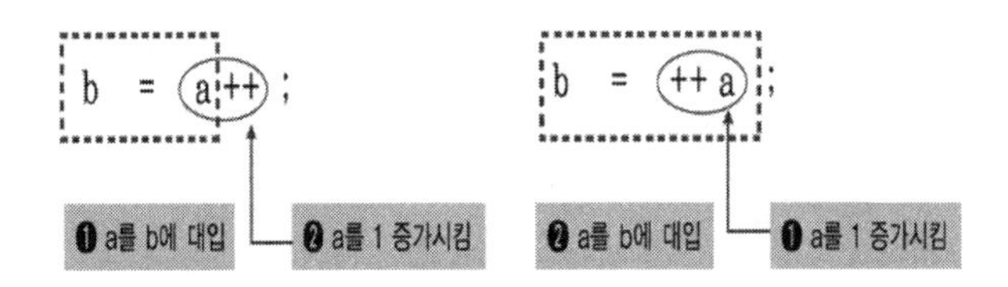

예 a=10, b=5, c=0 일 때 아래 연산을 수행 후 각 변수에 기억되는 값은?

++a ;	→	a=11, b=5, c=0
b-- ;	→	a=11, b=4, c=0
c=a++;	→	a=12, b=4, c=11,
c=--a	→	a=11, b=4, c=11
a=b++	→	a=4, b=5, c=11

6) 복합 연산자

① 두 개의 연산자를 결합한 연산자로 먼저 연산을 수행하고 수행한 결과를 변수에 다시 할당하는 연산자이다.

② C언어, 자바에서 공통으로 사용되는 연산자이다.

연산자	의 미	사용법
+=	a와 b를 더해 a에 대입 (a=a+b)	a += b
-=	a와 b를 빼 a에 대입 (a=a-b)	a -= b
*=	a와 b를 곱해 a에 대입 (a=a*b)	a *= b
/=	a와 b를 나누어 a에 대입 (a=a/b)	a / =b

7) 삼항 조건 연산자

① 삼항 조건 연산자는 유일하게 세 개의 피연산자를 갖는 연산자이다.

② 〈형식〉 조건 ? 문장1 : 문장2

③ 조건의 내용이 참이면 (문장1)을 실행하고 거짓이면 (문장2)를 실행한다.

예 kk = (x > y) ? x : y ;
〈의미〉 x가 y보다 크면 kk= x를 수행, 그렇지 않으면 kk= y를 수행

제10편 프로그래밍 언어 활용

Chapter 02 C언어 구조 및 명령문

(1) C언어 구조

- C 프로그램 시작은 #include 문을 선언하고 사용한다.
- C 프로그램은 main( ) 함수를 포함하여 다수의 함수로 구성되고 main() 함수부터 처리한다.
- 모든 명령문의 끝에는 ';'을 사용한다.
- 두 줄 이상의 명령문의 범위는 중괄호 { }로 묶어 표현한다.

```
/*     C 프로그램의 구조         * /                ⇐ 주석

#include<stdio.h>                                  ⇐ 전처리기

main( )                                            ⇐ 메인 함수(프로그램 시작)

{

       int y,                                      ⇐변수 선언부
       x=5;
       y=10*x+5;

printf("(5) = %d₩n", y);                           ⇐ 문장부

}
```

(2) 입·출력 문

1) print( ) : 표준 출력 함수

형식	printf(" 출력서식 [제어문자]", 변수[값]);

- 따옴표(" ") 안의 내용 및 변수 또는 값을 출력 서식에 맞게 출력한다.
- 기본(default)으로 숫자는 오른쪽부터, 문자는 왼쪽 기준으로 출력된다.
- 출력 서식의 순서와 개수에 맞게 출력 항목이 순서대로 할당된다.

▶출력 서식

서식	값의 예	설명
%d, %o, %x	10,100, 1234	정수(10진수, 8진수, 16진수)
%f	0.5,1.0, 3.14	실수(소수점이 붙은 수)
%c	'a','b', 'F'	한 글자의 문자로 ' ' (홑따옴표)로 묶음
%s	"안녕", "abcd", "a"	한 글자 이상의 문자열로 " "로 묶음

▶출력 제어문자

- ₩n : 출력 후 커서를 다음 줄로 이동
- ₩t : 탭 거리만큼 커서를 이동

예 출력 예문

① printf("%d %d ₩n", a, b) ; → 10△20 // 두 개의 정수값을 이어서 출력 후 줄바꿈
② printf("%5d ₩n", a) ; → △△△10 // 5자리 확보 후 a값 출력
③ printf("%-5d ₩n", a) ; → 10△△△ // 5자리 확보 후 왼쪽기준 a값 출력
④ printf("%f ₩n", 12.5) ; → 12.500000 // 실수값을 소수 이하 6자리까지 출력
⑤ printf("%d + %d = %d ₩n", a, b, a+b) ; → 10 + 20 = 30
⑥ printf("x값 = %d ₩t y값= %d ₩n", a, b) ; → x값=30 y값=60
// 탭 거리만큼 띄워 출력
⑦ printf("%s ₩n", "홍길동") ; → 홍길동 // 문자열 출력
⑧ printf("%5.2f ₩n", 98.12753) ; → 98.13
// 5자리 확보 후 소수 2자리까지 출력 : 소수 셋째 자리에서 반올림 처리, 소수점도 자리수에 포함됨

2) scanf( ) : 표준 입력 함수

형식	scanf("입력서식", &변수);

- 실행 시 입력 서식에 맞는 값을 키보드를 통해서 지정한 변수에 저장한다.
- 변수 앞에는 반드시 주소값(&)을 표기한다. 단 배열명이나 포인터에는 주소값(&) 표기를 생략한다.

▶ 입력서식

서식	값의 예	설명
%d, %o, %x	10,100, 1234	정수(10진수, 8진수, 16진수)
%f	0.5,1.0, 3.14	실수(소수점이 붙은 수)
%c	'a','b', 'F'	한 글자의 문자로 ' ' (홑따옴표)로 묶음
%s	"안녕", "abcd", "a"	한 글자 이상의 문자열로 " "로 묶음

예 입력 예문

- scanf("%d", &i) ;　　// 키보드 입력을 통해 정수값을 변수 i에 저장
- scanf("%f", &j) ;　　// 키보드 입력을 통해 실수값을 변수 j에 저장
- scanf("%s", name);　// 키보드 입력을 통해 문자열을 문자배열 name에 저장

3) gets( ) : 표준 문자열 입력 함수

- 표준 입력에서 문자열을 입력받아 사용자가 전달한 메모리에 저장하는 함수이다.
- 문자열을 저장하기 위한 메모리를 매개변수로 전달해야 한다.
- 매개변수로 사용되는 메모리는 char 형식의 문자열 배열 변수가 사용된다.
- scanf()는 공백이 포함된 문자열은 처리 못하지만 gets()는 Enter↵가 입력될 때까지의 공백 포함 모든 입력을 문자열로 받아들인다.

예 입력 예문

```
# include <stdio.h>
void main() {
    char   input[32];
           gets(input);
           printf("입력값은 : %s₩n", input);
}
```

(3) 조건문 (C언어, 자바 동일)

1) 단순 if 문

- if 문의 조건이 참이면 명령문를 실행한다.
- 조건이 거짓이면 참인 경우를 건너띄고 다음 명령문를 실행한다.
- 조건은 조건식이나 변수값 혹은 상수값이 사용한다.

형식	코딩 예

if (조건) {
  명령문 ;
}
명령문 ;
	int a =10, b=0
	if (a > 5) {
	          b=a-10
	}
	printf("%d Wn", b);

2) if - else

- if 문의 조건이 참이면 명령문1을 실행한다.
- 조건이 거짓이면 명령문2를 실행한다.

- 조건은 조건식이나 변수값 혹은 상수값이 사용한다.

<table>
<tr><th>형식</th><th>코딩 예</th></tr>
<tr><td><pre>if (조건)
        명령문 1;

else
        명령문 2;

명령문;</pre></td><td><pre>int num;
scanf("%d", &num);
if (num % 2 == 0)
  printf("짝수");
else
  printf("홀수");</pre></td></tr>
</table>

3) 다중 if문(if ~ else if ~ else문)

- 하나의 대상에 다수의 조건을 부여한 조건문이다.
- 조건 1이 참이면 명령문 1을, 거짓이면 else if 이후 조건 2를 비교하여 참이면 명령문 2를, 거짓이면 다시 else if 이후 조건을 비교한다.
- 만약 모든 조건이 맞지 않으면 else문의 마지막 명령문을 실행한다.

<table>
<tr><th>형식</th><th>코딩 예</th></tr>
<tr><td><pre>if (조건식 1)
        명령문 블록 1;

else if (조건식 2)
        명령문 블록 2;

else if (조건식 3)
        명령문 블록 3;

 ...

else
        명령문 블록 n;

명령문;</pre></td><td><pre>int score;
char grade;
scanf("%d", &score);
if(score >=90)
  grade='A';
else if (score >=80)
  grade='B';
else if(score >=70)
  grade='C';
else
  grade='D';
printf("%d" ==> %c+n", score, grade);</pre></td></tr>
</table>

4) switch

- if 조건문은 조건식 판별 시 참, 거짓 두 가지 경우만 나오지만, 어떤 조건식을 판별했을 때 두 가지 이상 경우가 나오고 그 중 하나를 선택하고자 할 때는 switch~case문을 이용한다.

- switch 값으로는 정수 또는 문자를 출력하는 값이나 연산식만 허용되며 case 부분은 정수 또는 문자 상수이어야 한다.
- switch~case문에서 특정 조건을 처리하고 빠져나올 때는 break문을 같이 사용해야 한다. 만약 break문이 없다면 하위 명령문뿐 아니라 맨 마지막 명령문 블록까지 수행하게 되니 주의해야 한다.

형식	코딩 예

switch (조건식 1)
{
  case 상수값 1 :
    명령문 블록 1;
    break;
 	
  case 상수값 2 :
    명령문 블록 2;
    break;
 	
  ...
  default :
    명령문 블록 n;
    break;
 	
}
명령문;
	int num;
	printf("점심메뉴(1~3)? ");
	scanf("%d“ , &num);
	switch (num)
	{
	
	  case 1 : printf("장터국밥 \n") ; break;
	
	  case 2 : printf("제육덮밥 \n") ; break;
	
	  case 3 : printf("김밥라면 \n") ; break;
	
	  default : printf("햄버거세트");
	
	}

[해설] num 값이 1이면 장터국밥, 2이면 제육덮밥, 3이면 김밥라면 그 외는 햄버거 세트가 출력된다.

(4) 반복문 (C언어, 자바 동일)

1) for문

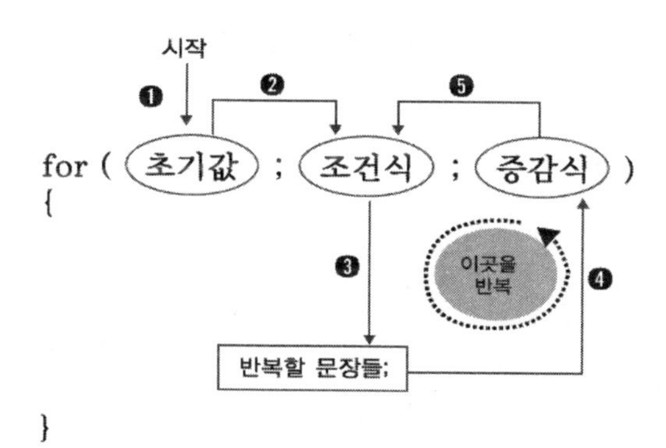

- 반복 회수를 제어하는 제어변수를 이용하여 반복 문장을 일정 횟수만큼 반복 수행하는 제어문이다.
- 초기값 : 제어 변수의 초기값
- 조건식 : 조건식이 참이면 반복하고, 거짓이면 반복문을 탈출
- 증감식 : 반복할 때마다 제어변수에 증감값을 할당

형식	코딩 예

for (초기식; 조건식; 증감식)
{
실행문1;
실행문2;
...
실행문n;
}
	int i, sum=0;
	for (i=1; i<5; i++)
	{
	printf("%d\n", i);
	sum+=i;
	}
	printf("%d", sum);

예 1~100 수 중 5의 배수일 때만 출력하고 합과 개수를 구하는 프로그램

```
#include <stdio.h>
intmain()
{
    int i , count=0;              // i : 제어변수 , count : 개수 변수
    int sum=0;                    // sum : 합을 구하는 변수
    for(i=1; i<=100; i++)         // 반복문 시작
    {
        if (i%5==0) {             // 5의 배수인지 판별
          printf("%3d",i);
          count++;
          sum += i;
        }
    }                             // 반복 구간 끝
    printf( %d , %d ₩n", sum, count);     // 반복문 처리 후 합과 개수 출력
}
```

2) while 문

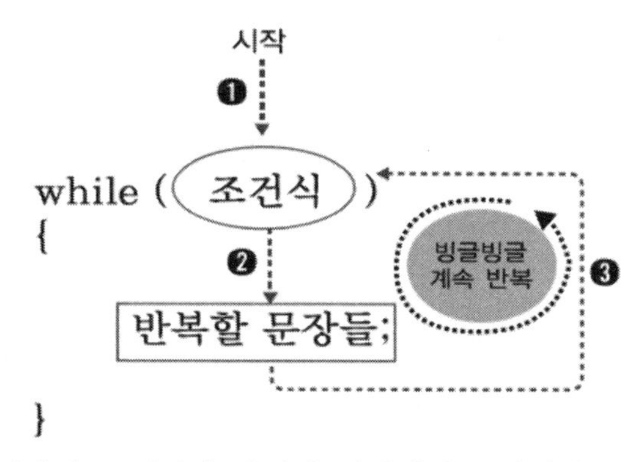

- while 문에 도달하면 조건식이 참인지 거짓인지 조사한다.
- 조건식이 참이면 { ... } 부분을 실행하고, 다시 while 문의 조건을 다시 조사한다. 이러한 순환을 조건이 거짓일 때까지 계속한다.
- 조건식이 거짓이면 { ... } 부분을 실행하지 않고 다음 명령문으로 넘어간다.
- while(1)과 같이 조건식이 1인 경우는 참이 계속되므로 무한 반복된다.

형식	코딩 예

while (조건식)
{
   실행문1;
   실행문2;
 	
   ...
 	
   실행문n;
}
	int i=0, sum=0;
	while (i<5)
	{
	   i++;
	   sum += i;
	}
	printf("%d" ,sum);

3) do ~ while 문

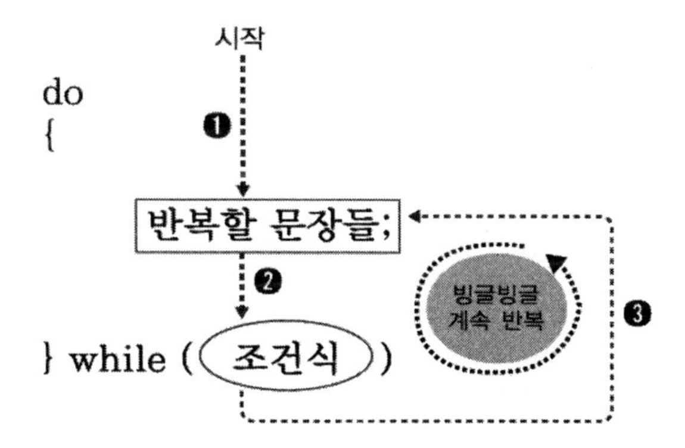

- 형식은 while 문과 동일하지만, 조건식이 아래에 위치한다.
- 일단 반복 문장을 한 번 실행한 후 조건식을 판별하여 반복 실행문의 재실행 여부를 결정한다.

<table>
<tr><th>형식</th><th>코딩 예</th></tr>
<tr><td><pre>do
{
   실행문1;
   실행문2;

   ...

   실행문n;
}
while (조건식);</pre></td><td><pre>int i=0, sum=0;
do
{
   sum+= i;
   i=i+2;
 } while(i<=10);
 printf("%d" ,sum);</pre></td></tr>
</table>

4) 기타 제어문

① break문 : 반복문 내부에서 외부로 빠져나가기 위해 사용된다.

② continue문 : continue문 아래에 있는 실행문을 수행하지 않고 반복문의 처음으로 돌아와서 다음 반복을 시작한다.

③ return문 : 현재 함수의 실행을 종료하고 호출한 함수로 제어를 이동한다.

5) 중첩 for문

- for 문 내부에 또 다른 for 문이 들어있는 형태의 반복문
- 외부의 for문이 한번 수행될 때 내부의 for문이 수행되고, 수행문 만족 시 다시 외부의 for문을 수행한다.
- 2차원 배열 처리 시 사용한다.

〈형식〉

```
for(초기값; 조건식; 증감값)        //외부(outer) for문
{
   for(초기값; 조건식; 증감값)    //내부(inner) for문
   {
      반복할 명령문들;
   }
}
```

(예제) 아래 C프로그램의 출력 결과는?

```
#include <stdio.h>
 int main() {
     inti, j;
     for ( i=1 ; i<3 ; i++)       {
             for ( j=1 ; j<4 ; j++)      {
             printf("%d, %d ₩n", i, j);
             }
     }
 }
```

[출력값]

```
1, 1
1, 2
1, 3
2, 1
2, 2
2, 3
```

(5) 함수 (function)

- 함수(function)는 프로그램에서 반복되는 부분이나 특정 기능을 함수로 정의하고 필요시 호출하여 사용하는 프로그래밍 기법이다.
- 함수 호출은 정의된 함수 이름으로 main 함수에서 호출하여 수행한다.

- 함수 호출시 매개변수를 이용해 값을 전달하거나 생략할 수 있다.
- 함수 처리 후에 반환은 RETURN문을 이용한다.
- 함수 정의문은 일반적으로 main 함수 앞에 위치한다.

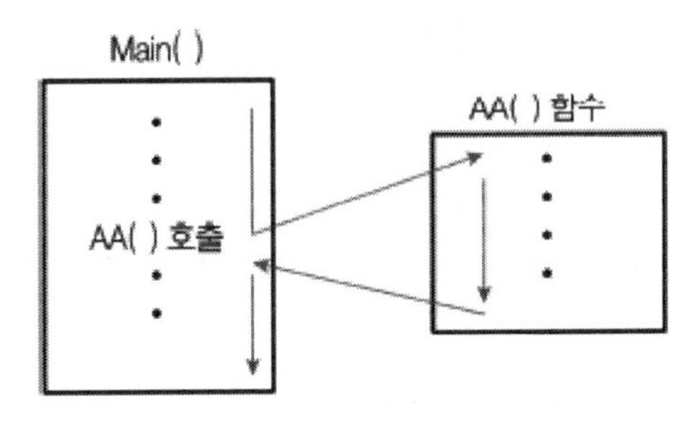

1) 함수 처리 동작

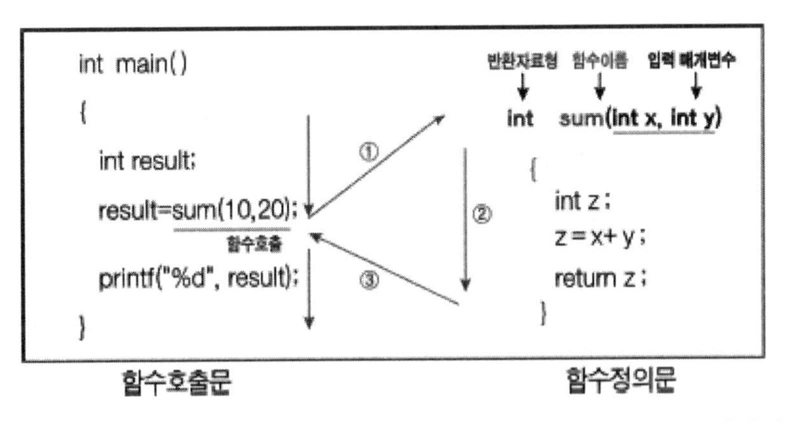

① main 함수에서 실행 중 sum 함수를 호출하면서 10, 20 두 수를 매개변수 x, y로 전달

② sum 함수는 x, y 값을 이용해 z=x+y 연산을 수행하고 z의 값 30을 main함수로 반환

③ 반환된 값은 main 함수의 result 변수에 기억하고 printf를 통하여 30을 출력

2) 재귀 함수 (recursive function)

- 재귀 함수은 실행 중인 함수 내에서 자기 자신의 함수를 다시 호출하는 함수를 의미한다.
- 재귀 함수 호출은 자신의 함수이름으로 계속해서 호출하여 무한 반복되므로 재귀 호출을 중단하는 조건문이 반드시 포함되어야 한다.

(예제) 아래 C언어 프로그램 실행 시 출력값은?

```
#include <stdio.h>
int  recursive(int num)
{
    if(num<=0) return;
    printf("%d ₩n", num);
    recursive(num-1);
}

int  main( )
{
    recursive(3);
    return 0;
}
```

[출력값]

```
3
2
1
```

[해설]

① main 함수 실행 중 recursive 함수를 호출하고 인수값 3을 매개변수 num에 전달
② num≤0이면 main 함수로 return하지만 그렇지 않으므로 num값 3을 출력하고,
③ recursive 함수를 다시 호출, 이때 인수값은 num-1이므로 2를 매개변수 num에 전달
④ num≤0이면 main 함수로 return하지만 그렇지 않으므로 num값 2를 출력하고,
⑤ recursive 함수를 다시 호출, 이때 인수값은 num-1이므로 1을 매개변수 num에 전달
⑥ num≤0이면 main 함수로 return하지만 그렇지 않으므로 num값 1을 출력하고,
⑦ recursive 함수를 다시 호출, 이때 인수값은 num-1이므로 0을 매개변수 num에 전달
⑩ num=0으로 num≤0을 만족시키므로 main 함수로 return하고 종료한다.

3) 변수의 범위

① 지역변수 (local variable)

- 선언된 함수 내에만 존재 가능한 변수
- 중괄호{ } 블록 내에 선언되고 유효한 변수
- 해당 지역을 벗어나면 자동으로 소멸된다.
- 초기값을 할당하지 않으면 쓰레기값을기억한다.
- 선언된 지역이 다르면 이름이 같아도 상관없다.

② 전역변수 (global variable)

- 프로그램전체 영역 어디서든 접근 가능한 변수
- 중괄호 외부에 선언되고 0으로 초기화된다.
- 프로그램 시작과 동시에 할당되고 종료시 까지 존재한다.

```
int global=1;  ←――――― 전역변수 선언
void post_user(void)
{
   int local=10; ←――――― 지역변수 선언
   ...
}
```

(6) 배열 (Array)

1) 배열의 개념

- 동일한 자료형을 저장하기 위한 연속적인 자료구조이다.
- 배열명과 크기를 선언한 후 사용한다.
- 각 배열 요소를 참조하기 위해 첨자(인덱스)를 이용한다.
- C언어, 자바 등에서 첨자는 0번부터 시작한다.
- 배열은 행으로만 구성되는 1차원, 행과 열로 구성되는 2차원 배열 등으로 구분된다.

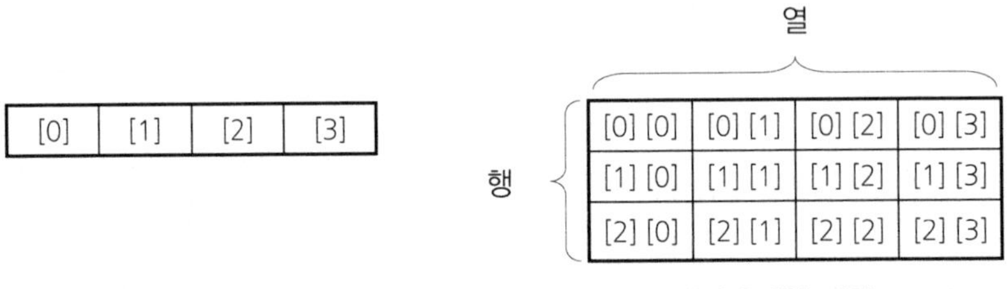

4개의 요소를 가진 1차원 배열　　　3행×4열의 2차원 배열

2) 1차원 배열의 선언

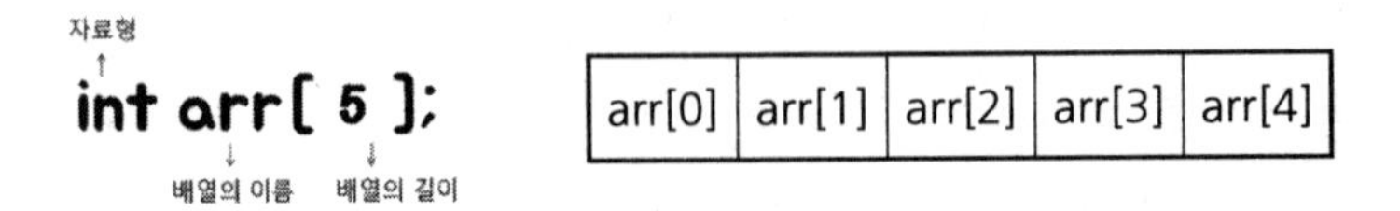

- 자료형 : 배열 요소들이 정수형
- 배열의 이름 : arr

• 배열의 크기 : 배열 요소의 개수가 5개
• 배열 번호(첨자)는 0 ~ 4까지 사용

3) 1차원 배열의 초기화

① int grade[5] = {10,20,30,40,50};
② int grade[5] = {10,20,30};　　초기값을 일부만 주면 나머지 요소는 0으로 채워진다.
③ char name[ ] = "korea fighting!", int grade[ ]={10,20,30,40,50};
④ 초기값 부여 시 배열의 크기는 생략 가능하며 이 경우 자동으로 배열의 크기가 확보된다.

4) 1차원 배열의 입출력

배열에서 배열 요소는 첨자(인덱스)로 구분되므로 for 문의 제어변수를 첨자로 사용하면 간단히 참조할 수 있다.

① 배열 K(5)에 입력 값 1~5 할당하기

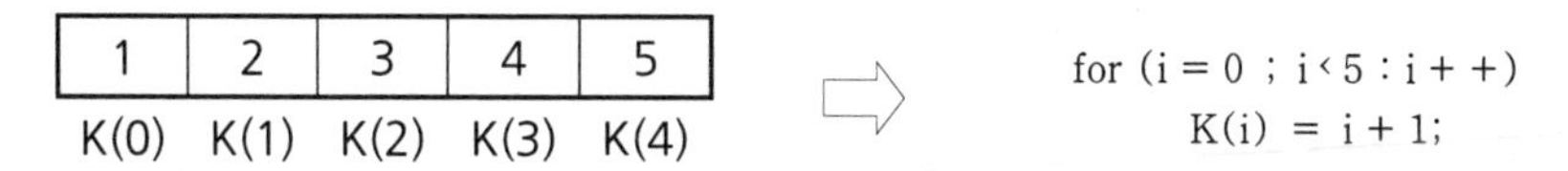

② 배열 K(5)의 값을 출력하기

```
printf("%d \n", K(0));
printf("%d \n", K(1));
printf("%d \n", K(2));
printf("%d \n", K(3));
printf("%d \n", K(4));
```

⇨

```
for (i=0 ; i<5 ; i++)
printf("%d \n", K(i));
```

5) 2차원 배열의 선언

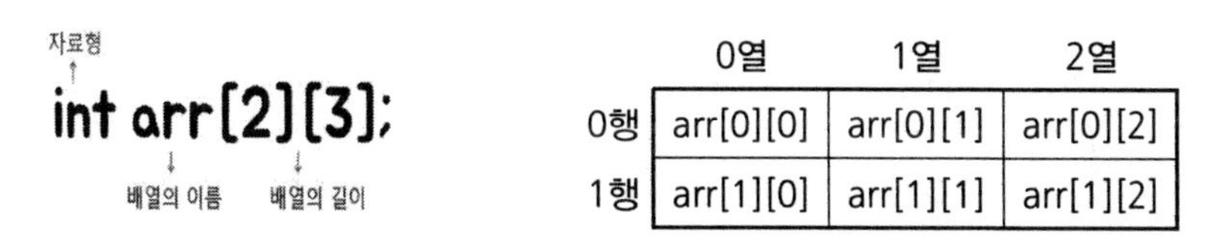

	0열	1열	2열
0행	arr[0][0]	arr[0][1]	arr[0][2]
1행	arr[1][0]	arr[1][1]	arr[1][2]

• 자료형 : 배열 요소들이 정수형

- 배열의 이름 : arr
- 배열의 크기 : 2행×3열 = 배열 요소의 개수가 6개
- 배열 번호(첨자)는 행 0 ~ 1, 열 0 ~ 2까지 사용

6) 2차원 배열의 초기화

	0열	1열	2열
0행	10	20	30
1행	40	50	60

- 행 단위로 중괄호{ }로 묶어 초기화 : int arr[2][3] = {{10,20,30}, {40,50,60}};
- 1차원 배열처럼 순차적으로 초기화 : int arr[2][3] = {10,20,30,40,50,60};
- 모든 배열을 0으로 초기화 : int arr[2][3] = {0,};
- 초기값 할당 시 열 크기는 반드시 정의 : int arr[ ][3] = {10,20,30,40,50,60};
- 초기값을 일부만 할당하면 나머지는 0으로 채워짐

  int arr[2][3] = {{1}, {2,3}}; → int arr[2][3] = {{1, 0, 0}, {2, 3, 0}};

7) 2차원 배열의 입출력

- 배열 내 데이터 입력은 초기값을 많이 사용한다.
- 데이터 처리는 중첩 for문을 이용해 처리한다.

예 아래처럼 3행x4열 2차원 배열 a에 값을 기억하고 출력하는 프로그램을 분석하시오.

1	2	3	4
5	6	7	8
9	10	11	12

[0][0]	[0][1]	[0][2]	[0][3]
[1][0]	[1][1]	[1][2]	[1][3]
[2][0]	[2][1]	[2][2]	2][3]

```
#include <stdio.h>
int main()
{
   int a[3][4]={1,2,3,4,5,6,7,8,9,10,11,12};  // 배열선언, 초기값 할당
   int i, j;
   for (i=0; i<=2; i++)                    // 행 위치는 i를 이용해 제어
   {
      for (j=0; i<=3; j++)                 // 열 위치는 j를 이용해 제어
```

```
            printf ("%d", a[i][j]);
        printf("\n");
    }
    return 0;
}
```

(예제) 아래 C언어 프로그램을 실행한 출력값은?

```
#include <stdio.h>
intmain()
{
    int  A[5][5]={0};
    int  i, j, n=0;

    for (i=0; i<5; i++) {
        for (j=0; j<=i; j++) {
            n++ ;
            A[i][j]=n;
        }
    }

    for (i=0; i<5; i++) {
        for (j=0; j<5; j++)
            printf("%3d", A[i][j]);
        printf("\n");
    }
    return 0;
}
```

[출력값]

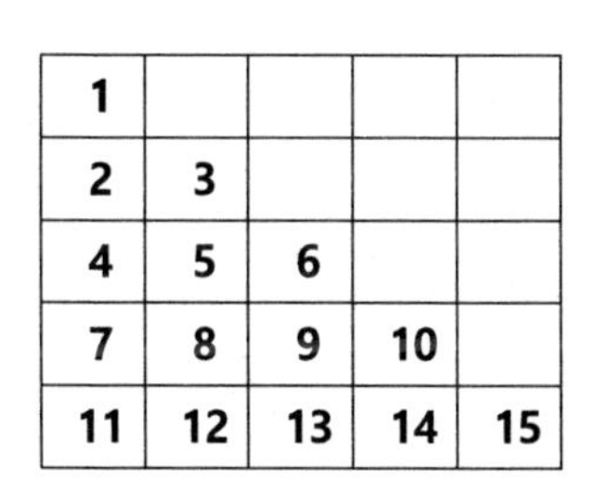

1				
2	3			
4	5	6		
7	8	9	10	
11	12	13	14	15

▶ 행과 열의 변화 분석

행(i) 변화 : 0행~4행
열(j) 변화 : 0행 일 때 0열~0열
1행 일 때 0열~1열
2행 일 때 0열~2열
3행 일 때 0열~3열
4행 일 때 0열~4열

8) 배열 요소의 주소 참조 및 값 참조

① 배열 요소의 주소 지정

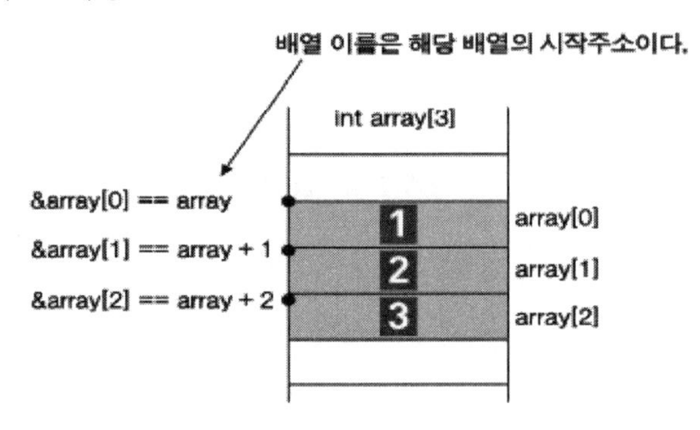

② 배열 요소의 값 지정

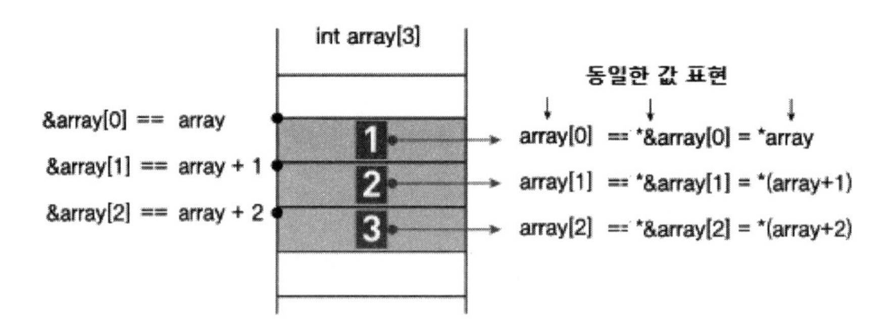

(예제) 다음 C언어 프로그램을 분석하고 출력값을 확인하시오.

```
#include <stdio.h>
int main( )
{
 int array[3]={1, 2, 3};
 printf("%d %d %d \n", *&array[0], *&array[1], *&array[2]);
 printf("%d %d %d \n", array[0], array[1], array[2]);
 printf("%d %d %d \n", *array, *(array+1), *(array+2));
}
```

[출력값]

```
1 2 3
1 2 3
1 2 3
```

(7) 포인터

1) 포인터의 개념

- 포인터(pointer)는 메모리 주소를 의미하고, 포인터 변수는 포인터값 즉 메모리 주소를 저장하는 변수이다.
- 포인터 변수도 일반 변수와 마찬가지로 선언 후 사용이 가능하다.
- 포인터 변수를 이해하려면 & 연산자와 * 연산자를 알아야 한다.
- & 연산자를 변수명 앞에 붙이면 해당 변수의 주소값을 반환한다.
- * 연산자는 변수의 주소(& 변수)에 저장된 값을 참조할 수 있다.

2) 포인터 변수 선언

형식	자료형* 변수명

- 자료형 : 포인터 변수에 저장되는 주소변수의 자료형, *연산자를 붙임
- 변수명 : 주소를 저장할 변수명 지정

예

int* num : 정수형 주소를 저장하는 포인터 변수 num선언
float* num2 : 실수형 주소를 저장하는 포인터 변수 num2선언
char* str = NULL : 문자형 주소를 저장하는 포인터 변수 str선언

3) 포인터 변수의 사용

- 선언된 포인터 변수에는 반드시 주소값을 넣어야 함
- 주소값은 변수명 앞에 '&' 연산자를 붙임
- 배열명은 배열의 시작 주소이므로 '&'를 붙이지 않고 그대로 사용
- 포인터 변수 크기는 자료형과 관련 없이 4바이트

변수인 경우	배열인 경우
int a; int* p; p=&a;	int a[10]; int *p; p=a;

(예제) 다음 C언어 프로그램을 분석하고 출력값을 확인하시오

```
#include <stdio.h>
int main( )
{
 char c = 'A';
 char* cp;
 cp=&c;
 printf("%x %c %c \n", &c, c, *&c);
 printf("%x %x \n", &cp, *&cp);
 printf("%c \n", c);    // 직접 접근
 printf("%c \n", *cp); // 간접 접근
}
```

[출력값]

```
22ff2f A A
33ff18 22ff2f
A
A
```

22ff2f, 33ff18은
변수 c와 cp의 메모리의 임의의 물리적 주소값을 나타낸다.

4) 포인터와 1차원 배열

배열명은 배열의 시작 주소로, 주소를 저장할 수 있는 포인터 변수를 이용할 수 있다.

예 배열 int array[3] = 10, 20, 30 이 저장 되었을 때 포인터 변수 P를 이용하여 배열, 배열 요소의 주소와 배열 값의 관계를 알아보자

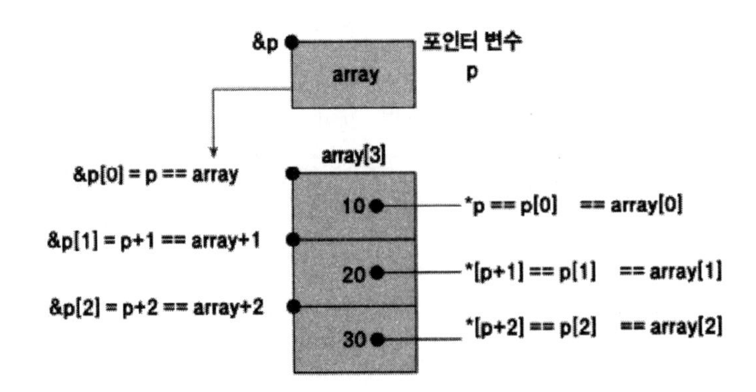

(예제) 다음 C언어 프로그램을 분석하고 출력값을 확인하시오.

```
#include <stdio.h>
int main(void)
{
        int arr[3]={11, 22, 33};
        int *ptr=arr;
        printf("%d %d %d \n", *ptr, *(ptr+1), *(ptr+2));
        printf("%d %d %d \n", ptr[0], ptr[1], ptr[2]);
        printf("%d %d %d \n", *arr, *(arr+1), *(arr+2));
        printf("%d %d %d \n", arr[0], arr[1], arr[2]);
        printf("%d %d %d \n", *arr+1, *(arr+1)+3, *(arr+2)+5);
}
```

[출력값]

```
11 22 33
11 22 33
11 22 33
11 22 33
12 25 38
```

5) 포인터와 문자열

- 문자열은 메모리 공간에 연속으로 저장되어 있어 주소가 연속적으로 할당
- 포인터를 이용하여 문자열의 시작 주소를 저장하면 문자열의 제어가 가능
- 출력 서식 "%s"를 지정하면 지정한 위치부터 NULL(₩0)을 만날 때 까지 문자열을 출력한다.

(예제) 다음 C언어 프로그램을 분석하고 출력값을 확인하시오.

```
#include <stdio.h>
int main(void)
{
        char* p="ABCD";         // 문자열 "ABCD"의 시작 주소를 p에 저장

        printf("%s\n", p);      // p가 가리키는 곳에서 \0(null)전까지 출력
        printf("%s\n", p+1);
        printf("%s\n", p);
        printf("%s\n", p+2);
        printf("%s\n", p+3);
}
```

[출력값]

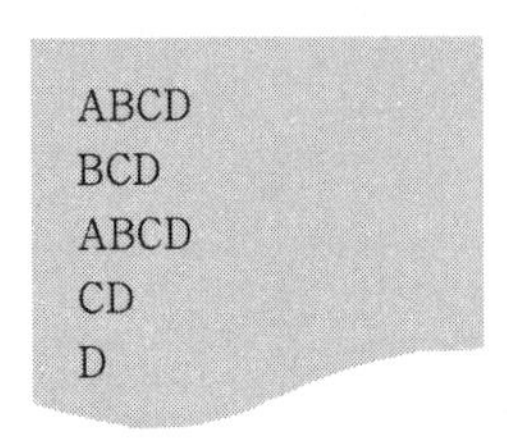

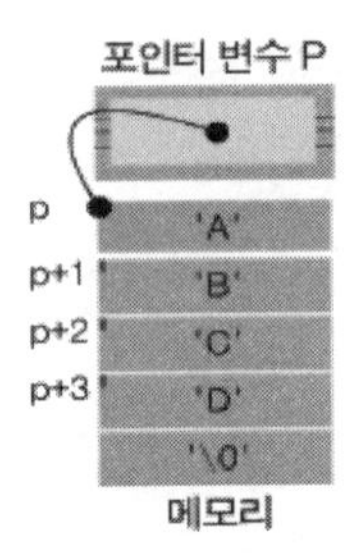

6) 포인터 배열

- 포인터 배열은 포인터 변수들을 배열 요소로 갖는 배열이다.
- 포인터 배열은 주소를 저장하는 배열이다.

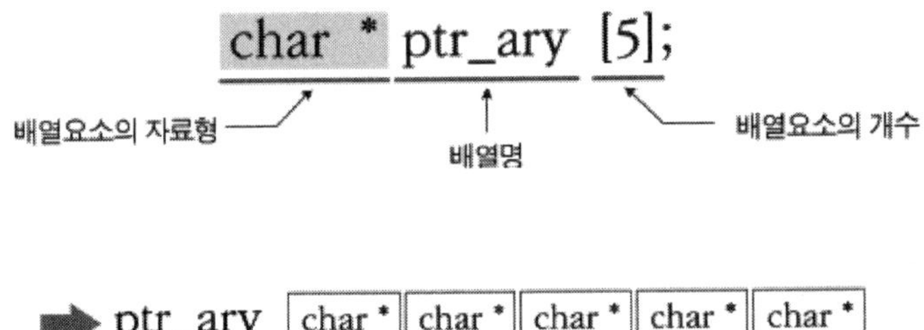

(예제) 아래 C언어 프로그램을 분석하고 출력값을 확인하시오.

```
#include <stdio.h>
int main(void) {
    char *ptr_ary[5];
    int i;
    ptr_ary[0]="dog";
    ptr_ary[1]="elephant";
    ptr_ary[2]="horse";
    ptr_ary[3]="tiger";
    ptr_ary[4]="lion";
    for(i=0; i<5; i++){
        printf("%s \n", ptr_ary[i]);
    }
}
```

[출력값]

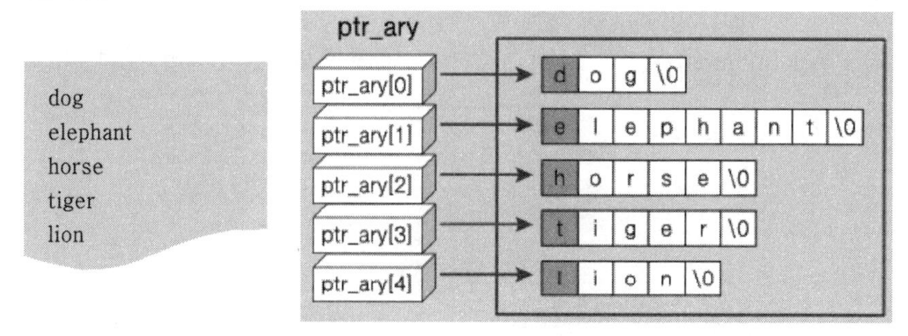

(8) 구조체(structure)

- 구조체는 배열과 달리 다른 형태의 자료형도 묶어서 처리할 수 있다.
- 여러 형태의 데이터를 묶어서 처리할 수 있으므로 배열보다 효율적이다.

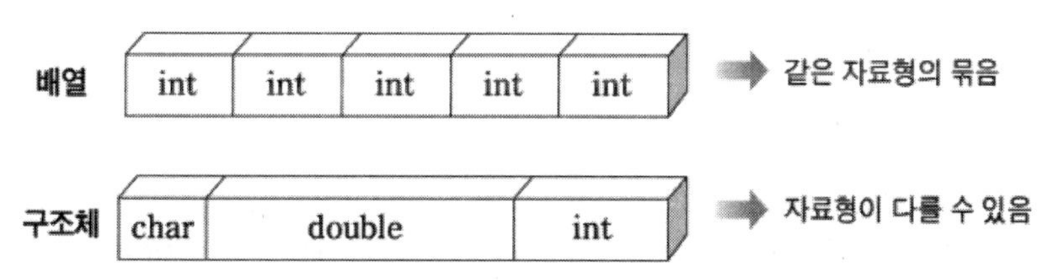

1) 구조체 정의 (예) person

```
struct person                          // 구조체 이름   person
{
              char name[20];          // 구조체 멤버 name
              char phoneNum[20];  // 구조체 멤버 phoneNum
              int age;                  //  구조체 멤버 age
};
```

2) 구조체 변수

struct person man; // 구조체 변수 man 선언

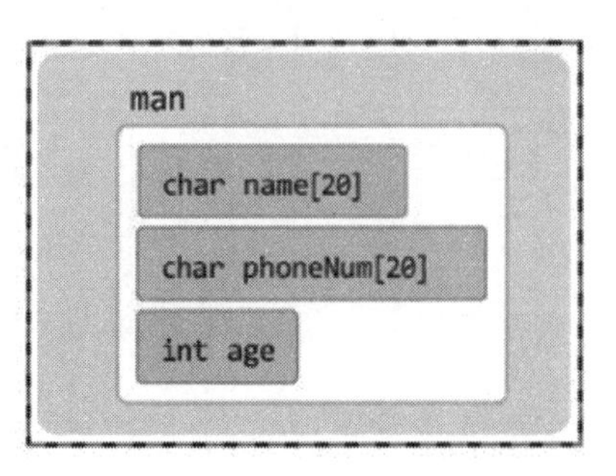

3) 구조체 멤버 참조

〈형식〉 구조체 변수의 이름 → 구조체 멤버의 이름

man->name, man->age ..

printf("%s ₩n", man->name);

예 아래와 같은 학생 데이터(sdata)를 구조체로 처리하는 프로그램

num(학번)	name[20](이름)	dept(학과)	score(평점)

```
#include <stdio.h>
struct sdata{
    int num;
    char name[20];
    char  dept[10];
    float  score;
};
int main()
{
    struct sdata  s1={315, "홍길동", "정보", 3.4};
     //구조체 변수 s1에 초기값 부여
    printf("학번 : %d₩n", s1->num);          // 학번 출력
    printf("이름 : %s₩n", s1->name);         // 이름 출력
    printf(학과 : %s₩n", s1->dept);          // 학과 출력
    printf("학점 : %.1f₩n", s1->score);      // 평점 출력
    return 0;
}
```

1. 다음 프로그램의 출력 결과는?

```
#include<stdio.h>
int main()
{
        int  a= 5, b=4, c=1 , m, n;
        m=  a> 5  &&  b!= 0;
        n=  b<=4  ||  c>1 ;
        printf( "%d  %d  \n", m, n);
}
```

정답 0 1

해설 a 〉 5 : 거짓 =〉 0
b != 0 : 참 =〉 1
m= 0 && 1 =〉 거짓 =〉 0 (&& = AND 연산자)
b 〈= 4 : 참 =〉 1
c 〉1 : 거짓 =〉 0
n= 1 || 0 =〉 1 =〉 1 (|| = OR 연산자)

2. 다음 C프로그램의 출력 결과는?

```
#include<stdio.h>
int main()
{
int x=5, y=0, z=0 ;
y = x++ ;
z = --x ;
printf("%d , %d , %d", x, y ,z);
}
```

정답 5 5 5

해설 y = x++ ; 에서 y=5 할당 후 x를 1증가되어 6
z = --x ; x=6 에서 1뺀 후 x=5를 z에 할당

3. 다음 프로그램의 출력 결과는?

```
#include <stdio.h>
void main() {
   int c=0;
   int i=0;
      while(i<10) {
        i++;
      c *= i;
   }
   printf("%d", c);
}
```

정답 0
해설 c=0에서 어떤 수를 곱해도 결과는 0이다.

4. 다음은 C언어로 작성된 코드이다. 코드의 실행 결과를 쓰시오. (단, 출력문의 출력 서식을 준수하시오.)

```
#include <stdio.h>
main( ) {
  int c = 1;
  switch (3) {
    case 1: c += 3;
    case 2: c++;
    case 3: c = 0;
    case 4: c += 3;
    case 5: c -= 10;
    default: c--;
  }
  printf("%d", c);
}
```

정답 -8
해설 switch(3)에서 case 3, 4, 5를 수행하면 c=-7, 마지막 default c--를 수행하고 출력하면 c=-8

5. 다음은 C언어로 작성된 코드이다. 코드의 실행 결과를 쓰시오. (단, 출력문의 출력 서식을 준수하시오.)

```
#include <stdio.h>
void align(int a[ ]) {
int temp;
for (int i = 0; i < 4; i++) {
  for (int j=0; j < 4 - i; j++)  {
    if (a[j]> a[j+1]) {
      temp = a[j];
      a[j] = a[j+1];
      a[j+1] = temp;
    }
  }
}

main( ) {
    int a[ ] = { 85, 75, 50, 100, 95 };
    align(a);
     for (int i = 0; i < 5; i++) printf("%d ", a[i]);
}
```

정답 50 75 85 95 100

해설 a배열에 초기값 85,75,50,100,95를 저장한 후 오름차순 버블 정렬을 수행하는 프로그램이다. 따라서 결과는 50 75 85 95 100 이다.

6. 다음은 C언어 소스 코드이다. 출력 결과를 쓰시오.

```
#include <studio.h>
int r1(){
        return 4;
}
int r10(){
        return (30+r1());
}
int r100(){
        return (200+r10());
}
```

```
int main(){
        printf("%dn", r100());
    return 0;
}
```

정답 234

해설 r100() 호출 → r10()호출 → r1() 호출
r1()값 4반환 → r10()값 34반환 → r100()값 234반환

7. 다음 소스코드에서 입력값이 5가 들어왔을때 출력되는 값을 작성하시오.

```
#include <stdio.h>
int func(int a) {
  if (a <= 1) return 1;
  return a * func(a - 1);
}

int main() {
  int a;
  scanf("%d", &a);
  printf("%d", func(a));
}
```

정답 120

해설 재귀함수 문제로 a값을 제어하면서 func 함수를 계속 호출한다.
화살표는 호출과 반환 순서를 나타냄

```
5 * func(5) ↓          5 * 24 = 120
4 * func(4) ↓          4 * 6 = 24
3 * func(3) ↓          3 * 2 = 6
2 * func(2) ↓          2 * 1 = 2
func(1) = 1  → → → →   ↑
```

8. 아래 코드에 대한 출력 값을 작성하시오.

```
void main{

int []result = int[5];
int []arr = [77,32,10,99,50];

  for(int i = 0; i < 5; i++) {
    result[i] = 1;
    for(int j = 0; j < 5; j++) {
      if(arr[i] <arr[j]) result[i]++;
    }
  }

  for(int k = 0; k < 5; k++) {
    printf(result[k]);
  }
}
```

정답	24513
해설	주어진 점수 arr[] = [77,32,10,99,50] 에 대한 순위를 배열 result[]에 구하는 프로그램이다.

9. 다음 C언어 프로그램의 괄호 안에 들어갈 알맞은 연산자를 작성하시오.

```
#include <stdio.h>
int main() {
  int number = 1234;
  int div = 10;
  int result = 0;

  while (number ( 1 ) 0) {
    result = result * div;
    result = result + number ( 2 ) div;
    number = number ( 3 ) div;
  }

  printf("%d", result);
  return 0;
```

```
}

결과: 4321
```

정답 (1) > (2) % (3) /

해설 result : 나머지를 누적, number : 새로운 몫

10. 다음은 C언어 소스 코드이다. 출력 값을 쓰시오.

```
[입력] 홍길동 → 김철수 → 손흥민
#include
char n[30];
char* getname(){
   printf("입력:");
   gets(n);
   return n;
}
int main() {
   char* n1 = getname();
   char* n2 = getname();
   char* n3 = getname();
   printf("%s ",n1);
   printf("%s ",n2);
   printf("%s ",n3);
   return 0;
}
```

정답 손흥민 손흥민 손흥민

해설 문자열배열 n[30]을 선언하고 사용자 함수 getname()을 호출해서 gets(n)을 통해서 입력값을 문자배열에 저장하고 배열 주소 n을 n1에 반환한다. 같은 방법으로 두 번 수행하고 반환값을 n2, n3에 저장하고 출력하면 마지막 문자열 "손흥민"이 이어서 세 번 출력된다.

11. 다음은 C언어 소스 코드이다. 출력 값을 쓰시오.

```
#include <stdio.h>

int main() {
  char *p = "KOREA";
  printf("%sn", p);
  printf("%sn", p + 3);
  printf("%cn", *p);
  printf("%cn", *(p + 3));
  printf("%cn", *p + 2);
  return 0;
}
```

정답 KOREA
EA
K
E
M

해설 printf("%cn", *p + 2); *p가 가리키는 K에서 2만큼 떨어진 알파벳을 출력하라는 의미로 M이 출력된다.

12. 다음 C언어 코드에 대한 알맞는 출력값을 쓰시오.

```
#include
int main(){
 int *arr[3];
 int a = 12, b = 24, c = 36;
 arr[0] = &a;
 arr[1] = &b;
 arr[2] = &c;

 printf("%d\n", *arr[1] + **arr + 1);
}
```

정답 37

해설 *arr[1] : b값 = 24, **arr + 1 : a값 +1 = 12+1=13
따라서 *arr[1] + **arr + 1 = 24 + 13 = 37

13. 다음은 C언어 프로그램이다. 실행 결과를 쓰시오.

```
int main() {
        int ary[3];
        int s = 0;
        *(ary + 0) = 1;
        ary[1] = *(ary + 0) + 2;
        ary[2] = *ary + 3;
        for(int i = 0; i < 3; i++) {
            s = s + ary[i];
        }
        printf("%d", s);
}
```

정답 8

해설 *(ary+0)= *ary = ary[0] = 1
ary[1] = 1+2 = 3
ary[2] = 1+4 = 4   for 문을 수행하면 s=1+3+4 = 8

14. 다음은 C언어 프로그램이다. 실행 결과를 쓰시오.

```
#include
struct good {
    char name[10];
    int age;
 };
 void main(){
    struct good s[] = {"Kim",28,"Lee",38,"Seo",50,"Park",35};
    struct good *p;
    p = s;
    p++;
    printf("%s \n", p-> name);
    printf("%s \n", p-> age);
}
```

정답 Lee 38

해설 p++ 에 의해 s[1]의 구조체 값이 출력된다.

Chapter 03 자바 언어 구조 및 명령문

(1) 자바의 기본 문법

1) 자바 프로그램의 구조

```
public class Hello {                      // 클래스 Hello 선언
    public static int sum(int n, int m) // sum 메소드 정의
    {
        return n + m;
    }

    // main() 메소드에서 실행 시작
    public static void main(String[] args) {
        int i = 20;
        int s;
        char a;

        s = sum(i, 10);             // sum 메소드 호출
        a = '?';
        System.out.println(a);                // 문자 '?' 출력
        System.out.println( " Hello " );    //  " Hello "  출력
        System.out.println(s);                // 정수 s 값 출력
    }
}
```

- 하나의 클래스와 main 메소드만 있는 경우 C언어와 동일하게 처리할 수 있다.
- 자바언어의 연산자, 제어문(조건문, 반복문) 또한 C언어 문법과 동일하다. 하지만 객체지향을 지원하는 자바 프로그래밍은 클래스, 객체, 상속 등에 대한 이해가 필요하다.

2) 자바 출력문

Java에서 값을 화면에 출력 시 System 클래스의 서브 클래스인 out 클래스의 메소드인 printf( ), print( ), println( ) 등을 사용하여 출력한다.

형식 1	System.out.printf("서식 문자열", 변수)

- 서식 문자열에 맞게 변수 내용을 출력한다.
- printf( ) 메소드는 C언어의 printf( ) 함수와 사용법이 동일하다.

예 System.out.printf("%7.2f", 3.1415);	△△△ 3.14
예 System.out.printf("합계= %d₩n", sum);	합계 = □

형식 2	System.out.print("문자열" 또는 변수명 또는 "문자열" + 변수명;)

- 문자열 또는 문자열 변수를 연속으로 출력 시에는 +를 이용한다.
- 문자열 출력 시 큰 따옴표로 묶어줘야 한다.

예 System.out.print("abx123"+"def");	abc123 def
예 System.out.print("합계=" + sum);	합계 = □

형식 3	System.out.println("문자열" 또는 변수명 또는 "문자열" + 변수명;)

- System.out.print( ) 형식과 동일하지만 출력 후 커서를 다음 줄로 이동한다.
- 일반적으로 가장 많이 사용한다.

예 System.out.println("abx123"+"def");	abc123 def I
예 System.out.println("합계=" + sum);	합계 = □ I

3) 자바 입력문

java에서는 Scanner 객체를 생성한 후 키보드로부터 값을 입력받을 수 있다.

➲ 처리순서

① import java.util.Scanner를 class문 앞에 기술해야 한다.

② Scanner 객체를 생성하고 참조 변수가 객체를 가리키게 한다.

③ Scanner 객체의 메소드를 이용해서 문자, 정수, 실수 등을 입력받는다.

④ Scanner 객체 사용 후 close( )문을 이용해 프로그램 종료 전에 닫아야 한다.

▶ **Scanner 객체의 메소드**

문자열 입력	Scanner 참조변수 = new Scanner(System.in); // 객체생성
	입력 변수 = 참조변수.nextLine( ); // 문자열로 변수에 할당

정수형 입력	Scanner 참조변수 = new Scanner(System.in); // 객체 생성
	입력 변수 = 참조변수.nextInt( ); // 정수로 변수에 할당

실수형 입력	Scanner 참조변수 = new Scanner(System.in); // 객체 생성
	입력 변수 = 참조변수.nextFloat( ); // 실수로 변수에 할당

예 자바의 입출력 문

```
public static void main(String[ ] args) {
  string  ss;                                  // string 변수 ss 선언
  int ii;                                      // int 변수 ii 선언
  float ff;                                    // float 변수 ff 선언

  Scanner scan= new Scanner(System.in);        // Scanner 객체 생성
  ss = scan.nextLine( );                       // 객체를 이용해 문자열을 ss에 입력
  ii = scan.nextInt( );                        // 객체를 이용해 정수를 ii에 입력
  ff = scan.nextFloat( );                      // 객체를 이용해 실수를 ff에 입력

  System.out.println(ss);                      // ss 값 출력
  System.out.println(ii);                      // ii 값 출력
  System.out.println(ff);                      // ff 값 출력
  Scanner.close( );
}
```

(2) 자바의 제어문

1) for 관련 문제

[예제] 다음 Java 프로그램의 실행 결과를 적으시오?

```
class ForMunjang {
        public static void main (String args[ ]) {
            int i;
            System.out.println("start");
            for(i = 3; i > 0; i- -) {
                    System.out.println(i);
            }
        }
}
```

```
(결과)
start
3
2
1
```

[해설]

처음 'start'를 출력하고 초깃값 3부터 i > 0을 만족하는 값을 1씩 감하여 출력한다. 여기서 println이므로 출력은 줄바꿈 상태로 이루어진다.

2) if 문, while문 관련 문제

[예제] 다음 Java 프로그램의 실행 결과를 적으시오?

```
public class problem {
      public static void main(string[ ] args) {
          inta = 0, sum = 0;
          while(a < 10) {
         a++;
              if (a % 2 == 1)
            continue;
             sum += a;
          }
          system.out.printIn(sum);
      }
}
```

```
(결과)
30
```

[해설]
a값이 1~10 까지 증가하면서 a가 홀수이면 반복문의 시작으로 이동하고 짝수이면 합계 sum을 구한다.

3) 예외 처리문

- 개발자의 실수로 발생하는 프로그램적 오류인 예외(exception)를 처리하는 문장으로 try ~ catch ~ finally 구문을 사용한다.
- Try 블록 : 실제 코드가 들어가는 곳으로써 예외 발생 가능성이 있는 코드
- Catch 블록 : Try 블록에서 예외 발생 시 처리 코드
- Finally 블록 : 예외 발생 유무와 상관 없이 무조건 수행되는 코드 (옵션)

```
try
{
        예외 발생 가능성이 있는 블록;
}
catch(예외클래스 변수명)
{
        예외 처리될 때 실행되는 블록;
}
finally
{
        항상 실행되는 블록;
}
```

(3) 배열 (Array)

- 자바의 배열은 객체를 이용한 객체 배열의 개념으로 생성된다.
- 객체 배열은 참조변수를 선언하고, 배열 객체를 생성하는 순서로 만들 수 있다.

1) 배열 선언 및 생성

- 배열의 참조변수의 선언과 배열 객체를 생성을 동시에 수행한다.
- 예를 들어 크기가 5인 정수형 배열 num을 만들어 보자.

```
int[ ] num = new int[5];
```

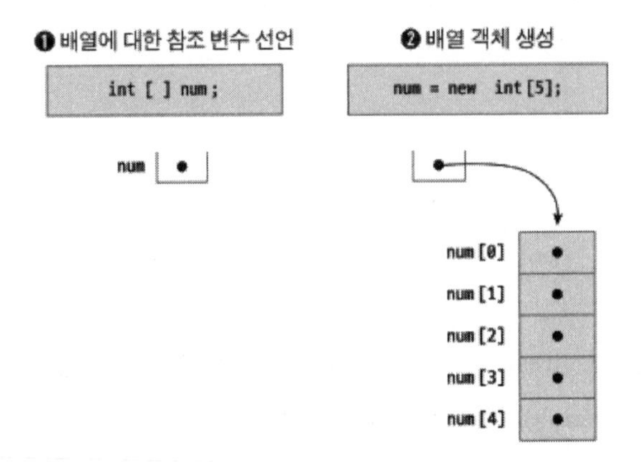

2) 배열 선언 후 초기화

- 예를 들어 정수형 num배열에 5개의 초기값 90, 80, 50, 60, 40을 할당해 보자.
- 방법1 : int[ ] num = {90, 80, 50, 60, 40} ;
- 방법2 : int[ ] num = new int[ ] {90, 80, 50, 60, 40} ;

3) 배열의 크기와 배열 처리

- 배열이 생성될 때 배열의 크기가 결정되며, length 필드를 보면 알 수 있다. 예를 들면 num배열의 크기 5는 num.length에 있다.
- 배열에 대한 접근은 배열이름과 배열의 위치를 나타내는 인덱스로 접근 가능하며 배열의 위치를 순차적으로 지정하기 for문을 사용한다.

(예제) 다음 Java로 구현된 프로그램을 분석하여 그 실행 결과를 쓰시오.

```
public class Test{
  static int[ ] arr( ) {
       inta[ ] = new int[4] ;
       intb = a.length;
       for(inti= 0; i< b; i++)
          a[i] = i;
       return a;
   }

   public static void main(string[ ] args) {
       inta[ ] = arr( );
       for(inti= 0; i< a.length; i++)
          System.out.print(a[i]+" ");
```

```
    }
}
```

[결과] 0 1 2 3

4) 배열 처리를 위한 for each문

<table>
<tr>
<td>

```
int arr[] = {1,2,3,4,5};
int sum = 0;
for (int i = 0; i < arr.length; i++)
   sum += arr[i];
System.out.println("합계 : "+sum);
```

</td>
<td>

```
int arr[] = {1,2,3,4,5};
int sum = 0;
for(int x : arr)    //배열 항목을 할당
  sum += x;
System.out.println("합계 : "+sum);
```

</td>
</tr>
<tr>
<td>[일반 for문]</td>
<td>[for each 문]</td>
</tr>
</table>

(4) 문자열 처리

1) 문자열 선언과 초기화

- 문자열을 사용하기 위해서는 String 타입 변수를 선언한 후 초기화해야 한다.
- 초기화 방법은 String 타입 변수를 선언한 후 할당하거나, 참조변수를 이용해 String 타입 객체를 생성한 후 할당하는 2가지 방법이 사용된다.

예 String타입 변수와 객체에 "안녕하세요" 문자열을 할당하시오.
방법1 String s1 = "안녕하세요";　//String 타입 변수 s1 선언 후 초기화
방법2 String s2 = new String("안녕하세요"); //String 타입 객체 s2를 생성 후 초기화

2) 문자열 처리 메소드

- 자바는 문자열 연산을 위하여 다양한 메소드를 제공한다.
- 특히 문자열 객체의 내용을 비교할 때는 ==, != 등의 관계 연산자는 사용할 수 없고 메소드를 이용해 처리해야 한다.

메서드	설명
char charAt(int index)	index가 지정한 문자를 반환
String concat(String s)	주어진 문자열 s를 현재 문자열 뒤에 연결
String substring(int index)	index부터 시작하는 문자열의 일부를 반환
String toLowerCase( )	모두 소문자로 변환
String toUpperCase( )	모두 대문자로 변환

String trim( )	앞뒤에 있는 공백을 제거한 후 반환
boolean Equals(String s)	주어진 문자열 s와 현재 문자열을 비교한 후 true/false를 반환

(예제) 아래 자바 프로그램을 실행한 결과를 적으시오

```
public class String3Demo {
    public static void main(String[] args) {
        String s1 = "nice!";
        String s2 = new String("nice!");
        String s3 = new String(" Java");

        System.out.println("(s2)문자열길이 : " + s2.length());
        System.out.println(s2.charAt(1));

        System.out.println(s2.concat(s3) + "?");
        System.out.println(s2.toUpperCase( ) + "?");
        System.out.println(s2.substring(3));
        System.out.println(s1.equals(s2));
    }
}
```

[결과]

```
(s2)문자열길이 : 5
i
nice! Java?
NICE!?
e!
true
```

Chapter 04 자바의 객체 지향 프로그래밍

- 자바프로그램은 앞에서 배웠던 C언어와 기본 문법은 대부분 비슷하여 쉽게 이해할수 있다.
- 연산자, 조건문, 반복문은 C언어와 동일하게 사용되고 그 외는 객체지향 개념이 적용되어 프로그래밍 된다. 또한 자바는 포인터 개념이 없다.

(1) 클래스와 객체

객체지향 언어에서 클래스는 객체를 만들어 내기 위한 설계도 또는 틀이며, 클래스에 정의된 모양 그대로 메모리에 생성되는 실체가 객체이다.

1) 클래스의 구성 요소

- 클래스 선언문 : 접근 지정자 + class 키워드 + 클래스 이름
- 접근 지정자 : 클래스 또는 멤버에 대한 접근 권한을 지정
- 멤버변수(= 필드) : 데이터의 값의 상태, 속성을 표현
- 멤버메소드(= 함수) : 데이터 처리를 위한 기능으로 동작, 행위, 프로시저와 같은 의미
- 클래스 내에서는 여러개의 메소드를 정의할 수 있지만 가장 먼저 실행되는 메소드는 main 메소드이다.

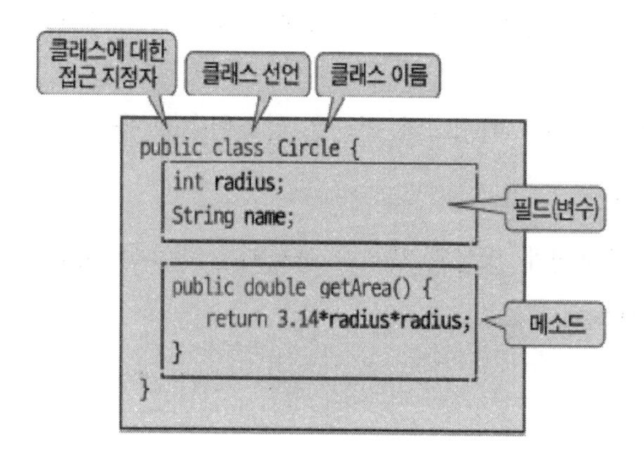

2) 객체 생성의 의미

① 클래스는 메모리 공간이 할당되지 않으므로 객체를 생성함으로써 실제 데이터 처리가 가능해진다.

② 객체는 클래스를 이용해 여러 개의 객체 생성이 가능하고 같은 속성으로 구성되지만 속성값은 다 다르다.

③ 정의된 클래스를 이용해 객체를 생성하는 과정을 인스턴스화(실체화)라 한다.

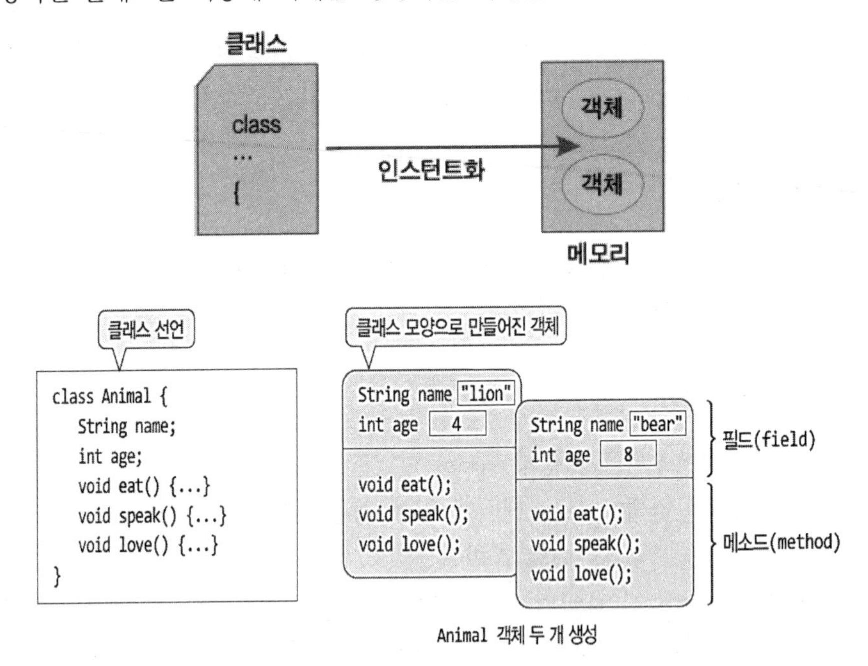

Animal 객체 두 개 생성

3) 객체 생성과 이용

- 객체 생성은 객체에 대한 참조(reference)변수 선언과 실제 객체 생성 과정으로 구분된다.
- 생성된 객체의 변수와 메소드의 접근은 참조변수를 통해 이루어진다.

① 참조변수 선언

참조변수는 메모리에 생성된 객체를 가리키는 주소를 저장하는 변수로 객체 생성 전에 선언한다.

```
Circle p ;                // Circle 타입의 객체를 지정할 참조변수 p 선언
```

② 객체 생성

객체 생성은 반드시 new 연산자를 사용한다.

```
p = new Circle( ) ;                // Circle 타입 객체를 생성하고 참조변수 p를 지정
```

③ 참조변수 선언과 객체 생성을 동시에 수행할 수도 있다. (①+②, 일반적 표현)

```
Circle p = new Circle( ) ;
```

예 반지름과 이름을 가진 Circle 클래스를 정의하고, 객체 생성 후 면적을 구하시오.(원의 면적 = 3.14 × 반지름 × 반지름)

```
public class Circle {
        int rad;        // 반지름 멤버변수
        String name; // 이름 멤버변수

        public double getArea( ) {             // 멤버 메소드
        return 3.14*rad*rad;      // 원의 면적 계산
        }

        public static void main(String[] args) {
        Circle p = new Circle( );              // Circle 객체 생성 후 참조변수 p를 지정
        p.rad= 10;    // Circle 반지름을 10으로 할당
        p.name = "피자";            // Circle 이름 설정
        double area = p.getArea( );           // Circle 의 면적 알아내기
        System.out.println(p.name + "의 면적은 " + area);
        }
}
```

출력결과	피자의 면적은 314.0

4) 객체 멤버 접근

객체 멤버에 접근할 때는 참조변수.멤버와 같이 점(.) 연산자를 사용한다.

```
p.radius = 10;                    // Circle 객체의 radius 값을 10으로 할당
p.name ="피자";                   // Circle 객체의 name에 "피자"를 할당
double area = p.getArea( );       // Circle 객체의 getArea( ) 메소드 호출
```

➲ 참조변수(p)와 객체 그리고 멤버들의 수행과정

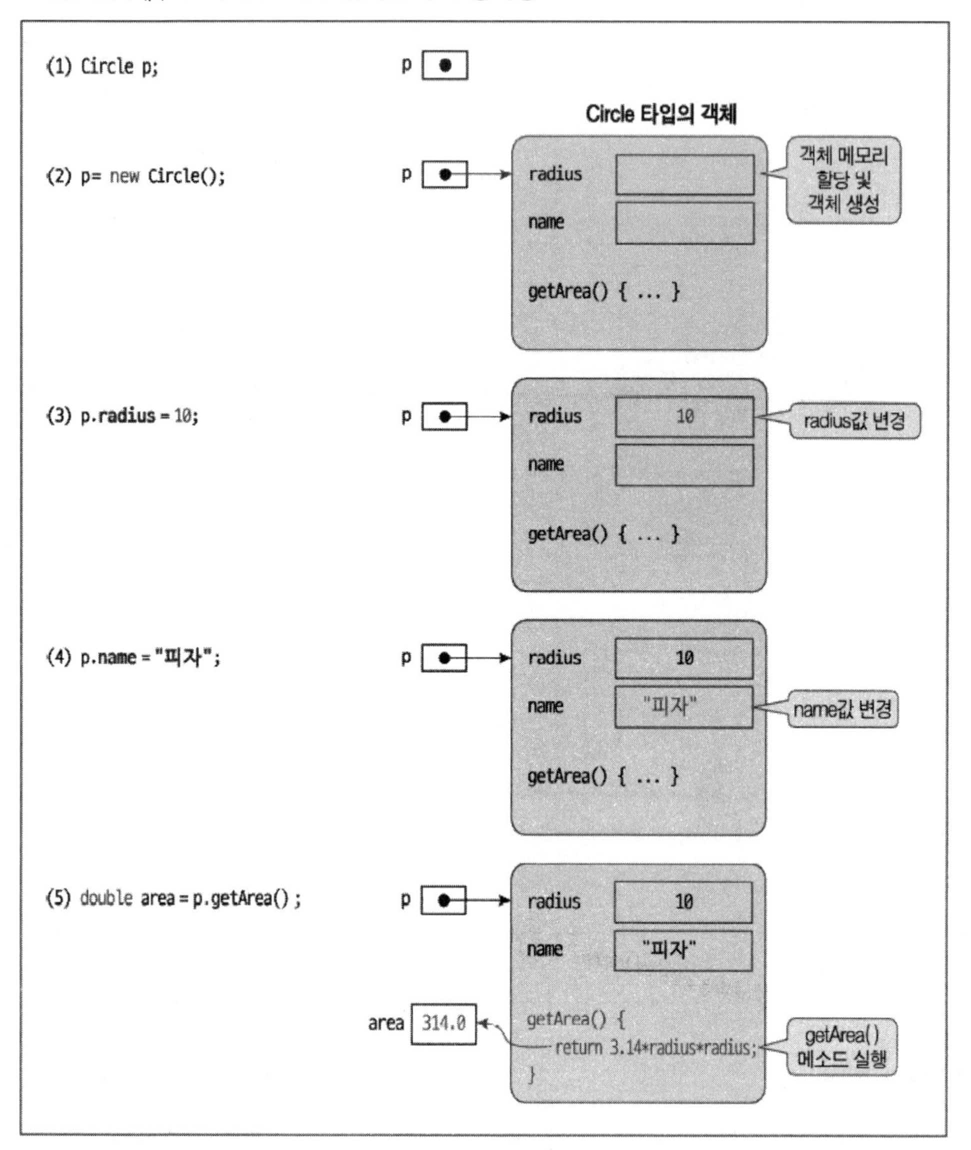

(2) 메소드 (Method)

- 메소드는 클래스의 멤버 함수로서 접근 지정자를 선언한다는 점 외엔 C언어의 함수처럼 작성되고 특정 연산을 수행한다.
- 메소드는 클래스 내부에서만 존재한다.

1) 메소드 형식

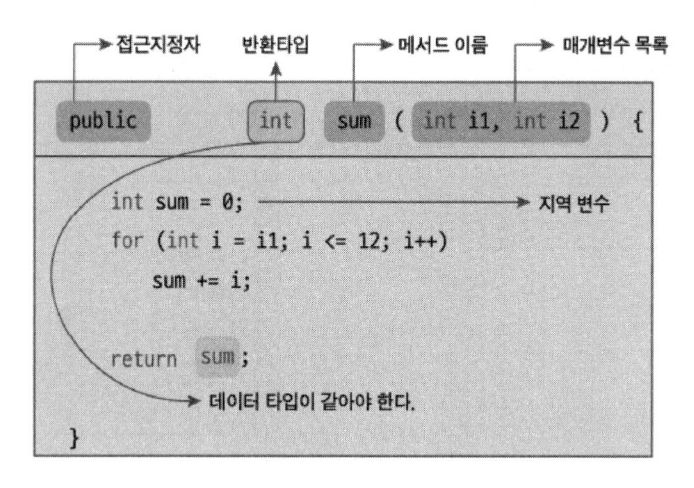

① 접근 지정자

- 자바에서 메소드는 반드시 접근 지정자와 함께 선언되어야 한다. 접근지정자는 해당 메소드의 사용 접근을 제한하는 것으로 public, private, protected, default 형태가 있다.

② 반환타입(return type)

- 반환 타입은 메소드를 실행한 후 호출자에게 반환할 값의 타입이다.
- 만약 반환할 값이 없다면 void로 선언한다.
- main 메소드 또한 반환할 값이 없으므로 반환타입으로 void가 사용된다.

③ 매개변수 목록

- 매개변수는 외부에서 호출되어 전달되는 값(인수값)을 받는 지역변수이다.
- 여러 개의 매개변수가 필요하면 데이터 타입을 각각 선언해야 한다.
- 자바의 메소드 호출 시 인수전달은 '값에 의한 호출'(call by value) 방식이다.

④ 지역변수

- 메소드 안에서 필요시 선언해서 사용하는 변수로 메소드 안에서만 유효하다.

2) 메소드 호출과 반환

➲ 자바에서의 메소드 호출 시

클래스 내부에서 메소드를 호출할 경우는 단순히 메소드이름( )으로 호출하면 되지만, 외부 클래스에서 호출할 경우에는 객체를 생성한 뒤 참조 변수를 사용하여 참조변수.메소드이름( )으로 호출한다.

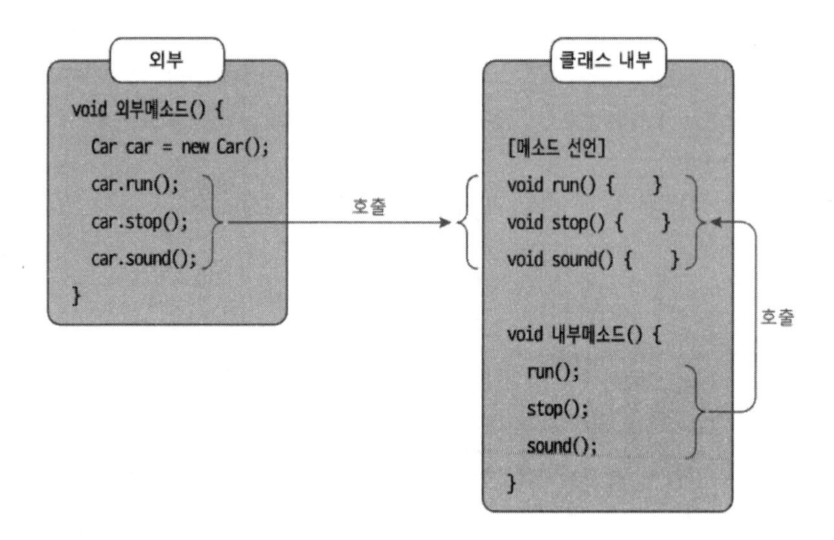

(3) 메소드 오버로딩 (Method Overloading)

- 메소드 오버로딩은 클래스 내에 동일한 이름의 메소드를 매개변수 개수나 타입만 다르게 하여 여러 개 정의할 수 있는 기능이다.
- 메소드 오버로딩을 이용하면 같은 기능을 가진 메소드를 하나의 이름으로만 기억하면 되므로 가독성을 높이고 오류의 가능성을 줄일 수 있다.

1) 메소드 오버로딩의 필수 조건

① 메소드 이름이 동일해야 한다.

② 메소드 매개 변수의 개수나 타입이 서로 달라야 한다.

2) 메소드 오버로딩된 메소드 호출

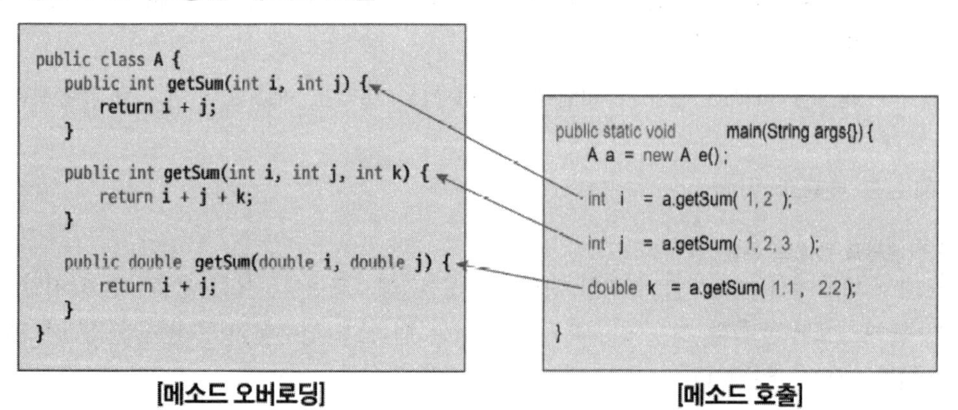

[메소드 오버로딩] [메소드 호출]

(4) 접근 지정자

1) 패키지와 접근제어

- 패키지는 상호 관련 있는 클래스 파일을 묶어 관리하는 단위이다.
- 자바 응용 프로그램은 하나 이상의 패키지로 구성된다.
- 서로 다른 패키지 혹은 동일한 패키지의 클래스 사이에서 자료 전달이 이루어 질 때 데이터의 무결성과 정보 은폐를 위해 접근 지정자를 이용하여 접근을 제한한다.

2) 접근 지정자의 유형과 접근 허용 범위

- 접근 지정자는 클래스 접근 지정자와 멤버 접근 지정자로 나눌 수 있다.
- 접근 범위는 public 〉 protected 〉 default 〉 private 순이다.

접근 지정자	클래스내부	동일패키지	하위클래스	다른패키지
Public	○	○	○	○
Protected	○	○	○	×
Default	○	○	×	×
Private	○	×	×	×

[○ : 접근 가능, × : 접근 불가능]

예 Test 클래스의 변수와 메소드가 정의되었을 때 패키지에 따른 접근 제한 여부는?

```
public class Test {
        public int a ;                // public 으로 선언된 변수
        int  b;                             // 접근 지정자가 생략된 변수 : default
        private int c;                // private 로 선언된 변수

        public void method1( ) {…}          // public으로 선언된 메소드
        void method2( ) { }                 // 접근 지정자가 생략된 메소드 : default
        private void method3( ) {…}         // private로 선언된 메소드
}
```

동일 패키지의 클래스에서 사용	다른 패키지의 클래스에서 사용

public class SamePackage {
  Test t = new Test(); //객체생성
  t.a = 3; //접근가능
  t.b = 5; //접근가능
  t.c = 7; //접근불가
  t.method1( ); //접근가능
  t.method2( ); //접근가능
  t.method3( ); //접근불가
}
	public class OtherPackage {
	  Test t = new Test(); //객체생성
	  t.a = 3; //접근가능
	  t.b = 5; //접근불가
	  t.c = 7; //접근불가
	  t.method1( ); //접근가능
	  t.method2( ); //접근불가
	  t.method3( ); //접근불가
	}

(5) static 멤버

- static 멤버(변수와 메소드)는 객체 생성 전에도 사용할 수 있다.
- static 멤버는 객체 공간이 아닌 별도 메모리 공간에 생성된다,
- static 멤버는 클래스당 하나만 존재하므로 클래스의 모든 객체가 공유해서 사용할 수 있어 클래스 멤버로 불리운다.
- static 멤버는 객체 소멸 후에도 공간을 차지하고 있으며 프로그램 종료할 때 같이 소멸된다.

```
class StaticSample{
        int n;                          // non-static 필드
        void g( ) {...}                 // non-static 메소드
        static int m;                   // static 필드
        static void f( ) {...}          // static 메소드
}
```

(6) 생성자(Constructor)

1) 생성자의 개념

- 생성자는 객체가 생성될 때 초기화를 위해 실행되는 메소드이다.
- 생성자 이름은 클래스 이름과 동일하게 작성된다.
- 생성자 기술 시 반환 타입을 지정할 수 없다.
- 객체가 생성되는 순간에 매개변수 수와 타입에 일치하는 생성자가 호출된다.
- 생성자 없는 클래스는 없으며, 생성자가 선언되어 있지 않는 경우는 컴파일러가 자동으로 기본 생성자를 생성해준다.
- 생성자는 여러 개 작성이 가능하다. (생성자 오버로딩)

예 두 개의 필드를 가진 Book 클래스를 작성하고, 두 객체와 두 개의 생성자를 작성하여 필드를 초기화하는 아래 프로그램을 분석하시오.

```
public class Book {
  String title;
  String author;

 public Book(String t) {                         // 생성자(매개변수1개)
 title = t; author = "김샘";
 }
```

```
  public Book(String t, String a) {                    // 생성자(매개변수2개)
  title = t;  author = a;
  }

  public static void main(String [ ] args) {
  Book com = new Book("정보보안","박샘");              // com객체 생성후 생성자호출
  Book info  = new Book("정보처리");                   // 매개변수 2개
                                                       // info객체 생성후 생성자호출
  System.out.println(com.title+ " " + com.author);     // 매개변수 1개
  System.out.println(info.title+ " " + info.author);
   }
}
```

출력결과	정보보안 박샘 정보처리 김샘

2) 생성자 오버로딩

- 생성자 오버로딩이란 하나의 클래스에 여러 개의 생성자를 가질 수 있음을 의미한다. 이때 생성자 각각의 매개 변수의 형과 개수는 반드시 달라야 한다.
- 객체 생성 시 호출되는 인수값의 형과 개수에 맞는 생성자로 전달되고 초기화된다.

3) this 예약어

- this는 객체 자신을 가리키는 키워드이다.
- 매개변수명과 객체의 멤버변수명이 일치할 때 두 변수를 구별하기 위해 this.멤버변수와 같이 멤버변수 앞에 this를 붙인다.

```
public class Circle {
  int rad;                              // 멤버변수명 rad
  public Circle (int rad) {             // 매개변수명 rad
  this.rad = rad;                       // 변수 구별을 위해 멤버변수앞에 this. 추가
  }
}
```

➲ 객체생성, 생성자호출, 멤버변수와 this의 사용

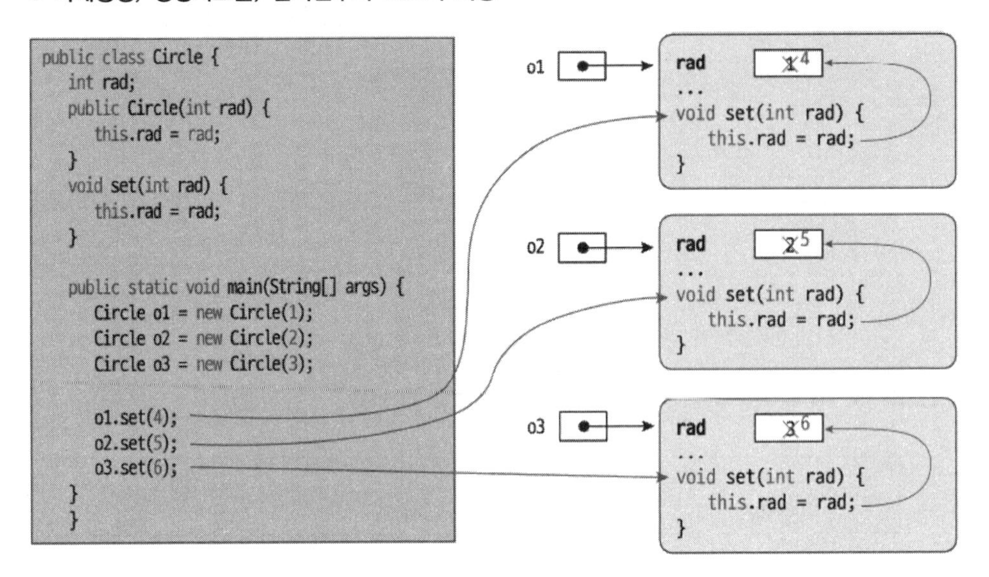

4) this( )

- this( )는 클래스 내에서 생성자가 다른 생성자를 호출할 때 사용하는 메소드이다.
- this( )는 생성자에서만 사용된다.
- this( )는 반드시 생성자의 첫 행에 위치해야 한다.

➲ **생성자 오버로딩 및 this( )**

```
class Book {
      String  title;
      String  author;

      public void show( ) {
            System.out.println(title + " " + author);
      }

      public  Book( String title) {
            this(title, "도장깨기!");
      }
                                        ②
                                                          ①
      public  Book( String title, String author) {
            this.title = title;
            this. author =author;
      }

      public static void main(String [] args) {
               Book com = new Book("정보처리");
               com.show( );
      }
}
```

출력결과	정보처리 도장깨기!

(7) 상속 (Inheritance)

1) 상속의 개념

- 상속은 상위 클래스의 속성과 메소드를 하위 클래스가 물려 받는 것을 의미한다.
- 하위 클래스는 상위 클래스의 특성을 물려받는 것 뿐 아니라 새로운 속성과 메소드를 추가하여 기능을 확장(extends)할 수 있다.
- 상속을 통해서 코드의 중복을 제거하고, 재사용하여 클래스를 간결하게 표현 가능하다.

- 상속을 통해서 클래스를 계층적으로 분류하여 클래스 관리가 용이하다.

예 Person 클래스를 상속받는 Student 클래스를 정의하고 객체를 생성해보자.

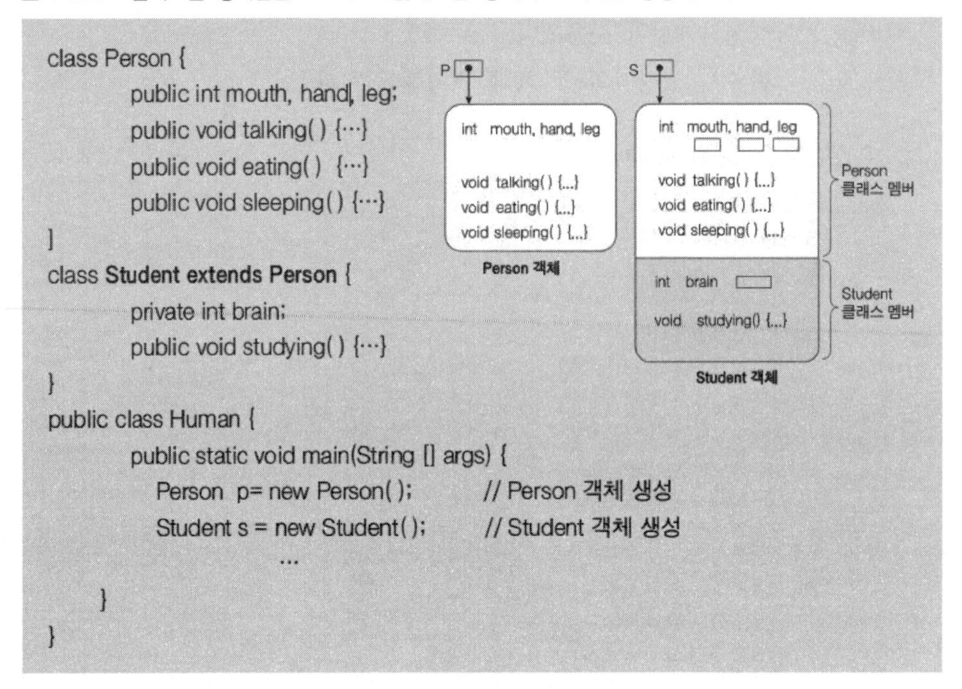

```
class Person {
        public int mouth, hand, leg;
        public void talking( ) {…}
        public void eating( ) {…}
        public void sleeping( ) {…}
}
class Student extends Person {
        private int brain;
        public void studying( ) {…}
}
public class Human {
        public static void main(String [] args) {
           Person p= new Person( );          // Person 객체 생성
           Student s = new Student( );       // Student 객체 생성
                    …
        }
}
```


2) 상속 선언

- 상속 선언은 하위 클래스 정의 시 extends 키워드를 사용한다.
- 상속은 상위에서 하위로 계층적으로 선언된다.
- 모든 클래스는 Object 클래스로부터 상속된다. (모든 클래스의 시조)
- 자바는 여러 클래스로부터 상속받는 다중 상속을 지원하지 않는다.

형식	class 하위 클래스이름 extends 상위 클래스이름 {
	…
	}

예 아래 자바 코드의 의미를 살펴보자.

```
public class Person {
...
}
public class Student extends  Person {
// Person을 상속받는 클래스 Student 선언
...
}
public class StudentArbeit extends Student {
// Student를 상속받는 StudentArbeit선언
...
}
```

Person ← Student ← StudentArbeit

Person 클래스는 Student 클래스에 상속되고, Student 클래스는 StudentArbeit 클래스에 상속된다. 따라서 StudentArbeit 클래스는 Person과 Student의 모든 기능을 포함한다.

3) 상속과 객체 생성 및 접근

예 상속 관련 자바 코드의 의미를 살펴보자.

```
class A{                                        // 상위클래스 A
        String name;                            // 멤버변수 name
        int age;                                // private 멤버변수 age

        public void func1( ) {                  // 멤버 메소드 func1
                System.out.println("이름 : " + name);
                System.out.println("나이 : " + age);
        }
}
class B extends A{                              // 하위클래스 B (A를 상속)
        public void func2( ) {
                System.out.println(name +" "+ age + "=> 상속확인");
        }
}
public class Test {
        public static void main(String[] args) {
                B cp = new B( );                // B 객체를 생성하고 cp가 참조
                cp.name = "홍길동";             // 멤버변수 name에 값 할당
                cp.age = 33;                    // 멤버변수 age에 값 할당
                cp.func1( );                    // cp 참조변수로 func1 메소드호출
                cp.func2( );                    // cp 참조변수로 func2 메소드호출
        }
}
```

출력 결과	이름 : 홍길동 나이 : 33 홍길동 33 => 상속확인

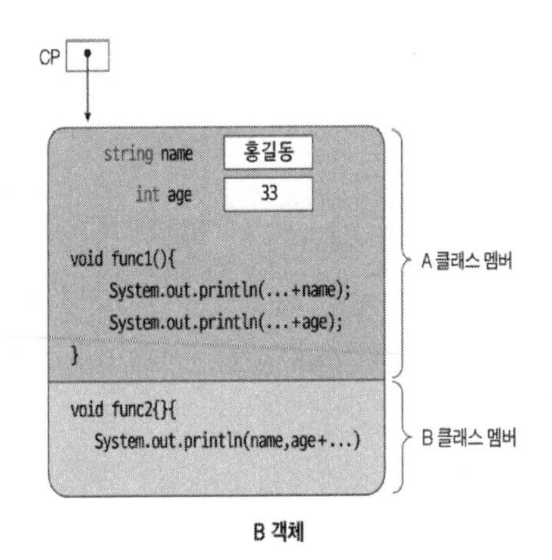

B 객체

- A클래스를 상속한 하위 클래스 B가 B객체를 생성했을 때 참조변수 cp는 A 및 B의 멤버를 모두 가진다.
- cp는 상위 클래스 A 및 하위 클래스 B의 모든 public 멤버, 같은 패키지 내의 default 멤버에는 접근할 수 있지만 private으로 지정된 멤버 변수는 직접 접근하지 못하고 클래스 내부의 메소드 호출을 통해서만 접근할 수 있다.

4) 상속과 생성자

- 생성자는 상속되지 않지만 상속 관계에서 생성자는 독특한 수행 행태를 갖는다.
- 기본(default) 생성자는 매개변수가 없는 생성자를 의미한다.

▶ 하위 클래스에서 상위 클래스의 생성자 선택 규칙

① 하위 클래스에서 생성자가 없거나 기본 생성자만 있는 경우, 상위 클래스의 기본 생성자가 호출되어 짝을 이룬다. 만약 상위 클래스에 기본 생성자 없이 매개변수 생성자만 있으면 오류가 발생한다.

② 하위 클래스에서 매개변수가 있는 생성자가 있는 경우, 상위 클래스의 기본 생성자가 호출되어 짝을 이룬다.

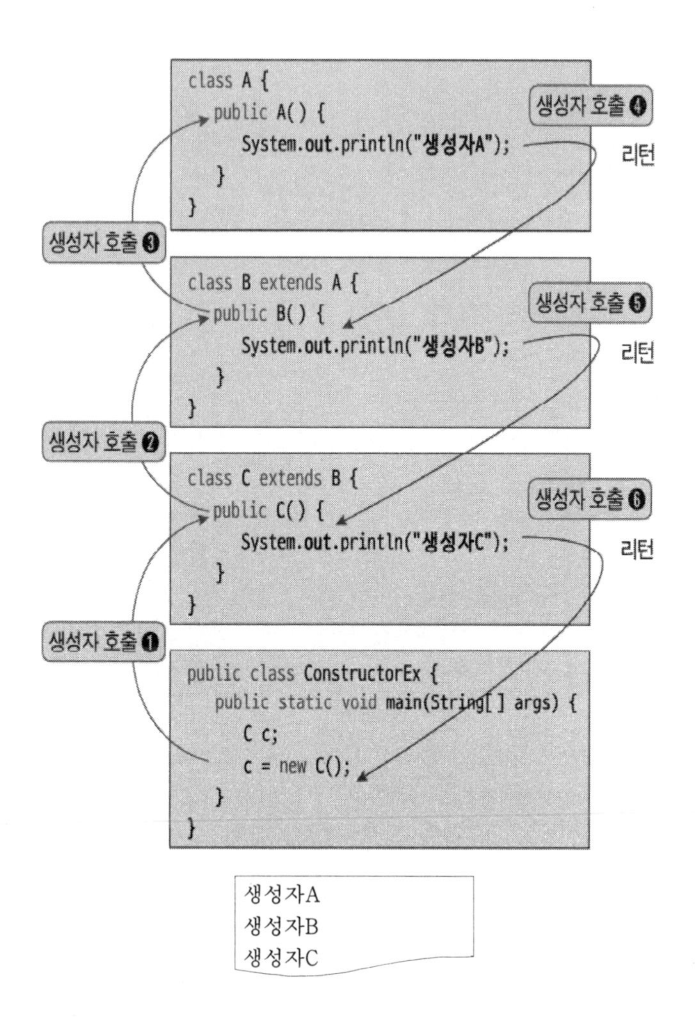
class A {
public A() {
System.out.println("생성자A");
}
}
생성자 호출 ❹
리턴
생성자 호출 ❸
class B extends A {
public B() {
System.out.println("생성자B");
}
}
생성자 호출 ❺
리턴
생성자 호출 ❷
class C extends B {
public C() {
System.out.println("생성자C");
}
}
생성자 호출 ❻
리턴
생성자 호출 ❶
public class ConstructorEx {
public static void main(String[] args) {
C c;
c = new C();
}
}
생성자A
생성자B
생성자C

5) super( )

① super( )는 하위 클래스의 생성자에서 상위 클래스의 생성자를 명시적으로 선택할 수 있는 메소드이다.

② super( ) 이용 시 매개변수를 주어 매개변수를 가진 상위 클래스의 생성자를 호출할 수 있다.

③ super( )의 호출문은 반드시 생성자의 첫 줄에 와야 한다.

```
class A {
  public A( ) {
    System.out.println("생성자A");
  }
  public A(int x) {
    System.out.println("매개변수생성자A" + x);
  }
}
```

```
class B extends A {
  public B( ) {
    System.out.println("생성자B");
  }
  public B(int X) {
    super(x); // 첫 줄에 와야 함
    System.out.println("매개변수생성자B" + x);
  }
}
```

```
public class ConstructorEx4 {
  public static void main(String[ ] args) {
    B b;
    b = new B(5);
  }
}{
```

```
매개변수생성자A5
매개변수생성자B5
```

6) 업캐스팅(upcasting ; 상위타입변환)

① 상위 클래스의 참조변수가 하위 클래스의 객체를 가리키도록 하는 것이다.

② 업캐스팅한 참조변수는 객체 내의 모든 데이터에 접근할 수 없고 상위 클래스 멤버에만 접근할 수 있다.

③ 업캐스팅은 main( ) 메소드에서 아래처럼 기술된다.

```
A p = new B( )
```

④ 위 예에서 업캐스팅을 통해 참조변수 p는 B객체를 가리키고 있지만, p는 A타입으로 A클래스의 멤버에만 접근할 수 있다.

예 업캐스팅

```
class A{
        String name;
        String id;

        public A(String name){
        this.name = name;
         }
}
class B extends A {
        String grade;
        String department;

        public B(String name) {
        super(name);
         }
}
public class UpcastingEx{
        public static void main(String[] args) {
        A p = new B("홍길동"); / 업캐스팅
        System.out.println(p.name);
        p.grade= "A"; // 컴파일 오류
        p.department= "Com";    // 컴파일 오류
        }
}
```

s
p
name 홍길동
id
A()
grade
department
B()
p를 이용하면 B 객체의 멤버 중 오직 A의 멤버만 접근 가능하다.
s를 이용하면 위의 6개 멤버에 모두 접근 가능하다.

(8) 메소드 오버라이딩(Method Overriding)

- 오버라이딩은 상속 관계에서 상위 클래스에서 이미 정의된 메소드를 하위 클래스에서 상속받은 뒤, 그 메소드를 재정의하는 것이다
- 오버라이딩 선언 시 메소드 이름은 물론 매개변수의 타입과 개수까지도 상위 클래스와 모두 같아야 한다,
- 오버라이딩을 수행하는 목적은 하나의 메소드를 이용하여 서로 다른 내용을 구현하는 다형성을 실현하는 것이다.
- 오버라이딩을 하게 되면 객체 접근 시 상위 클래스의 기능은 가려지고 하위 클래스의 기능만 수행하게 된다. (동적바인딩)

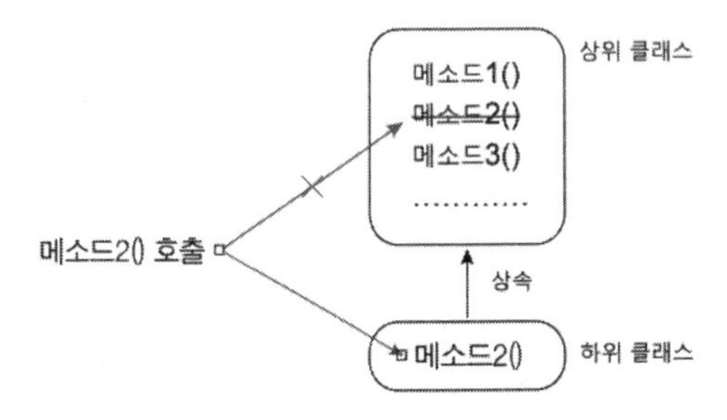

예 메소드 오버라이딩

```
class A{
        public void show(String str) {
        System.out.println("상위클래스 " + str);
        }
}
class B extends A {  // A 클래스 상속
        public void show(String s) {         // 오버라이딩
        System.out.println("하위클래스 " + s);
        }
}
public class OverridingTest{
        public static void main(String args[]) {
        B over = new B( );
        over.show("메소드!!");
        }
}
```

출력결과	하위클래스 메소드!!

예 메소드 오버라이딩과 업캐스팅

```
class Super {
  public void hello( ) {
    System.out.println("Super Hello~!");
  }
}

class Sub extends Super {        // Super 클래스 상속
  public void hello( ) {          // 오버라이딩
     System.out.println("Sub Hello~!");
  }
}

public class OverridingTest {
  public static void main(String[] args) {
    Super supercp = new Super( );
    supercp.hello( ); // Super 클래스 hello( ) 실행

    Sub subcp = new Sub( );
    subcp.hello( );   // 오버라이딩된 Sub클래스 hello( ) 실행

    Super superRef = new Sub( );
    superRef.hello( );            //업캐스팅되었지만 오버라이딩된 Sub클래스 hello( ) 실행
    }
}
```

출력결과	Super Hello~! Sub Hello~! Sub Hello~!

▶ **super 예약어**

• 오버라이딩 시에는 항상 하위 클래스가 먼저 수행 되지만 super 키워드를 사용하면 상위 클래스의 멤버변수나 메소드에 접근할 수 있다. (정적바인딩)

- super 예약어는 하위 클래스에서만 사용되고 “super.상위 클래스의 멤버”로 기술한다.

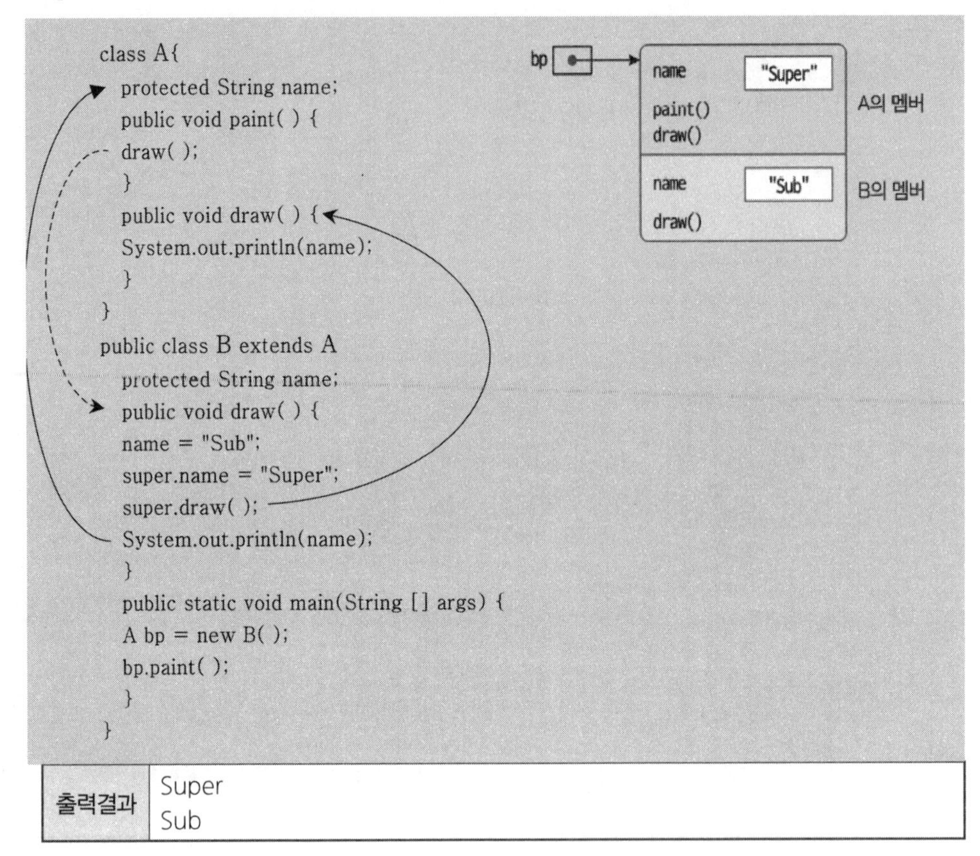

출력결과	Super Sub

1. 다음의 출력 결과를 쓰시오.

```
public class Test{
   public static void main(String []args){
      int i=0;
      int sum=0;
      while (i<10){
         i++;
         if(i%2==1)
           continue;
      sum += i;
      }
   System.out.print(sum);
   }
}
```

정답 | 30

2. 자바, C++에서 생성자란 무엇인지 쓰시오.

정답 | 객체가 생성될 때 초기값을 할당하기 위해 자동으로 호출되는 메서드

3. 다음 Java 프로그램 결과를 쓰시오.

```
public class QfranTest{
    public static void main(String []args){
      int a[][] = {{45, 50, 75}, {89}};
      System.out.println(a[0].length);
      System.out.println(a[1].length);
      System.out.println(a[0][0]);
```

```
        System.out.println(a[0][1]);
        System.out.println(a[1][0]);
    }
}
```

정답 3
1
45
50
89

해설 2차원 배열 a[2][3]의 요소

a[0]	a[0][0]	a[0][1]	a[0][2]		45	50	75
a[1]	a[1][0]	a[1][1]	a[1][2]		89		

length 속성은 배열의 길이 즉 배열 요소의 개수를 반환한다.

4. 다음은 Java언어로 작성된 코드이다. 코드의 실행 결과를 쓰시오. (단, 출력문의 출력 서식을 준수하시오.)

```
public class Test {
  static int[ ] arr( ) {
    int a[ ] = new int[4];
    int b = a.length;
    for(int i = 0; i < b; i++)
      a[i] = i;
    return a;
  }

  public static void main(String[ ] args) {
    int a[ ] = arr( );
    for(int i = 0; i < a.length; i++)
      System.out.print(a[i] + " ");
  }
}
```

정답 0 1 2 3

해설 a배열의 크기는 a.length에서 b=4이고 for문을 수행하면 a배열의 0번째~ 3번째까지 0, 1, 2, 3 이 기억되고 출력문에 의해 배열값을 순서대로 출력한다.

5. 다음은 n이 10일 때, 10을 2진수로 변환하는 자바 소스 코드이다. A, B 괄호 안에 알맞은 값을 적으시오.

```
class good {
   public static void main (String[] args) {
         int[]a = new int[8];
         int i=0; int n=10;
         while (  A  ) {
         a[i++] = ( B    );
         n /= 2;
      }
     for(i=7; i>=0; i--){
         System.out.print(a[i]);
     }
   }
}
```

정답 (A) n 〉 0 or n 〉=1 or i 〈 8 or i 〈= 7
(B) n%2 or n&1

6. 다음은 JAVA 코드 문제이다. 가지고 있는 돈이 총 4620원일 경우 1000원, 500원, 100원, 10원의 지폐 및 동전을 이용하여 보기의 조건에 맞춰 최소한의 코드를 통해 괄호안을 작성하시오.

〈조건〉

아래 주어진 항목들을 갖고 괄호안의 코드를 작성

- 변수 : m
- 연산자 : / , %
- 괄호 : [,] , (,)
- 정수 : 1000, 500, 100, 10

```
public class Problem{
   public static void main(String[] args){
 m = 4620;
 a = (             );
 b = (             );
 c = (             );
 d = (             );
```

```
System.out.println(a); //천원짜리    4장 출력
System.out.println(b); //오백원짜리  1개 출력
System.out.println(c); //백원짜리    1개 출력
System.out.println(d); //십원짜리    2개 출력
  }
}
```

정답
m / 1000
(m % 1000) / 500
(m % 500) / 100
(m % 100) / 10

7. 다음 Java 코드에 대한 출력 값을 작성하시오.

```
class Parent {
   int x = 100;
   Parent() { this(500); }
   Parent(int x) { this.x = x;  }
   int getX() { return x; }
}

class Child extends Parent {
   int x = 4000;
   Child() { this(5000); }
   Child(int x) { this.x = x; }
}

public class Main {
   public static void main(String[] args) {
      Child obj = new Child();
      System.out.println(obj.getX());
   }
}
```

정답 500
해설 Child 객체 생성 시 Child 생성자를 호출하지만 상속에 의해 Parent() 생성자가 존재하므로

Parent() 생성자를 호출하지만 this 메소드에 의해 인수가 있는 Parent(int x)를 실행하여 x=500이 된다. get(x) 호출하여 500이 출력된다.

8. 다음 자바(Java) 프로그램을 실행한 출력 결과를 쓰시오.

```
class A {
  int a;
  public A(int n) {
      a = n;
  }

  public void print() {
    System.out.println("a=" +  a);
  }
}

class B extends A {
  public B(int n) {
    super(n);
    super.print();
  }
}

public class Exam {
  public static void main(String[] args) {
    B obj = new B(10);
  }
}
```

정답 a=10

해설 super(n) : 상위클래스의 메소드를 수행 할 수 있다.

9. 다음 Java 프로그램의 출력값은?

```
class Super {
        Super( ) {
            System.out.print('A');
        }

        Super(char x) {
            System.out.print(x);
        }
}

class Sub extends Super {
        Sub( ) {
            super( );
            System.out.print('B');
        }
        Sub(char x) {
            this( );
            System.out.print(x);
        }
}

public class Test {
        public static void main(String[ ] args) {
            Super s1 = new Super('C');
            Super s2 = new Sub('D');
        }
}
```

정답 CABD

해설 Super s1 = new Super('C');

- Super('C')이므로 Super 클래스의 Super(char x) 메서드가 실행되어 'C'가 출력된다.

Super s2 = new Sub('D');

- Sub 클래스가 실행되고 super( )에 의해 'A'가 출력된다.
- super( ) 다음에 'B'가 출력된다.
- 마지막으로 'D'가 출력된다.

10. 다음은 자바(Java) 소스 코드이다. 출력 결과를 쓰시오.

```
class Parent {
  public int compute(int num){
    if(num <=1) return num;
    return compute(num-1) + compute(num-2);
  }
}

class Child extends Parent {
  public int compute(int num){
    if(num<=1) return num;
    return compute(num-1) + compute(num-3);
  }
}

class Good {
  public static void main (String[] args){
    parent obj = new Child();
    System.out.print(obj.compute(4));
  }
}
```

정답 1

해설 child에서 Parent의 compute 메소드를 오버라이딩하므로, Child의 compute 메소드만 보면 된다. compute 메소드는 재귀 함수로 최종적으로 결과가 1이하인 경우 num 값이 리턴된다.

Chapter 05 파이썬(python) 프로그래밍

(1) 파이썬 언어 개요

1) 파이썬 언어의 특징

- 대화식 인터프리터 언어이다.
- 플랫폼에 독립적인 언어이다.
- 쉬운 문법과 다양한 자료형을 제공한다.
- 대규모의 라이브러리 제공한다.

2) 기본 문법

- 변수의 자료형에 대한 선언이 없다.
- 문장의 끝을 의미하는 세미콜론(;)이 필요없다.
- 변수에 연속하여 값을 저장하는 것이 가능하다. 예 x,y,z=10,20,30
- 중괄호 { } 블록을 사용하지 않고 여백을 이용한다.
- 여백은 4칸 또는 한탭 만큼 띄우고 같은 수준 코드들은 반드시 동일한 여백을 가져야 한다

3) 실행 모드

① 대화식 실행 모드 : 명령어 입력 후 즉시 실행 가능한 모드

② 파일 실행 모드 : 코드 입력 후 파일 저장 후 실행 가능한 모드

① 대화식 실행모드	② 파일 실행 모드

>>> print("hello python!!")
hello python!!
>>> x = 3 * 50
>>> y = x + 120
>>> z = y / 3
>>> print(z)
90.0
	File => New File 선택 - 코드 입력 - 프로그램 저장 - [F5]
	
	# 성적처리
	k, e, m =90, 100, 50
	tot = k+e+m
	ave= tot/3
	print ("평균=", ave)

4) 자료형(data type)

자료형	기호	순서유무	중복가능	변경가능	예
리스트(list)	[ ]	O	O	O	[10,20,'kor']
문자열(str)	" "	O	O	x	"python"
튜플(tuple)	( )	O	O	x	('kor',30,True)
딕셔너리(dict)	{키,값}	x	x	O	{'hong':20}
집합(set)	{ }	x	x	O	{1,2,'tel',3.14}
부울(bool)	이진 자료형으로 True, False 값				
수치(int)	수치 자료형으로 정수(int), 실수(float), 복소수(complex) 값				

5) 연산자

- 기본적인 산술연산자, 관계연산자, 논리연산자, 비트논리 연산자 등은 C언어, 자바 연산자와 대부분 동일하게 사용이 가능하다.
- 파이썬에서만 제공하는 연산자와 표현이 다른 연산자를 정리하면 다음과 같다.

유형	표현	의미	사용 예
산술 연산자	//	몫 구하기	15 // 2 → 7
산술 연산자	**	거듭제곱	2 ** 3 → 8
논리 연산자	and	조건이 모두 참일 때 참	a<=b and c>=d → True
논리 연산자	or	둘 중 하나만 참일 때 참	a>b or c>d → True
논리 연산자	not	참은 거짓, 거짓은 참	not a<b → False
항등 연산자	is	메모리 주소가 같은지	a is b → False
항등 연산자	is not	메모리 주소가 다른지	a is not b → True

예 논리 연산자

```
>>> a, b, c, d = 2, 4, 10, 9
>>> print(a <= b and c >= d)
True
>>> print(a < b or c < d)
True
>>> print(not c < d)
True
```

예 항등 연산자

```
>>> a = [1, 2, 3, 4]
>>> b = [1, 2, 3, 4]
>>> print(a == b)
True
>>> print(a is b)
False
>>> print(a is not b)
True
```

(2) 파이썬 입출력 함수

1) 표준 입력 함수 : INPUT()

input ( ) 또는 input('표시할 문자열')

- 키보드로부터 입력된 내용을 문자열로 취급하는 함수이다.
- '표시할 문자열' 은 키보드 입력 시 표시 문자열이 나타나고 입력받음
- input 문으로 받아들인 문자와 숫자 연산은 Type 오류가 발생 되므로 숫자 연산시에는 input 함수를 숫자 함수를 이용하여 변환하는 작업이 필요하다.
- int() 함수 : 문자열을 정수로 변환 예 int(input('year : '))
- float( ) 함수 : 문자열을 실수로 변환 예 float(input('year : '))

예

>>> str = input('나이= ")
year = ▌20
>>> str2 = str + 100
Type Error 발생
	>>> str = int(input('나이= "))
	year = ▌20
	>>> str2 = str + 100
	>>> print (str2)
	120

2) 표준 출력 함수 : PRINT()

print (값, 값, ..., sep=' ', end=' ')

- 값과 값 사이를 콤마(,)로만 구분하는 경우 : 값과 값 사이에 공백 삽입
- sep='구분자' 기호'를 넣는 경우 : 값과 값 사이에 구분자 기호 표시
- 마지막에 end=' ' 을 추가하는 경우 : 다음 출력을 이어서 한 줄로 표시

예 다양한 형태의 출력

```
>>> print('한국', 'korea', 2023)           # 콤마로 구분 시 공백 삽입
한국 korea 2023

>>> print('한국', 'korea', 2023, sep='-')    # 구분자 -가 삽입되어 출력
한국-korea-2023

>>> print('한국', 'korea'); print('대한민국')    # 서로 다른 줄에 출력
한국 korea
대한민국

>>> print('한국', 'korea', end=' '); print('대한민국')  # 한 줄로 이어서 출력
한국 korea 대한민국
```

(3) 리스트 (list)

1) 리스트의 특징

- 리스트는 요소값의 순서가 있고 , 중복이 허용되고 변경이 가능하다.
- 대괄호 [ ]안 에 같은 또는 다른 종류의 값을 묶은 자료형이다.
- 리스트 안의 자료 위치는 인덱스를 이용하여 지정한다.

예
```
>>> st=[1,3,'korea', 3.14]          # st 변수에 리스트 할당
>>> print(st)                       # st 출력
[1, 3, 'korea', 3.14]               # 리스트 형태로 출력
>>> print(st[2])                    # 인덱스 2인 값 출력
korea                               # 인덱스는 0부터 시작
```

2) 리스트의 인덱스

- 인덱스 값은 양수 인덱스, 음수 인덱스를 사용할 수 있다.
- 첫 번째 값을 기준으로 양수이면 오른쪽으로 , 음수이면 그 반대로 접근하게 된다.
- 인덱스 값이 0이면 첫 번째 값, -1이면 마지막 값에 접근하게 된다.

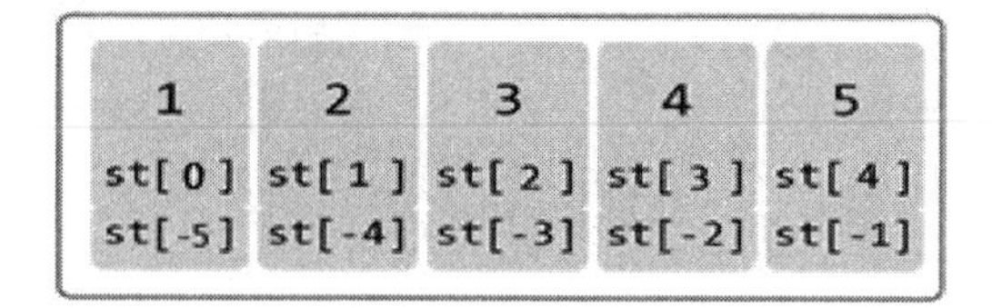

st = [1, 2, 3, 4, 5]의 양수, 음수 인덱스 값]

예
```
>>> st = [1, 2, 3, 4, 5]
>>> print(st[-1], st[-2], st[-3])   ⇨  5 4 3
```

3) 리스트의 선언

〈1차원 리스트〉 리스트명=[요소0, 요소1,.....]

list0]	list[1]	list[2]

〈다차원 리스트〉 리스트명=[[요소0,요소1, 요소2], [요소0, 요소1]

	[0]열	[1]열	[2]열
[0]행	list[0][0]	list[0][1]	list[0][2]
[1]행	list[1][0]	list[1][1]	

〈중첩 리스트〉 리스트명=[요소0, 요소1, [요소0, 요소1, [요소0, 요소1]]]

4) 리스트의 연산 - 인덱싱

- 인덱싱 연산은 리스트에 담겨있는 값들 중 하나를 참조, 수정하는 연산이다.
- 리스트의 첫 번째 값의 위치(인덱스)는 0부터 시작한다.

① 참조

```
>>> str= [1, 2, 3, 4, "korea"]
>>> n1 = str[0]                    # 첫번째 값을 꺼내서 n1에 저장
>>> n2 = str[4]                    # 다섯번째값을 꺼내서 n2에 저장
>>> print(n1, n2)    ⇨  1 korea

>>> str= [1, 2, 3, 4, "korea"]
>>> print(str[0], str[2], str[4])  ⇨  1 3 korea
```

② 수정

```
>>> str= [1, 2, 3, 4, "korea"]
>>> str[0]= 5                      # 첫번째 값을 5로 수정
>>> str[4]= 77                     # 다섯번째값을 77로 수정
>>> print(str)        ⇨  [5, 2, 3, 4,77]
```

③ 연산

```
>>> str= [1, 2, 3, 4, "2023", "korea"]
>>> str[0] + str[3]  ⇨  5
>>> str[2] + str[4]  ⇨  error            #타입 불일치
>>> str[4] + str[5]  ⇨  '2023korea'
>>> str[2]*2          ⇨  6
>>> str[4]*3          ⇨  '202320232023'   # 3번 반복
```

다차원 리스트 연산	중첩 리스트 연산

>>> a=[[10,20,30,40],['x','y','z']]
>>> a[0][1] ⇨ 20
>>> a[1][2] ⇨ 'z'
>>> a[0][3] ⇨ 40
	>>> a=[1, 2, 3, ['a', 'b', 'c']]
	>>> a[0] ⇨ 1
	>>> a[3] ⇨ ['a','b','c']
	>>> a[-1][0] ⇨ 'a'

5) 리스트의 연산 – 슬라이싱

슬라이싱 연산은 리스트에 담겨있는 값들 중 하나 이상의 값을 묶어서 이들을 대상으로 하는 연산이다.

형식1	[x : y] x 위치에서 y-1 위치값을 추출한다.

(예 1)
```
>>> st1 = [1, 2, 3, 4, 5, 6, 7, 8, 9]
>>> st2 = st1[2:5]            # st1[2]~st1[4]까지를 꺼내 st2에 저장
>>> print(st2)  ⇨  [3, 4, 5]
```

(예 2)
```
>>> st = [1, 2, 3, 4, 5, 6, 7, 8, 9]
>>> st[2:5]=[0, 0, 0, 0, 0]      # st에서 3,4,5 대신 0 다섯개로교체
>>> print(st)  ⇨  [1, 2, 0, 0, 0, 0, 0, 6, 7, 8, 9]
```

(예 3)
```
>>> st = [1, 2, 3, 4, 5]
>>> print(st[:3])  ⇨  [1, 2, 3]          # 첫번째 인덱스 생략
>>> print(st[2:])  ⇨  [3, 4, 5]          #  마지막 인덱스 생략
>>> print(st[:])  ⇨  [1, 2, 3, 4, 5]    # 리스트 전체
```

형식2	[x : y : z] x 위치에서 y-1 까지 z만큼 건너서 추출한다.

예 아래 파이썬 코드의 출력 결과는 ?
```
>>> st1 = [1, 2, 3, 4, 5, 6, 7, 8, 9, 10, 11, 12, 13, 14, 15]
>>> st2 = st1[0:9:2]      # st1[0] ~ st2[8]까지 2칸씩 뛴다.
>>> print(st2)  ⇨  [1, 3, 5, 7, 9]
```

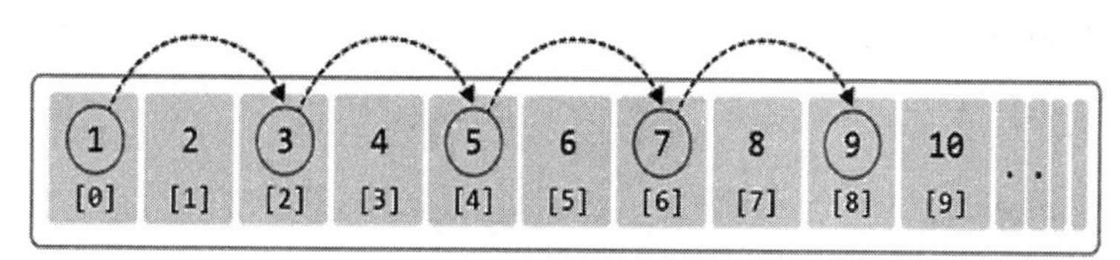

[두 칸씩 뛰며 값을 뽑아내려면]

6) 리스트의 메소드

메소드명	의미
insert()	리스트의 특정 위치에 요소 삽입
append()	리스트 끝에 요소 추구
sort()	리스트의 내용 오름차순 정렬
sort(reverse=True)	리스트의 내용 내림차순 정렬
reverse()	리스트의 내용 역순으로 출력
index()	리스트의 특정값에 대한 위치(인덱스) 검색

(4) 문자열(string)

- 문자열은 문자, 단어 등으로 구성되고 큰 따옴표(“”) 또는 작은 따옴표(‘’)로 묶어 표현한다.
- 문자열은 요소값의 변경이 불가능한 자료형이다.
- 문자열과 리스트는 유사하여 리스트의 연산 대부분을 사용 가능하다.

1) 문자열 기본연산

```
>>> [1, 2] + [3, 4]          ⇨ [1, 2, 3, 4]
>>> "Hello" + "Python"       ⇨ 'HelloPython'
>>> [1, 2] *3                ⇨ [1, 2, 1, 2, 1, 2]
>>> "AZ" *3                  ⇨ 'AZAZAZ'
```

2) 문자열 연산 – 인덱싱

```
>>> str= "simple"
>>> print(str[2])       ⇨ 'm'
>>> print(str[-1])      ⇨ 'e'
>>> print(str[0], str[2], str[-2], str[-1])    ⇨ s m l e
```

3) 문자열 연산 – 슬라이싱

```
>>> str= "SIMPLEST"
>>> print(str[2:5])   ⇨ 'MPL'              # 인덱스 2~4 까지의 값을 추출
```

```
>>> print(str[:])         ⇨ 'SIMPLEST'        # 문자열 전체
>>> print(str[3:-2])      ⇨ 'PLE'             # 3번째 ~ -3번째 까지 추출
>>> print(str[ : -1])     ⇨ 'SIMPLES'         # 처음 ~ -2번째까지 추출
>>> print(str[ : :-1])    ⇨ 'TSELPMIS'        # 문자열 전체를 역순으로 출력
```

4) 문자열 포맷팅

- 문자열 포매팅이란 문자열 안 특정 위치에 값을 삽입하는 방법이다.
- 문자열 안의 특정한 값을 바꿔야 할 경우가 있을 때 이것을 가능하게 해준다

① 숫자 대입

```
>>> "I eat %d apples."% 3
'I eat 3 apples.'                  # %d 위치에 숫자 3을 대입
```

② 문자열 대입

```
>>> "I eat %s apples."% "five"
'I eat five apples.'               # %s 위치에 문자 "five"를 대입
                                   # %s 는 숫자, 문자 모두 대입 가능
```

(5) 튜플 (tuple)

- 튜플은 리스트와 같은 순서 자료형이지만 아래와 같은 차이가 있다.
- 리스트는 [ ]으로 둘러싸지만 튜플은( )으로 둘러싼다.
- 리스트는 요소값 변경이 가능하지만 튜플은 변경이 불가능하다.

```
>>> t1 = ()
>>> t2 = (1,)                      # 하나의 요소를 가질 때면 콤마(,) 추가
>>> t3 = (1, 2, 3)
>>>  print(t1, t2, t3)       ⇨  () (1,) (1,2,3)
>>> t4 = ('a', 'b', ('ab', 'cd'))
>>> print(t4[1])             ⇨  b
>>> print(t4[2][1])          ⇨  cd
>>> t3[1]=7                  ⇨ # error 발생,  튜플값은 변경할 수 없다.
```

1) 인덱싱 연산

```
>>> t1 = (1, 2, 'a', 'b')
>>> print(t1[0])    ⇨ 1
>>> print(t1[-2]    ⇨ a
```

2) 슬라이싱 연산

```
>>> t1 = (1, 2, 'a', 'b')
>>> print(t1[1:])       ⇨ (2, 'a', 'b')
>>> print(t1[0:3:2])    ⇨ (1, 'a')
```

3) 기타 연산

```
>>> t1 = (1, 2, 'a', 'b')
>>> t2 = (3, 4)
>>> t3 = t1 + t2
>>> print(t3)       ⇨ (1, 2, 'a', 'b', 3, 4)
>>> t3 = t2 * 3
>>> print(t3)       ⇨ (3, 4, 3, 4, 3, 4)
>>> print(len(t1)) ⇨ 4                    # 튜플 길이 구하기
```

(6) 딕셔너리(dictionary)

- 딕셔너리는 요소값을 표현할 때 키(key)와 값(value)을 한 쌍으로 갖는 자료형이다.
- 중괄호 { }를 이용해 요소들을 묶는다.
- 순서가 없는 자료형으로 인덱싱 연산을 지원하지 않는다.
- 요소 탐색 시 key를 통해 value을 얻는다.
- 키(key)로는 리스트와 같이 변경 가능한 자료형은 될 수 없지만, 값(value)으로는 정수, 문자, 리스트, 튜플 등이 올 수 있다.

1) 딕셔너리 요소(쌍) 추가

```
>>> a = {1: 'a'}
>>> a[2] = 'c'                    # 키를 지정한 후 값을 할당
```

```
〉〉〉 a[2] = 'b'                    # 키가 중복되면 앞에 것은 무시됨
〉〉〉 a['name'] = 'kim'
〉〉〉 a[3] = [1,2,3]
〉〉〉 print(a)    ⇨  {1: 'a', 2: 'b', 'name': 'kim', 3: [1, 2, 3]}
```

2) 딕셔너리 요소(쌍) 삭제

```
〉〉〉 a={1: 'a', 2: 'b', 'name': 'kim', 3: [1, 2, 3]}
〉〉〉 del a[1]                      # 키값을 지정하여 요소를 삭제
〉〉〉 print(a)    ⇨  {2: 'b', 'name': 'kim', 3: [1, 2, 3]}
```

3) 딕셔너리 검색 (key를 이용해 value값 검색)

```
〉〉〉 gd = {1:'a', 2:'b', 'julliet': 99}
〉〉〉 print(gd[1])          ⇨ a        # [번호]는 인덱스가 아닌 키값
〉〉〉 print(gd[2])          ⇨ b
〉〉〉 print(gd['julliet']   ⇨ 99
```

(7) 집합(set; 세트)

- set은 중복을 허용하지 않고, 순서가 없는 집합의 특성을 갖는 자료형이다.
- 중괄호 { }를 이용해 요소들을 묶는다.
- set은 순서가 없으므로 인덱싱 연산은 지원하지 않는다.
- set은 자료형이 달라도 set 키워드를 사용해 만들 수 있다.

```
〉〉〉 s0 = {10, 20, 'a', 'b', 20}
〉〉〉 print(s0 )      ⇨  {'b' ,10, 20, 'a'}           # 무순서, 중복 불가
〉〉〉 s1 = set([1,2,3])                               # 리스트를 집합으로 변환
〉〉〉 print(s1)       ⇨  {1, 2, 3}
〉〉〉 s2 = set("Hello")                               # 문자열을 집합으로 변환
〉〉〉 print(s2)       ⇨  {'H', 'l', 'o', 'e'}         # 무순서, 중복 불가
```

1) 집합 연산자

```
〉〉〉 s1 = {1, 2, 3, 4, 5, 6}
```

〉〉〉 s2 = {4, 5, 6, 7, 8, 9} 일 때

① 합집합

〉〉〉 print(s1 | s2) ⇨ {1, 2, 3, 4, 5, 6, 7, 8, 9}

② 교집합

〉〉〉 print(s1 & s2) ⇨ {4, 5, 6}

2) 집합의 메소드

add(값)	값을 한 개 추가
update(값1, 값2,..)	여러 개의 값을 한꺼번에 추가
remove(값)	특정 값을 삭제

① 1개 값 추가

〉〉〉 s1 = {1, 2, 3}

〉〉〉 s1.add(4)

〉〉〉 print(s1) ⇨ {1, 2, 3, 4}

② 여러개 값 추가

〉〉〉 s1 = {1, 2, 3}

〉〉〉 s1.update([4, 5, 6])

〉〉〉 print(s1) ⇨ {1, 2, 3, 4, 5, 6}

③ 특정 값 제거

〉〉〉 s1 = {1, 2, 3}

〉〉〉 s1.remove(2)

〉〉〉 print(s1) ⇨ {1, 3}

예 다음 세트의 연산을 수행한 결과는?

```
s={1, 5, 7}
s.add(2)
print(s)                ⇨ {1, 2, 5, 7}
s.add(5)
print(s)                ⇨ {1, 2, 5, 7}
s.update([1,2,3,4])
print(s)                ⇨ {1, 2, 3, 4, 5, 7}
s.remove(1)
print(s)                ⇨ {2, 3, 4, 5, 7}
```

(8) 파이썬 제어문

1) 조건문

- 조건식을 부여하여 참인 경우, 거짓인 경우를 분리하여 처리한다.
- 한 줄 이상 기술 시에는 "블록기호{}"대신 들여쓰기로 블록을 지정
- C언어, 자바와 유사한 문법 구조와 의미를 갖는다.
- 단순if , if~else, if~ elif문 형태가 있다.

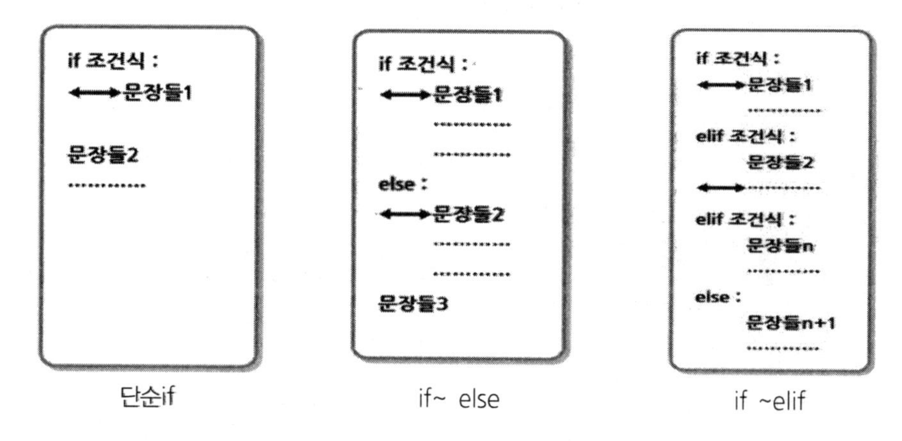

단순if　　　　if~ else　　　　if ~elif

2) for 문

- 파이썬의 대표적인 반복문이다,
- 제어 변수에 할당된 값만큼 반복을 수행한다.
- 직접 값 지정 방식과 범위 지정 유형으로 나눌 수 있다.

① 직접 값 지정

- 지정된 변수에 in 이후 지정한 값들을 차례대로 할당하여 반복 수행한다.
- 변수에 할당하는 자료형으로는 리스트(또는 튜플, 문자열)가 올 수 있다.

형식	예제

변수　할당값
>>> for i in [0, 1, 2]:
반복할 문장들
	>>> test_list= ['one', 'two', 'three']
	>>> for i in test_list:
	... print(i)
	...
	one
	two
	three

② 범위(range) 지정

- 지정된 변수에 순차적 범위의 값들이 차례대로 배정되면서 반복 수행
- range() 함수를 사용하여 반복 구간을 지정하는 방법을 많이 사용한다.

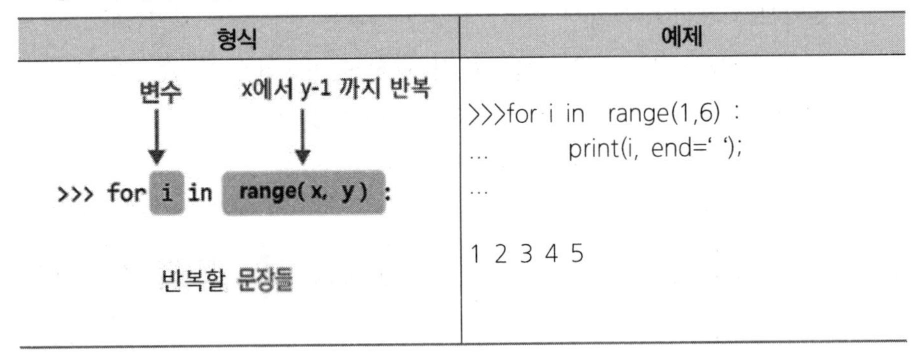

형식	예제
변수 / x에서 y-1 까지 반복 >>> for i in range(x, y) : 반복할 문장들	>>>for i in range(1,6) : ... print(i, end=' '); ... 1 2 3 4 5

▶ range 함수와 적용 범위

함수	설명
range(x)	#0부터 x-1까지 정수의 순차적 범위
range(x,y)	#x부터 y-1까지 정수의 순차적 범위
range(x,y,z)	#x부터 y-1까지 z씩 증가하는 정수의 순차적 범위
range(x,y,-z)	#x부터 y+1까지 z씩 감소하는 정수의 순차적 범위

예 1~ 10까지의 합을 구하는 파이썬 프로그램

```
sum = 0
for i in range(1, 11) :
   sum += i
print(sum)
```

(8) 파이썬 함수

함수는 프로그램 작업 시 반복되는 코드나 특정 기능을 함수로 정의하고 필요시 호출하여 사용하는 기능이다.

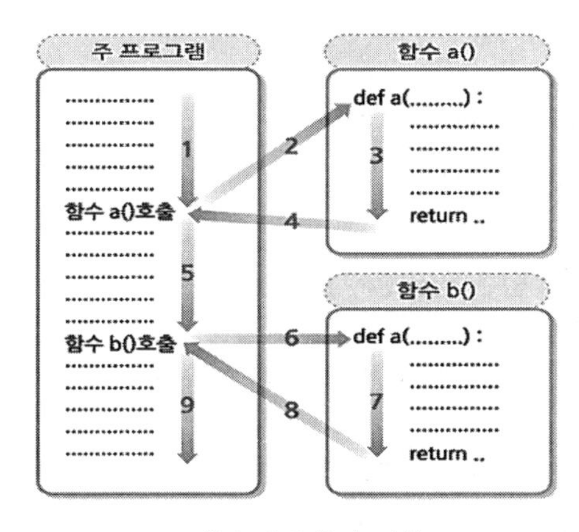

함수의 호출과 반환

1) 함수 정의

- "def 함수이름(매개변수)"를 사용, 인수가 없으면 매개변수는 생략한다.
- 함수가 반환 값이 있을 경우에는 "return"문을 사용하여 값을 반환한다.

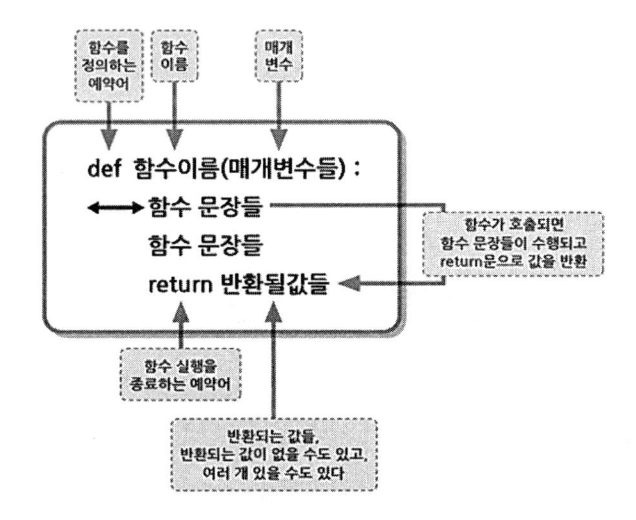

2) 함수 호출

함수 호출은 함수이름으로 이루어지고, 호출 시 인수를 매개변수로 전달하여 처리한 후 결과 값을 반환 받을 수 있다.

```
# 함수정의        def plus(n1, n2):
                  result = n1 + n2
                  return result
# 함수호출
                  result = plus(5,3):
                  print (result)
```

3) 람다(lambda)식과 람다함수(익명함수)

〈형식〉 함수명 = lambda 매개변수 : 반환값

def 문에 의해 정의된 함수를 람다식과 람다 함수로 변환하여 사용이 가능하다.

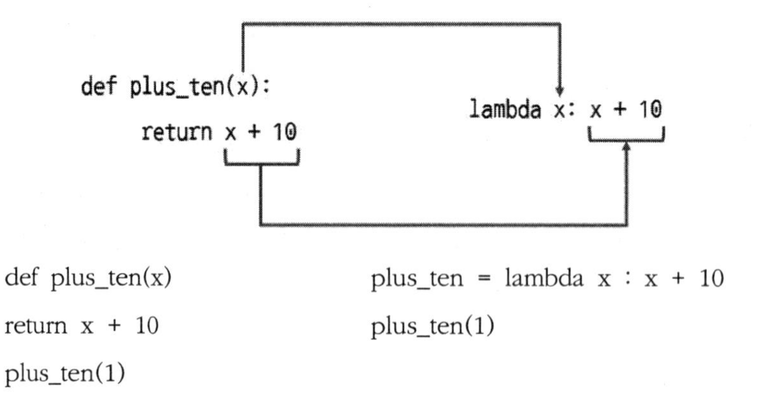


```
def plus_ten(x)           plus_ten = lambda x : x + 10
return x + 10             plus_ten(1)
plus_ten(1)
```

4) Map 함수

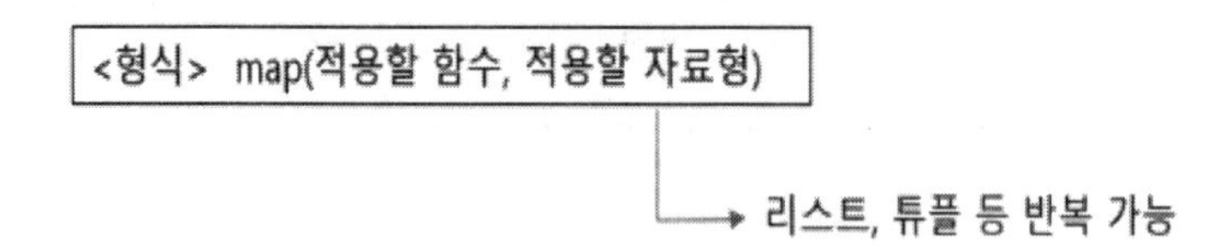

- 형식에서 두 번째 인수로 들어온 적용할 자료형은 반복 가능한 자료형(리스트나 튜플)으로 첫 번째 인수로 들어온 함수에 하나씩 집어넣어서 함수를 수행한다.
- map 함수의 반환 자료형은 list 혹은 tuple로 형 변환시켜주어야 한다.

예 첫 번째 인수 : 값에 1을 더하는 함수
두번째 인수 : [1, 2, 3, 4, 5] 일 때
map(1더하기 함수 , [1,2,3,4,5]) 반환값=> [2,3,4,5,6]

Chapter 06 언어특성 활용하기

1) FORTRAN

1954년 IBM 704에서 과학적인 계산을 하기 위해 시작된 컴퓨터 프로그램 언어로 시스템 의존적이고, 프로그램 작성을 위해서는 컴퓨터 시스템 관련 지식이 많이 필요하다. FORTRAN은 수식(Formular) 변환기(Translator)의 약자이다. 포트란은 알골과 함께 과학 계산용으로 주로 사용되는 언어이며

2) COBOL

코볼은 사무처리용으로 만들어진 언어로 미국 국방부을 중심으로 결성된 프로그램언어로서 그룹 CODASYL(Conference on Data system Language)에 의해 1960년 처음으로 제정되었다. 단순한 입출력 구현 시에도 많은 형식적인 문장이 필요하며, 비교적 프로그램 크기가 크고 구문이 복잡한 문제가 있다.

3) PASCAL

1971년 개발된 언어로 문제를 체계적이고 자연스럽게 표현할 수 있는 교육용 언어가 필요했고, 현존하는 컴퓨터에 신뢰성과 효율성을 가지고 실행될 수 있는 언어를 개발하였다. 잘 짜인 구조와 간결성으로 인해 프로그래밍 언어로써 성공하였으나, 분리 컴파일과 문자열의 적절한 처리 등을 제공하지는 못하였다.

4) C

1972년에 개발된 언어로, UNIX 운영체제 80%의 구현에 사용되는 언어이다. 범용 언어로 개발되었으나 문법의 간결성, 효율적 실행, 효과적인 포인터 타입 제공이라는 특징으로 인해 가장 많이 사용되는 시스템 프로그래밍 언어가 되었다.

5) C++

C 언어를 발전시킨 언어로 클래스, 상속 , 추상, 다형성 등을 제공하는 객체 지향 프로그래밍 언어이다. 클래스를 이용한 모듈별 분리가 가능하여 대규모 프로젝트의 개발과 유지 관리에 적합하다.

6) JAVA

객체 지향 프로그래밍 언어로서 보안성이 뛰어나며 컴파일한 코드는 다른 운영 체제에서 사용할 수 있도록 클래스(class)로 제공된다. C++에 비해 단순하고 분산 환경 및 보안성을 지원한다.

7) C#

2000년에 .NET 환경에 맞춰 설계된 언어로 C++에 기본을 두고, 비주얼베이직의 편의성을 결합하여 만든 객체지향 프로그래밍언어이다. VISUAL BASIC과 같이 사용자 인터페이스를 쉽게 만드는 컴포넌트 기능을 제공하기도 한다.

8) PYTHON

귀도반 로썸에 의해 개발된 언어로 간결하여 배우기 쉽고 이식성이 좋은 언어이다, 다양한 함수들도 많이 제공되어 스타트업과 글로벌 기업에서도 많이 사용한다. 인터프리터 언어이면서 객체 지향 언어이고 스크립트 언어이기도 하다. 빅데이터 환경에서 많이 사용된다.

Chapter 07 라이브러리 활용

(1) 라이브러리

1) 라이브러리 개념

① 다른 프로그램들과 링크되기 위하여 존재하는 하나 이상의 서브루틴이나 Function 들이 저장된 파일들의 모음을 말한다.
② 컴퓨터 프로그램의 조직화된 집합으로 프로그래밍 언어에 따라 일반적으로 도움말, 설치 파일, 샘플 코드 등을 제공한다.
③ 동작하는 프로그램과 같이 링크될 수 있도록 일반적으로 컴파일 된 형태(object module)로 존재한다.
④ 프로그램이 작성되고 실행에 이르기까지 소스 형태, 목적 형태, 적재 형태의 세 가지 타입이 있다.
⑤ 다른 프로그램들에서 사용할 수 있도록 운영체계나 소프트웨어 개발 환경제공자들에 의해 제공된다.
⑥ 특별한 용도로 function이나 class(예 : 아두이노) 형태로 설계될 수도 있다.
⑦ Windows에서 자주 볼 수 있는 런타임 라이브러리의 확장자는 일반적으로 .dll이다. Java의 경우 .jar 형태로 배포된다.
⑧ 효율적인 프로그램 개발을 위해 필요한 프로그램을 모아 놓은 집합체이다.

2) 라이브러리 종류

① 표준 라이브러리
㉠ 특정 언어의 개발 환경에 기본적으로 포함된 것들은 대부분 표준 라이브러리라고 불린다.
㉡ 기본적인 기능 수행과 더불어 디버깅, 성능측정 등을 위한 별도의 API가 존재한다.
② 런타임 라이브러리
㉠ 프로그램이 실제 환경에서 실행되기 위해 필요한 모듈이다.
㉡ 표준 라이브러리에서 기능 수행에 필요한 것들이 제공된다.

1. 다음 파이썬 코드의 알맞는 출력값을 쓰시오.

```
a,b = 100, 200
print(a==b)
```

정답 False
해설 a와 b가 같지 않으므로 거짓, 따라서 출력은 False

2. 다음 파이썬(Python) 스크립트의 실행 결과를 적으시오.

```
>>> asia={"한국", "중국", "일본"}
>>> asia.add("베트남")
>>> asia.add("중국")
>>> asia.remove("일본")
>>> asia.update(["홍콩", "한국", "태국"])
>>> print(asia)
```

정답 {"한국", "중국", "베트남", "홍콩", "태국"}
해설 집합 (세트, set) 연산으로 중복을 허용하지 않고 순서없이 출력된다.

3. 다음은 파이썬 코드에서 출력되는 a와 b의 값을 작성하시오.

```
def exam(num1, num2=2):
    print('a=', num1, 'b=', num2)
exam(20)
```

정답 a= 20 b= 2
해설 print 문에서 콤마(,)가 있으면 한칸 띄움

4. 다음은 파이썬 코드이다. 출력 결과를 쓰시오.

```
class good :
        li = ["Seoul", "Kyeonggi","Inchon","Daejeon","Daegu","Pusan"]

g = good()
str1 = ''
for i in g.li:
        str1 = str1 + i[0]

print(str1)
```

정답 SKIDDP
해설 리스트 li의 문자열을 i에 배당하고 i[0]번째 즉 각 문자열의 첫 번째 글자를 출력한다.

5. 다음은 파이썬 소스 코드이다. 출력 결과를 쓰시오.

```
lol = [[1,2,3],[4,5],[6,7,8,9]]
print(lol[0])
print(lol[2][1])
for sub in lol:
   for item in sub:
      print(item, end = '')
   print()
```

정답 [1, 2, 3]
7
123
45

해설 6789

lol[0]	1	2	3	
lol[1]	4	5		
lol[2]	6	7	8	9

6. 다음 파이썬 코드의 결과를 적으시오.

```
a = 100
result = 0
for i in range(1,3):
  result = a >> i
  result = result + 1
print(result)
```

정답 26

해설

```
a = 100
result = 0
for i in range(1,3):          // i는 1, 2 할당되어 2회 반복 수행
   result = a >> i            // a>>i 의 의미는 a÷2^i
   result = result + 1        // result 결과에 1더하기
print(result)
```

1회 수행 : result=100÷2^1=100÷2=50 +1 = 51

2회 수행 : result=100÷2^2=100÷4=25 +1 = 26 따라서 26출력

7. 다음은 파이썬 코드이다. 알맞는 출력값을 작성하시오.

```
a = "REMEMBER NOVEMBER"
b = a[:3] + a[12:16]
c = "R AND %s" % "STR"
print(b+c)
```

정답 REMEMBER AND STR

해설 a[:3]=a[0:3] = REM
a[12:16]="EMBE"
b=a[:3] + a[12:16]= REMEMBE
c= "R AND %s" % "STR"에서 %s 대신 STR이 대체되므로 R AND STR
print(b+c) 결과는 REMEMBER AND STR

8. 다음 파이썬 코드에 대한 출력값을 작성하시오.

```
TestList = [1,2,3,4,5]
TestList = list(map(lambda num : num + 100, TestList))

print(TestList)
```

정답 [101,102,103,104,105]

해설 TestList의 값을 람다함수의 num+100을 수행하는 코드로 100+1, 100+2, 100+3, 100+4, 100+5 하여 TestList에 할당한다. [101,102,103,104,105] 가 출력된다.

9. 아래 파이썬 연산을 수행 후 출력되는 값을 작성하시오.

```
a = "engineer information programming"
b = a[:3]
c = a[4:6]
d = a[29:]
e=b+c+d
print(e)
```

정답 engneing

해설
```
b = a[:3]        // eng
c = a[4:6]       // ne
d = a[29:]       // ing
e=b+c+d          // engneing
```

10. 다음 Python으로 구현된 프로그램을 분석하여 그 실행 결과를 쓰시오.

```
a = [[1,1,0,1,0],
    [1,0,1,0]]
tot,totsu = 0, 0
for i in a:
   for j in i:
      tot += j
   totsu = totsu + len(i)
print(totsu, tot)
```

정답 9 5

해설
- 2차원 리스트가 a 변수에 선언.
- a만큼 반복 하면서, i의 요소만큼 반복 수행한다.
- 각 요소를 j에 할당하면서 j를 tot에 누적한다..
- 각 행의 요소의 수, 즉 길이를 totsu에 넣고 출력하게 됩니다.

제11편

응용 SW 기초 기술 활용

Chapter 01 운영체제 기초 활용하기

(1) 운영체제 개요

1) 운영체제의 정의

운영체제(Operating System)는 제한된 컴퓨터 시스템의 자원을 효율적으로 관리·운영함으로써 사용자에게 최대의 편리성을 제공하고자 하는 인간과 컴퓨터 사이의 인터페이스를 위한 시스템 소프트웨어이다.

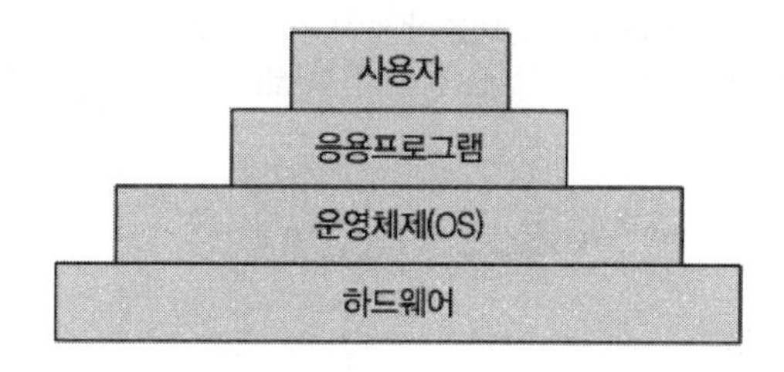

2) 운영체제의 목적 (성능 평가 기준)

① 처리 능력(Throughput) 향상
② 응답 시간(Turnaround Time) 단축
③ 신뢰도(Reliability) 향상
④ 사용 가능도(availability) 증대

3) 운영체제의 인터페이스 방식

① CLI (Command Line Interface)
- 명령어를 이용하여 언어적인 요소들로 논리적 제어를 수행한다.
- 유닉스와 리눅스에서 채택한 방식이다.

② GUI (Graphic User Interface)
- 아이콘, 마우스, 버턴, 터치 등 그래픽 요소를 통해서 제어한다.
- 윈도우 운영체제에서 채택한 방식이다.

4) 운영체제의 발전과 특징

종류	개념
일괄처리 시스템 (Batch processing)	일정 기간이나 일정량을 모아 두었다가 일괄적으로 처리하는 방식(오프라인 방식)
다중프로그래밍 시스템 (Multi-programming)	여러 개의 프로그램이 동시에 기억장치에 적재되고 이것을 동시에 처리하는 방식
실시간 시스템 (Real time processing)	데이터가 발생하는 즉시 처리하여 결과를 얻는 방식(온라인방식)
시분할 시스템 TSS(Time sharing system)	시간을 분할하여 여러 사용자에게 제어권을 할당시키면서 한 대의 컴퓨터를 여러명의 사용자가 공유하는 시스템
다중처리 시스템 (Multi-processing system)	CPU를 두 개 이상 두고 각각 그 업무를 완전히 병렬적으로 동시 수행이 가능한 방식
분산처리 시스템 (Distributed processing)	네트워크를 이용하여 각 시스템의 여러 기능을 공유하며 상호작용과 공동 연산의 장점을 살려서 효율을 극대화시킨 운영 방식

(2) 운영체제 종류

1) 윈도우즈(WINDOWS)

① 마이크로소프트사에서 개발한 운영체제이다.

② PC와 서버, 태블릿, 모바일 기기 등 다양한 플랫폼에서 지원한다.

③ 선점형 멀티태스킹을 지원하고 GUI 환경으로 사용이 용이하다.

④ Plug & Play , OLE 기능 등이 제공된다.

2) 유닉스(UNIX)

① 데니스리치와 켄톰슨 등이 AT&T, Bell 연구소를 통해 공동 개발한 운영체제이다.

② 멀티태스킹, 멀티 유저를 위한 서버급 운영체제이다.

③ 대부분이 C 언어로 작성되어 이식성과 호환성이 좋다.

④ 계층적 파일시스템 및 TCP/IP 프로토콜 등을 지원한다.

3) 리눅스(LINUX)

① 리누스 토발즈에의해 개발된 오픈 소스 운영체제이다.

② 유닉스 운영체제와 호환성을 가지고 레드햇, 우분투, 데비안, CentOS 등의 배포판이 사용되고 있다.

4) 안드로이드 (Android)

① 구글에서 개발한 리눅스 커널 기반 모바일 운영체제이다.
② 자바와 코틀린으로 다양한 애플리케이션을 작성하고 실행 할 수 있다.
③ 오픈소스 플랫폼으로 스마트폰과 태블릿 등 다양한 휴대용 장치에서 사용된다.

5) iOS

① 애플사에서 개발한 유닉스 기반 모바일 운영체제이다.
② iPhone, iPad, iPod Touch와 같은 Apple의 모바일 장치에서만 사용 가능하지만 높은 수준의 보안성이 제공된다.

(3) 프로세스 관리

1) 프로세스 상태 전이도

프로세스(process)는 실행 중인 동적 프로그램으로 아래와 같이 프로세스 상태 전이가 진행되면서 실행된다.

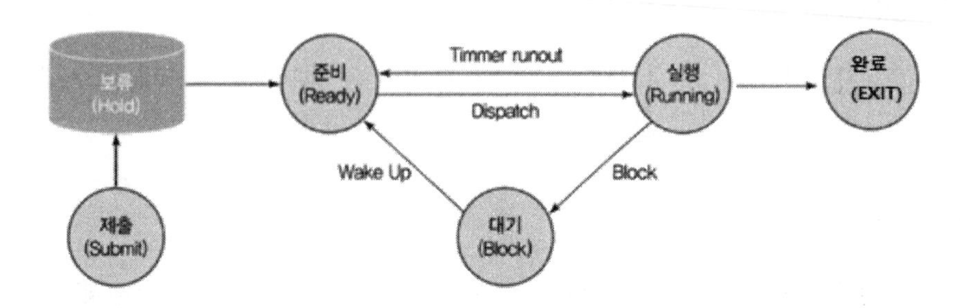

① 보류(Hold) : 제출된 작업이 스풀 공간인 디스크에 수록되어 있는 상태
② 준비(ready) : 프로세스가 CPU를 할당받기 위해 메모리에서 준비 중인 상태
③ 실행(running) : 프로세스가 CPU를 할당받아 실행 중인 상태
④ 대기(block) : 입출력이 완료될 때까지 대기큐에서 대기하고 있는 상태
⑤ 완료 (exit) : 프로세스가 종료된 상태

> ▶ **문맥교환** (context switch)
> 실행 중인 여러 프로세스 간에 작업을 전환하는 과정을 의미한다.
> 문맥 교환 시에는 인터럽트 서비스가 수행되어 실행 중인 프로세스의 상태(문맥) 저장이 반드시 필요하다.

3) 스케줄링(Scheduling)

① 프로세스 스케줄링은 여러 프로세스가 실행될 때 필요로 하는 자원을 우선순위에 맞게 어떻게 배당 할 것인가를 결정하는 작업이다.
② 스케줄링의 목적은 프로세스에 대한 공정한 자원 배당이다.
③ 스케줄링은 비선점 방식과 선점 방식으로 구분한다.

구분	비선점 기법	선점 기법
정의	실행 중인 프로세스는 다른 프로세스에 의해서 중단 될 수 없고 CPU를 할당 받을 수 없는 방식	실행 중인 프로세스라도 우선순위가 높은 프로세스에 의해 중단되고 CPU를 할당 받을 수 있는 방식
특징	• 반환시간 예측 가능 • 공정성 있음 • 문맥교환이 적어 오버헤드가 적음 • 일괄처리 시스템 적합	• 반환시간 예측 불가능 • 공정성이 없음 • 문맥교환이 빈번해 오버헤드가 큼 • 실시간 시스템 적합
종류	FIFO(FCFS), SJF, HRN, 우선순위 등	RR, SRT, MLQ, MFQ 등

(4) 스케줄링 종류

1) FIFO(FCFS)

- 프로세스가 준비 큐에 도착한 순서대로 CPU를 할당하는 비선점 스케줄링
- 공평성은 좋지만 긴 작업이 짧은 작업을 기다리게 할 수 있다.

2) SJF(Shortest Job First)

- 실행시간이 가장 짧은 프로세스에게 CPU 할당하는 비선점 스케줄링.
- 평균 대기시간이 최소인 방법이다.
- 실행시간이 긴 작업인 경우는 무한대기 발생할 수 있다.

> ▶ **에이징(Aging)**
> 무한대기를 해결하는 방법으로 프로세스의 우선순위가 낮아 점유할 자원을 양보하거나 대기시간이 증가될수록 프로세스의 우선순위를 한 단계씩 높여주는 기법이다.

3) HRN(Highest Response Ratio Next)

- 긴 작업과 짧은 작업 간 지나친 불평등을 어느 정도 보완한 비선점 스케줄링

- 우선순위식을 이용해 우선순위 값을 계산 후 값이 높은 프로세스부터 CPU을 할당한다.

$$우선순위 = \frac{(대기시간 + 서비스받을 시간)}{서비스받을 시간}$$

예 다음과 같이 프로세스가 제출되었을 때 스케줄링 순서를 구하시오.

프로세스	대기시간	서비스시간
P1	12	3
P2	8	4
P3	8	8
P4	15	5

[해설] 각 프로세스의 우선순위값을 계산한다

- P1 = (12 + 3)/3 = 5
- P2 = (8 + 4)/4 = 3
- P3 = (8 + 8)/8 = 2
- P4 = (15 + 5)/5 = 4
- CPU 할당순서 : P1 → P4 → P2 → P3

4) 우선순위 스케줄링

- 프로세스마다 우선순위를 부여하여 우선순위가 높은 순서대로 CPU를할당한다.
- 우선순위가 낮은 프로세스는 무한연기되어 기아상태가 발생할 수 있다.
- 무한 연기의 해결책으로 에이징(aging) 기법을 사용한다.
- 비선점 방식과 선점 방식이 있다.

5) RR (라운드로빈) 스케줄링

- 시분할 시스템에서 적용하는 선점 스케줄링 방식이다.
- 프로세스 순서대로 CPU를 할당 받지만 CPU 시간 할당량 동안만 실행한
  만약 할당시간 안에 처리가 안 되면, 다른 프로세스에게 CPU를 반납하고 다음 순서로 대기하는 과정을 반복한다.
- 시간 할당량이 너무 크면 FIFO 방식과 동일해지고, 시간 할당량이 너무 작으면, 문맥교환이 자주 발생하여 오버헤드가 커진다.

6) SRT(Short Remaining Time)

- 실행시간 추정치가 가장 작은 프로세스에게 먼저 CPU를 할당하는 선점 스케줄링
- 비선점 SJF 기법에 선점 방식을 도입한 변형된 방법으로서 프로세스 처리 중 선점을 허용한다.

7) 다단계 큐(Multi Level Queue)

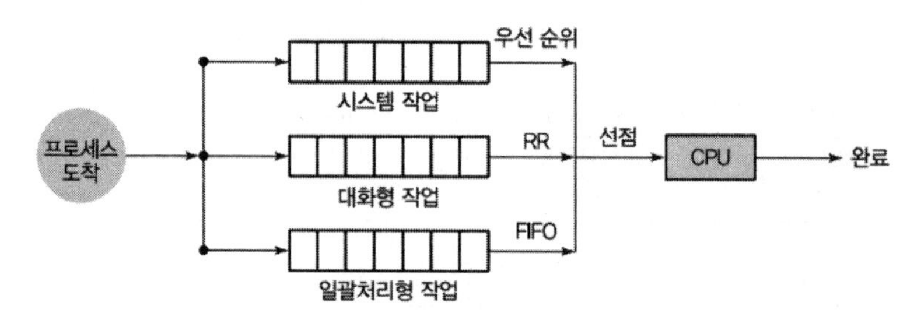

- 프로세스 유형에 따라 여러 대기큐를 준비하고 CPU를 배당한다.
- 각 큐는 자신만의 독자적인 스케줄링을 수행한다.
- 특정 큐에 진입한 프로세스는 다른 큐로 이동 할 수 없다.

8) 다단계 피드백 큐(Multi Level FeedbackQueue)

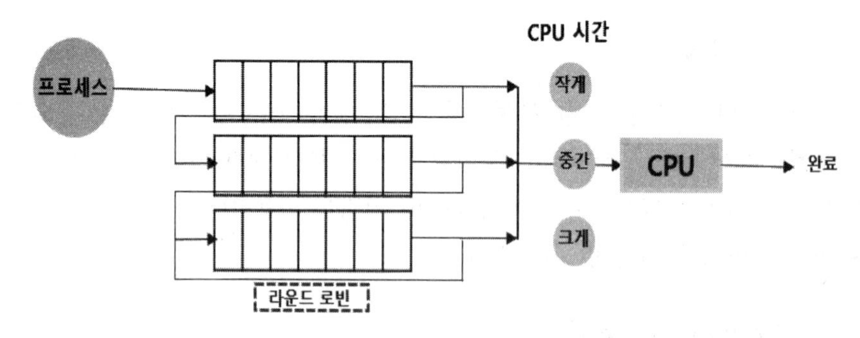

- 적응 기법을 적용하여 준비 큐간 이동을 가능하게 한 선점 스케줄
- 상위 큐는 시간 할당량 작게, 하위 큐는 CPU 시간 할당량 크게 부여한다.
- 상위 큐에서 실행이 완료되지 않으면 하위 큐로 이동하면서 실행하게 되고 제일 하위 큐에서도 완료되지 않으면 RR 방식으로 반복한다.
- CPU를 적게 사용하는 짧은 작업 및 입, 출력 위주의 프로세스에 우선권을 부여한다.

(5) RAID(redundant array of inexpensive disk)

1) RAID의 개념

- 저용량, 저성능, 저가용성인 디스크를 배열 구조로 중복 구성함으로써 고용량, 고성능, 고가용성인 디스크를 대체하고자 하는 기술이다.

• 데이터 분산 저장에 의한 병행 접근을 가능케 하여 데이터 접근 시간을 단축할 수 있다.

2) RAID 단계

• RAID-0 (=스트라이핑) : 데이터를 블록으로 분할해서 저장하는 방식으로 장애 발생시 복구가 불가능하다.
• RAID-1 (=미러링) : 데이터를 여러 디스크에 중복 저장하는 방식으로 장애 발생시 복구가 가능하다.
• RAID-2 : 비트 단위로 분산 저장하는 방식으로 해밍코드 방식을 사용한다.
• RAID-3 : 바이트 단위로 분산 저장하는 방식으로 별도의 패리티 디스크를 운영한다.
• RAID-4 : 블록 단위로 분산 저장하는 방식으로 별도의 패리티 디스크를 운영한다.
• RAID-5 : 패리티 디스크 대신 각 디스크에 패리티 블록을 두어 병목 현상을 해결하였다.

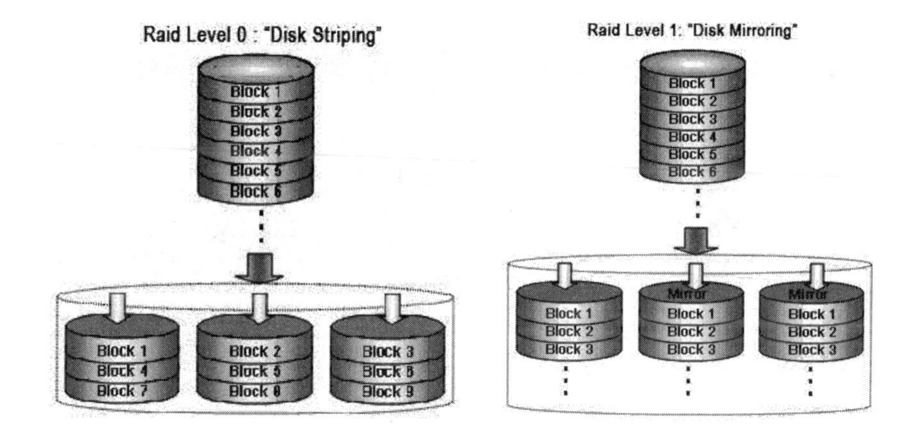

1. 운영체제의 종류 중에서 시간을 분할하여 여러 사용자에게 제어권을 할당시키면서 한 대의 컴퓨터를 여러명의 사용자가 공유하는 시스템은?

정답	시분할 시스템 TSS(Time sharing system)
해설	CPU 시간을 분할하여 여러 사용자에게 번갈아 할당시키는 방식으로 한 대의 컴퓨터를 여러명의 사용자가 공유할 수 있다.

2. 다음은 프로세스 상태 전이도이다. ①, ②, ③에 알맞은 상태를 쓰시오.

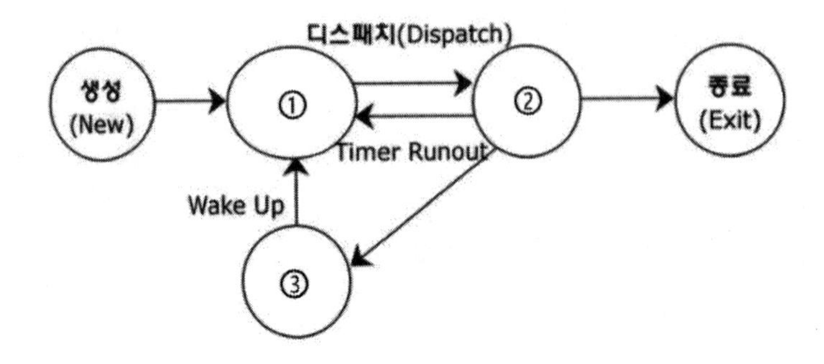

정답	① 준비(Ready) ② 실행(Run) ③ 대기(Wait)

3. **데니스 리치와 켄톰슨 등이 함께 벨 연구소를 통해 만든 운영체제이며, 90% 이상 C언어로 구현되어 있고, 시스템 프로그램이 모듈화되어 있어서 다른 하드웨어 기종으로 쉽게 이식 가능하며 계층적 트리 구조를 가짐으로써 통합적인 파일 관리가 용이한 운영체제는 무엇인가?**

정답	유닉스(UNIX)

4. **리눅스 커널을 기반으로 동작하며 자바의 코틀린 언어로 개발된, 모바일 기기에 주로 사용되는 오픈소스 플랫폼인 운영체제는 무엇인지 쓰시오.**

정답	안드로이드

5. **리눅스 운영체제에서 현재 디렉터리에 위치한 "a.txt"에 아래의 조건대로 권한을 부여하고자 한다. 실행해야 하는 명령어를 적으시오.**

- ㅇ 사용자에게 읽기,쓰기 실행 권한 부여
- ㅇ 그룹에게 읽기, 실행 권한 부여
- ㅇ 그 외에게 실행 권한 부여
- ㅇ 한 줄의 명령어로 작성하며, 아라비안 숫자를 사용하여 8진수 권한으로 부여

정답	chmod 751 a.txt
해설	권한 부여 명령어 : chmod 사용자 : 소유자, 그룹, 기타(그 외 사용자) 권한 고유값 : 읽기(4), 쓰기(2), 실행(1) 권한은 고유값의 합 읽기, 쓰기, 실행 = 7, 읽기, 쓰기=6, 실행= 1

6. 다음 보기가 설명하는 스케줄링 정책은?

- 이미 할당된 CPU를 다른 프로세스가 강제로 빼앗아 사용할 수 없는 스케줄링 기법
- 프로세스가 CPU를 할당 받으면 해당 프로세스가 완료될 때까지 CPU를 사용함
- 모든 프로세스에 대한 요구를 공정하게 처리할 수 있음
- 프로세스 응답 시간의 예측이 용이하며, 일괄 처리 방식에 적합함

정답 비선점(Non-preemptive) 스케줄링

해설
- 선점 스케줄링 : 하나의 프로세스가 CPU를 할당받아 실행하고 있을 때 우선 순위가 높은 다른 프로세스가 빼앗아 사용할 수 있는 스케줄링
- 비선점 스케줄링 : 이미 할당된 CPU를 다른 프로세스가 강제로 빼앗아 사용할 수 없는 스케줄링

7. 비선점형 스케줄링 HRN의 우선순위 계산식을 작성하시오.

정답 우선순위 = (대기시간+서비스시간)/서비스시간

8. 다음은 스케줄링에 관한 내용이다. 괄호안에 알맞는 답을 순서대로 작성하시오.

구분	기법	설명	문제/해결
비선점	(A)	먼저 들어온 프로세스 먼저 처리	Convoy Effect 발생
	(B)	처리시간이 짧은 프로세스부터 처리	Starvation 발생
	HRN	짧은 작업 시간이면서 대기시간이 긴 프로세스부터 처리	Starvation 해결
선점	(C)	먼저 들어온 순서대로 일정 시간 만큼만 처리	
	(D)	남은 시간이 짧은 프로세스부터처리	
	MLQ	우선순위별로 큐를 분리하여 다양한 스케줄링 적용	Starvation 발생

정답 | FCFS, SJF, RR(라운드 로빈), SRT

9. 다음 설명에 맞는 RAID 단계를 쓰시오.

- ㅇ 두 개 이상의 하드디스크를 병렬로 연결해, 하나의 디스크처럼 이용하는 기술이다.
- ㅇ 스트라이프(Stripe) 방식으로 구현하여 I/O 속도가 빠르다.
- ㅇ 데이터를 블럭단위로 분할하고 나누어 저장하기 때문에 하나의 디스크에 문제가 생기면 데이터 사용이 불가능해진다.

정답 | RAID-0

Chapter 02 데이터베이스 기초 활용하기

(1) 데이터베이스 개요

1) 데이터베이스 정의

① 통합 데이터(integrated data) : 데이터베이스는 데이터 중복성(data redundancy), 즉 같은 데이터가 여러 개 존재하는 것을 허용하지 않는다. 따라서, 통합 데이터는 최소의 중복과 통제 가능한 중복만 허용하는 데이터를 의미한다.

② 저장 데이터(stored data) : 컴퓨터가 접근할 수 있는 매체에 저장된 데이터로 구성된다.

③ 운영 데이터(operational data) : 조직의 주요 기능을 수행하기 위해 지속적으로 꼭 필요한 데이터들을 유지해야 한다.

④ 공유 데이터(shared data) : 데이터베이스는 특정 조직의 여러 사용자가 함께 소유하고 이용할 수 있는 공용 데이터이다

2) 데이터베이스의 특징

① 실시간 접근(real-time accessing) : 데이터베이스는 사용자의 데이터 요구에 실시간으로 응답할 수 있어야 한다.

② 계속 변화(continuous evolution) : 데이터베이스는 데이터의 계속적인 삽입, 삭제, 수정을 통해 현재의 정확한 데이터를 유지해야 한다.

③ 동시 공유(concurrent sharing) : 데이터베이스는 서로 다른 데이터의 동시 사용뿐만 아니라 같은 데이터의 동시 사용도 지원해야 한다.

④ 내용 기반 참조(content reference) : 데이터베이스는 데이터가 저장된 주소나 위치가 아닌 내용으로 참조할 수 있다.

3) 데이터베이스 구조 = 스키마

① 데이터베이스의 구조는 보는 관점에 따라 외부, 개념, 내부 단계의 3단계로 나누어지고 각 단계를 정의하는 3계층 스키마(Schema)로 표현된다.

② 스키마란 데이터베이스의 논리적 구조를 표현하는 개체, 속성, 관계에 대한 정의와 이들 데이터 값들이 갖는 제약 조건(constraints)에 대한 명세를 기술한 것이다.

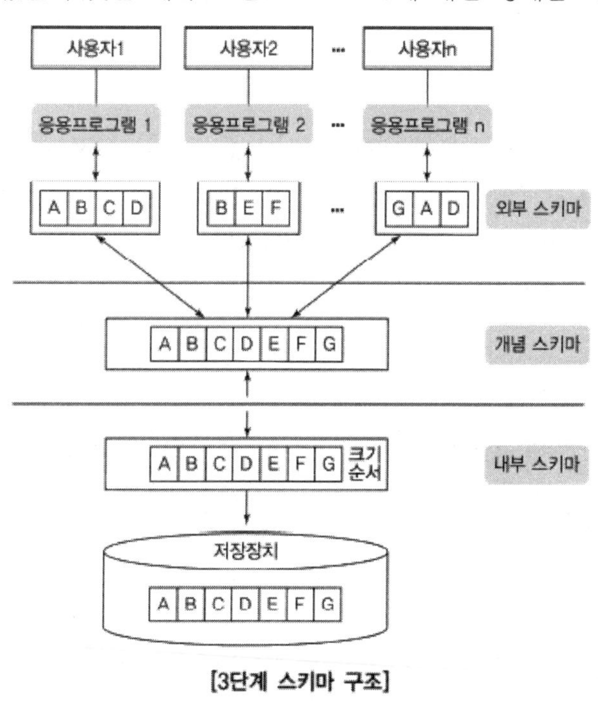

[3단계 스키마 구조]

(2) 데이터베이스 관리 시스템 (DBMS)

① 기존 파일 시스템의 문제점인 데이터 중복성과 데이터 종속성을 해결하기 위해 제안된 시스템으로, 데이터의 중복성를 최소화하고 데이터 독립성을 제공한다.

② 응용 프로그램과 데이터의 중재자로서 모든 응용 스프로그램들이 데이터베이스를 공용할 수 있도록 관리해주는 시스템 소프트웨어이다.

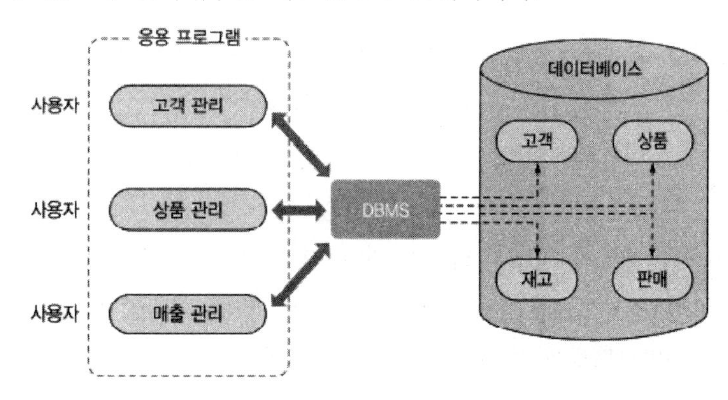

1) DBMS의 기능

① 정의(Definition) 기능: 모든 응용 프로그램들이 요구하는 데이터 구조를 지원하기 위하여 DB에 저장될 데이터의 유형과 구조에 대한 정의, 이용 방식, 제약 조건 등을 명시하는 기능

② 조작(Manipulation) 기능: 데이터 검색, 갱신, 삽입, 삭제 등을 체계적으로 처리하기 위하여 사용자와 데이터베이스 사이의 인터페이스 수단을 제공하는 기능

③ 제어(Control) 기능: 데이터의 정확성과 안전성을 유지하는 기능(무결성, 보안, 병행 수행 제어, 회복 등)

2) DBMS의 종류 및 특징

종류	저작자	주요 용도
Oracle	Oracle	대규모, 대량 데이터의 안정적 처리
MS_SQL	Micorosoft	중소 규모 데이터의 안정적 처리
MySQL	MySQL AB, Oracle	오픈 소스 RDBMS
SQLite	D.Richard Hipp	스마트폰, 태블릿 PC 등의 Embedded Database용
Mongo	MongoDB Inc.	오픈 소스 NoSQL 데이터베이스

(3) 데이터베이스 설계 단계

1) 요구분석

① 사용자가 요구하는 데이터 활용에 대한 정보를 수집한다.

② 수집된 정보를 이용하여 요구명세서를 작성한다.

2) 개념적 설계

① 개념적 설계는 인간이 이해하기 위한 정보 구조를 얻기 위해 과정이다.

② 요구조건 명세서를 분석하여 E−R 다이어그램을 작성한다.

③ 개념스키마모델링과 트랜잭션 모델링을 수행한다.

④ 특정 DBMS에 독립적인 개념적 스키마를 설계한다.

3) 논리적 설계

① 논리적 설계는 컴퓨터가 처리할 수 있는 논리적 스키마로 변환하는 과정이다.
② 논리적 데이터 모델로 변환 및 트랜잭션 인터페이스를 설계한다.
③ 스키마의 평가 및 정제를 수행한다. －정규화 수행
④ 특정 DBMS가 지원하는 논리적 스키마를 설계하는 단계이다.

4) 물리적 설계

① 물리적 설계는 물리적 저장장치에 저장할 수 있는 물리적 구조의 데이터로 변환하는 과정이다.
② 데이터베이스 시스템에 실질적인 성능에 영향을 주는 단계이다.
③ 저장 레코드의 양식 설계, 레코드의 집중 분석 및 설계, 접근 경로의 설계등을 고려한다.

5) 구현

① 구현단계는 이전 단계에서 도출된 데이터베이스 스키마를 파일로 생성하는 단계이다.
② 목표 DBMS의 DDL로 스키마 작성 후 컴파일하여 데이터베이스를 생성한다.
③ 응용프로그램을 위한 트랜잭션을 작성한다.

(4) 관계 데이터 모델

1) 릴레이션

릴레이션은 관계 데이터베이스의 데이터 구조를 테이블(table)의 형태로 표현한 것으로 릴레이션 스키마와 릴레이션 인스턴스(instance)로 구성된다.

① 릴레이션 스키마 : 릴레이션의 논리적 구조를 정의하는 정적 구조이며 내포된 지식이다.
② 릴레이션 인스턴스 : 어느 한 시점의 릴레이션 상태, 즉 튜플 전체를 의미하며 동적이고 외연의 지식이다.

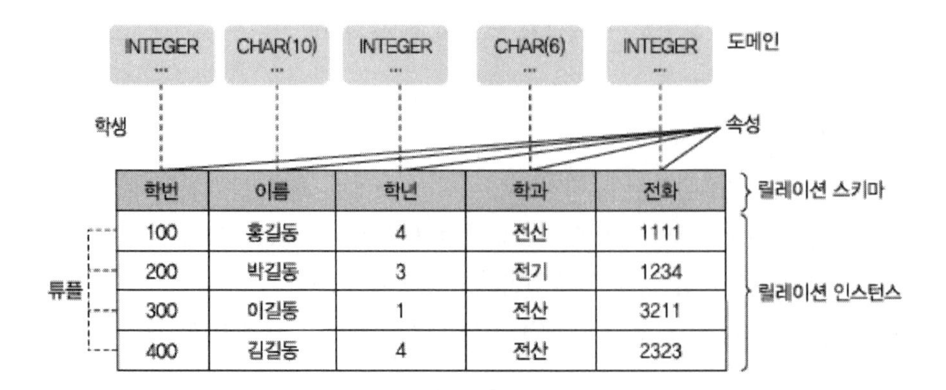

2) 릴레이션 용어

① 튜플(Tuple) : 릴레이션에서 각각의 행(row)을 의미한다.

② 속성(Attribute) : 릴레이션에서 각각의 열(column)을 의미한다.

③ 도메인(Domain) : 한 속성이 가질 수 있는 값의 집합이다.

④ 차수(Degree) : 릴레이션에서 속성의 개수이다.(예 학생 릴레이션의 차수 : 5)

⑤ 카디널리티(Cardinality) : 릴레이션에서 튜플의 개수이다.(예 학생 릴레이션의 카디널리티 : 4)

3) 키의 개념

① 슈퍼키(super key)

- 릴레이션 내의 모든 튜플에 대하여 유일성만 만족하는 속성이다.
- 릴레이션 내에서 여러 개의 슈퍼키가 정의될 수 있다.

  예 학생 릴레이션에서 학번, {학번, 이름}, {학번, 이름, 학과}, 전화 등

② 후보키(candidate key)

- 릴레이션에서 튜플을 유일하게 구별하기 위해 사용하는 속성 또는 속성들의 집합이다.
- 릴레이션 내에서 유일성뿐 아니라 최소성도 만족해야 하는 속성이다.
- 릴레이션 내에서 여러 개의 후보키가 정의될 수 있다.

  예 학생 릴레이션에서 학번, 전화

③ 기본키(primary key)

- 여러 개의 후보키 중 선택된 하나의 주키이다.

  예 학생 릴레이션에서 학번

④ 대체키(alternate key)

- 여러 후보 키 중 기본키로 선택되지 못한 후보키이다.

  예 학생 릴레이션에서 전화

⑤ 외래키(foreign key)

- 두 릴레이션 R1, R2에서 R1의 속성들 중 R2의 기본키 속성과 일치하는 속성을 외래키라고 한다.

〈R1〉 외래키

학번	이름	학과	과목코드
100	홍길동	정보	A
200	박길동	보안	C
300	이길동	보안	B
400	김길동	정보	A

기본키 〈R2〉

과목코드	과목명
A	엑셀
B	운영체제
C	C언어
D	자료구조

4) 무결성 제약 조건

① 개체 무결성 제약조건

기본키(primary key)의 값은 결코 널(null) 값이나 중복값을 가질 수 없다는 제약조건

② 참조 무결성 제약조건

외래키(foreign key) 값은 참조하는 릴레이션의 기본키값과 일치하거나 NULL 값만 가져야 하고 참조할 수 없는 값은 가질 수 없다는 제약조건

> **▶ 참조 무결성 유지를 위한 옵션**
> - Cascade : 기본키삭제, 변경시 외래키도 같이 삭제 또는 변경
> - Restrict (No Action) : 참조 중인 경우 기본키 삭제, 변경 명령을 거부
> - Set Null : 기본키 삭제, 변경시 외래키값을 Null 값으로 지정
> - Set Default : 기본키 삭제, 변경시 외래키값을 Default 값으로 지정

(5) 관계 데이터 연산

1) 관계 대수

- 관계 대수는 릴레이션처리를 위한 연산의 집합이다.
- 원하는 정보를 얻기 위해 일련의 연산 순서를 명세하는 절차적 언어이다.
- 연산의 피연산자와연산 결과가 모두 릴레이션이되는 폐쇄성을 가진다.

- 일반 집합 연산자 4개와 순수 관계 연산자 4개의 두 그룹으로 구성되어 있다.

▶ **일반 집합 연산자**

① 합집합(U) : 두 릴레이션의 튜플을 합치는 연산, 중복 튜플은 한번만 표시

② 교집합(∩) : 두 릴레이션의 공통 튜플을 구하는 연산

③ 차집합(-) : 해당 릴레이션에서 공통 튜플을 제외하는 연산

④ 카티션 프러덕트 (X) : 두 릴레이션의 허용 가능한 모든 튜플을 구하는 연산으로 cross join 이라고도 한다. 결과 차수는 두 릴레이션 차수의 합, 카디널리티는 두 릴레이션 튜플의 곱으로 구해진다.

예 릴레이션 R, S, T가 있을 때 RUS, R∩S, R−S, R×T의 집합 연산을 수행하시오.

R

A	B
a1	b1
a2	b2

S

A	B
a2	b2
a3	b3

T

C	D	E
c1	d1	e1
c2	d2	e2
c3	d3	e3

① RUS

A	B
a1	b1
a2	b2
a3	b3

② R∩S

A	B
a2	b2

③ R−S

A	B
a1	b1

④ R×T

A	B	C	D	E
a1	b1	c1	d1	e1
a1	b1	c2	d2	e2
a1	b1	c3	d3	e3
a2	b2	c1	d1	e1
a2	b2	c2	d2	e2
a2	b2	c3	d3	e3

▶ **순수 관계 연산자**

① Select(셀렉트)

- 릴레이션에서 조건식을 만족하는 튜플을 검색하는 연산자이다.
- 릴레이션의 행에 해당하는 튜플만 구하므로 수평적 부분집합 연산이다.
- 연산자 기호는 σ (시그마)를 사용한다.

형식	σ〈조건식〉 (R) : R은 릴레이션명, 조건은 (〉, 〈, 〉=, 〈=, =)

예 릴레이션 R에서 속성 C값이 C1인 튜플만 추출하시오.

R

A	B	C
a1	b1	c1
a2	b2	c1
a3	b1	c2
a4	b2	c3

$\sigma_{c=c1}$(R) ➡

A	B	C
a1	b1	c1
a2	b2	c1

② Project(프로젝트)

- 릴레이션에서 기술된 속성리스트를 추출하는 연산자이다.
- 릴레이션의 열에 해당하는 속성만 구하므로 수직적 부분 집합 연산이다.
- 연산자 기호는 π(파이)를 사용한다.

형식	$\Pi_{\langle 속성리스트 \rangle}$ (R) : R은 릴레이션명

예 릴레이션 R에서 속성 A, B 값만 추출하시오.

R

A	B	C
a1	b1	c1
a2	b1	c1
a3	b1	c2
a4	b2	c3

$\Pi_{A,\ B}$ (R) ➡

A	B
a1	b1
a2	b1
a3	b1
a4	b2

③ Join(조인)

- 두 릴레이션 R과 S의 공통 속성을 기준으로 하나로 합쳐서 새로운 릴레이션을 만드는 연산이다.
- 두 릴레이션의 조합 중에서 조인 조건을 만족하는 튜플들로 구성된다.
- 연산자 기호는 ⋈를 사용한다.

형식	R⋈ $_{r,\ 키속성=s,\ 키속성}$ S : R, S은 릴레이션명, r, s는 각각 R의 속성, S의 속성

예 릴레이션 R과 S를 조인(자연조인)하시오.

A	B	C
a1	b2	c3
a6	b7	c8
a9	b7	c8

R

B	D
b2	b4
b2	b7
b7	b9

S

➡

R ⋈$_N$ S

A	B	C	D
a1	b2	c3	d4
a1	b2	c3	d7
a6	b7	c8	d9
a9	b7	c8	d9

④ Division(디비전)

- 릴레이션 R이 S의 모든 속성을 포함하고 있을 때 R과 S의 디비전 연산은 릴레이션 S의 모든 튜플을 포함하고 있는 릴레이션 R의 튜플로 결과 릴레이션을 구성한다.
- 결과 릴레이션의 속성은 R의 속성에서 S의 속성을 제외한다.
- 연산자 기호는 (÷)를 사용한다.

예 릴레이션 R과 S를 디비전 연산을 수행 하시오.

R

A	B	C
a1	b1	c1
a2	b1	c1
a3	b1	c2
a4	b2	c3

S

C
c1

➡

R ÷ S

A	B
a1	b1
a2	b1

[관계대수 종합예제]

다음과 같은 릴레이션이 있을 때 아래 질의문을 관계 대수로 표현하시오.

학생(학번, 이름, 학년, 학과)
과목(과목번호, 과목명, 학점, 학과, 담당교수)
등록(학번, 과목번호, 성적)

예 모든 학생의 이름과 학과를 나타내시오.
π이름, 학과(학생)

예 '데이터베이스' 과목을 가르치는 담당교수는 누구인가?
π담당교수(과목명='데이터베이스'(과목))

예 과목번호가 C413인 과목에 등록한 학생들의 이름과 성적은 무엇인가?
π이름, 성적(과목번호='C413'(학생⋈등록))

2) 관계해석

- 원하는 정보가 무엇이라는 것만 선언하는 비절차적인 특성을 가진다.
- 릴레이션을 정의하는 연산으로 정의를 형식화하기 위해 계산 수식을 사용한다.
- 수학의 프레디킷 해석(Predicate Calculus)에 기반을 두고 있다.
- 튜플 관계 해석과 도메인 관계 해석으로 구분한다.

(6) 트랜잭션 (Transaction)

1) 트랜잭션의 정의

① 트랜잭션은 데이터베이스 작업의 논리적 단위로 일련의 연산 집합을 의미한다.

② 트랜잭션은 데이터베이스의 병행제어 및 회복작업의 기본단위이다.

③ 트랜잭션은 데이터베이스의 일관된 상태를 또 다른 일관된 상태로 변환시킨다.

④ 하나의 트랜잭션은 Commit 되거나 Rollback되어야 한다.

> **▶ 트랜잭션 연산**
> - Commit 연산 : 트랜잭션의 실행이 성공적으로 종료되었음을 선언하는 연산
> - Rollback 연산 : 트랜잭션의 실행이 실패하였음을 선언하는 연산

2) 트랜잭션의 특징

① 원자성(Atomicity) : 트랜잭션과 관련된 작업들이 부분적으로 실행되다가 중단되지 않는 것을 보장한다.

② 일관성(Consistency) : 실행을 성공적으로 완료하면 일관성 있는 데이터베이스 상태로 유지하는 것을 말한다. (무결성 제약조건)

③ 고립성(Isolation) : 트랜잭션을 수행 시 다른 트랜잭션의 연산 작업이 끼어들지 못하도록 보장하는 것을 의미한다.

④ 영속성(Durability) : 성공적으로 수행된 트랜잭션은 영속적으로 결과가 반영되어야 한다.

3) 트랜잭션의 CRUD 연산

① CRUD의 정의

㉠ CRUD는 대부분의 컴퓨터 소프트웨어가 가지는 기본적인 데이터 처리 기능인 Create(생성), Read(읽기), Update(갱신), Delete(삭제)를 묶어서 일컫는 용어이다.

㉡ 데이터베이스 SQL문과 대응하는 연산이다.

이름	조작	SQL
Create	생성	INSERT
Read(또는 Retrieve)	읽기(또는 인출)	SELECT
Update	갱신	UPDATE
Delete(또는 Destroy)	삭제(또는 파괴)	DELETE

② CRUD 분석 개념

- 테이블에 변화를 주는 트랜잭션의 CRUD 연산에 대해 CRUD 매트릭스를 작성하여 분석하는 것이다
- CRUD 분석을 통해서 하나의 프로세스가 개체 타입과 속성, 관계에 대해 어떠한 영향을 미치는가를 검증할 수 있다.

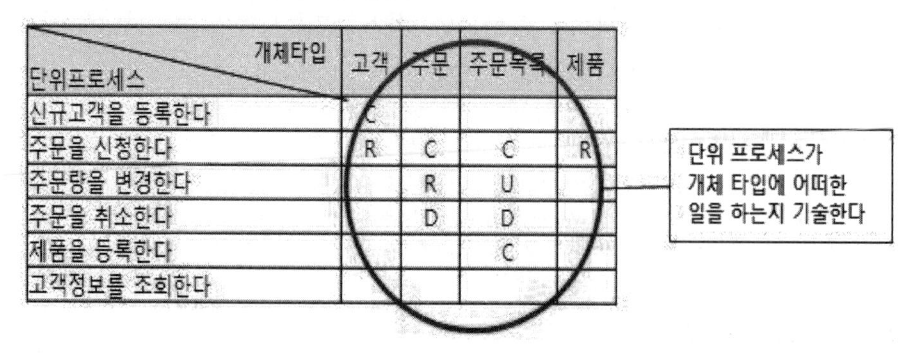

단위프로세스 \ 개체타입	고객	주문	주문목록	제품
신규고객을 등록한다	C			
주문을 신청한다	R	C	C	R
주문량을 변경한다		R	U	
주문을 취소한다		D	D	
제품을 등록한다			C	
고객정보를 조회한다				

(7) 데이터베이스 장애와 회복

1) 회복 (recovery) 원리

회복은 장애 이전의 상태로 데이터베이스를 복구시켜서 일관된 상태로 만드는 활동으로 데이터베이스 덤프와 로그를 사용한다.

① 덤프(dump) : 주기적으로 데이터베이스 전체를 다른 저장장치에 복제하는 것이다.

② 로그(log) : 일지(journal)로 데이터베이스가 변경될 때마다 변경되는 데이터의 옛 값(old value)과 새 값(new value)을 별도의 파일에 기록해두는 것이다.

〈로그레코드 형식〉

트랜잭션_id	데이터_id	변경 전 값(old value)	변경 후 값(new value)

2) 회복 연산

① REDO(재수행) : 트랜잭션에 의해 변경된 모든 데이터 항목들을 로그 파일에 있는 변경 이후 값(new value)으로 대체한다.

② UNDO(실행취소) : 트랜잭션에 의해 변경된 모든 데이터 항목들을 로그 파일에 있는 변경 이전 값(old value)으로 대체한다.

3) 회복 기법

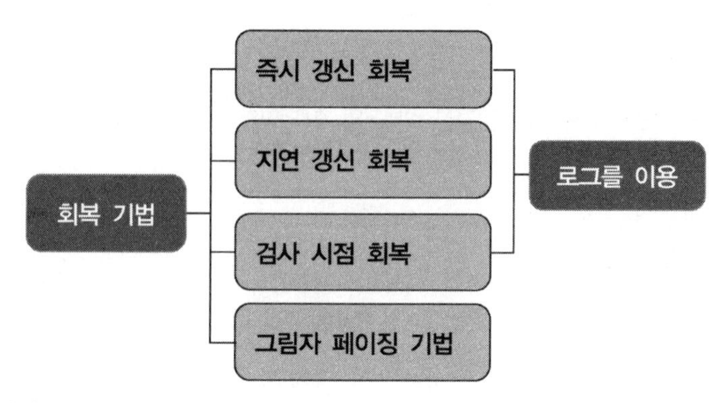

① 즉시 갱신

- 트랜잭션이 연산을 실행하고 있는 활동 상태에서 데이터의 변경 결과를 데이터베이스와 로그에 즉시 반영한다.
- 회복 시 commit를 수행한 완료 트랜잭션은 Redo, 그 외 미완료 트랜잭션은 Undo를 실행한다.

② 지연 갱신

- 트랜잭션이 부분 완료될 때까지 모든 변경 내용에 대해 데이터베이스 갱신을 지연시키고, 로그 파일에만 저장한다.
- 회복 시 commit를 수행한 완료 트랜잭션은 Redo, 미완료 트랜잭션은 로그만 삭제한다. 즉 Undo 연산은 필요없다.

예 로그가 다음과 같을 때 즉시갱신 회복작업 후 데이터 A, B, C 값은?
(A=1000, B=2000, C=3000 초기값을 갖는다)

(a)	(b)	(c)
<T1, Start>	<T1, Start>	<T1, Start>
<T1, A, 1000, 900>	<T1, A, 1000, 900>	<T1, A, 1000, 900>
<T1, B, 2000, 2100>	<T1, B, 2000, 2100>	<T1, B, 2000, 2100>
	<T1, Commit>	<T1, Commit>
	<T2, Start>	<T2, Start>
	<T2, C, 3000, 2800>	<T2, C, 3000, 2800>
		<T2, Commit>

[해설]
(a) 트랜잭션 t1은 commit가 없는 미완료 트랜잭션으로 Undo 수행,
회복값은 A=1000, B=2000

(b) 트랜잭션 t1은 완료 트랜잭션으로 Redo 수행, 트랜잭션 t2는 미완료 트랜젝션으로 Undo 수행, 회복값은 A=900, B=2100, C=3000

(c) 트랜잭션 t1, t2 모두 완료 트랜잭션으로 Redo 수행, 회복값은 A=900, B=2100, C=2800

예 로그가 다음과 같을 때 지연갱신 회복작업 후 데이터 A, B, C 값은?
(A=1000, B=2000, C=3000 초기값을 갖는다)

(a)	(b)	(c)
<T_1, Start> <T_1, A, 900> <T_1, B, 2100>	<T_1, Start> <T_1, A, 900> <T_1, B, 2100> <T_1, Commit> <T_2, Start> <T_2, C, 2800>	<T_1, Start> <T_1, A, 900> <T_1, B, 2100> <T_1, Commit> <T_2, Start> <T_2, C, 2800> <T_2, Commit>

[해설]

(a) 트랜잭션 t1은 commit가 없는 미완료 트랜잭션으로 로그만 삭제, 회복값은 A=1000, B=2000 의 초기값을 갖는다.

(b) 트랜잭션 t1은 완료 트랜잭션으로 Redo 수행, 트랜잭션 t2는 미완료 트랜젝션으로 로그 삭제, 회복값은 A=900, B=2100, C=3000

(c) 트랜잭션 t1, t2 모두 완료 트랜잭션으로 Redo 수행, 회복값은 A=900, B=2100, C=2800

③ 검사시점(check point) 회복

- 빠른 회복 작업을 수행하기 위해서 일정한 시간 간격으로 검사시점을 만들어 검사시점 전, 후의 로그 적용 방법을 다르게 하는 방법이다.
- 검사시점 이전의 트랜잭션에 대해서는 회복 작업이 필요 없다.
- 검사시점을 통과하고 장애시점 전에 완료된 트랜잭션은 Redo 수행한다.
- 장애시점을 만나는 트랜잭션은 Undo를 수행한다.

예 아래와 같은 트랜잭션 T1~T5 이 수행 되었을 때 각 트랜잭션의 회복 연산을 구하시오.

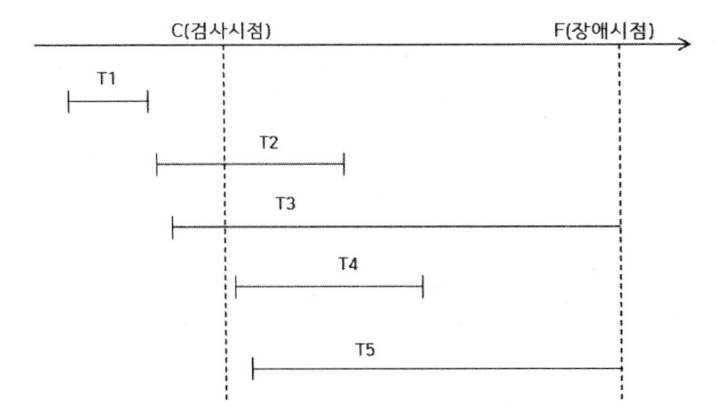

[해설]
- T1 : 회복 연산 불필요
- T2 : Redo
- T3 : Undo
- T4 : Redo
- T5 : Undo

④ 그림자 페이징 (Shadow Paging)

- 트랜잭션 시작 시점에 현재 페이지 테이블을 주기억 장치에 유지하고, 보조기억 장치에 동일한 스림자 페이지 테이블을 생성한다.
- 트랜잭션이 성공적으로 완료될 경우 그림자 페이지를 삭제
- 트랜잭션이 실패할 경우 그림자 페이지 테이블을 현재 페이지 테이블로 대체한다.

(7) 병행 제어

병행제어는 다중 사용자 환경에서 둘 이상의 트랜잭션이 동시에 접속하여 해당 연산을 수행할 때, 충돌이 발생하지 않도록 트랜잭션 수행을 제어하는 것을 의미한다.

1) 병행제어가 안되었을 때 문제점

① 갱신분실 : 수행 중인 트랜잭션이 갱신한 내용을 다른 트랜잭션이 덮어 씀으로써 갱신이 무효가 되는 것

② 모순성 : 트랜잭션 갱신 전후 데이터의 불일치가 발생하는 상황

③ 연쇄복귀 : 두 트랜잭션 중 하나가 철회되면 같은 데이터에 접근한 다른 트랜잭션도 철회되어야 하는 상황

2) 병행제어 기법

① 로킹(Locking)

- 로킹은 데이터 항목에 대한 상호배제(mutual exclusion)를 제공한다.
- 트랜잭션 T가 데이터 항목 x에 대해 read(x)나 write(x) 연산을 수행하려면, 반드시 lock(x) 연산을 수행해야만 한다.
- 트랜잭션 T가 실행한 lock(x)에 대해서는 해당 트랜잭션이 모든 실행을 종료하기 전에 반드시 unlock(x) 연산을 수행해야만 한다.

- 트랜잭션 T는 다른 트랜잭션에 의해 이미 lock이 걸려 있는 x에 대해 다시 lock(x)를 수행시키지 못한다.
- 기본 로킹 규약은 모순성이 발생하므로 2단계 로킹 규약을 사용한다.

② 타임스탬프 (Time Stamp)

- 타임스탬프는 트랜잭션 실행 시 시스템에서 부여하는 값이다.
- 트랜잭션 간의 실행 순서를 결정하는 방법 중 가장 보편적인 방법이다.
- 병행 수행 시 트랜잭션 간의 실행 순서가 타임스탬프 순서대로 직렬성이 보장된다.
- 교착상태가 발생하지 않는다.

1. 데이터베이스에서 스키마(Schema)에 대해 간략히 설명하시오.

정답	데이터베이스의 논리적 구조와 제약조건에 대한 명세로, 내부 스키마와 개념 스키마, 외부 스키마의 3계층 스키마로 구분한다.

2. 다음은 데이터베이스 설계(모델링) 과정을 간략히 표현한 것이다. 괄호 안에 들어갈 내용을 순서대로 나열하시오.

요구분석 → (　　　) → (　　　) → (　　　) → 구현

정답	개념적 설계 , 논리적 설계, 물리적 설계
해설	- DB 설계 단계 : 요구분석 - 개념적 설계 - 논리적 설계 - 물리적 설계- 구현

3. 다음은 DB 설계 절차에 관한 설명이다. 다음 빈칸에 들어갈 알맞은 용어를 〈보기〉에서 찾아 쓰시오.

(　A　)은/는 특정 DBMS의 특성 및 성능을 고려하여 데이터베이스 저장 구조로 변환하는 과정으로 결과로 나오는 명세서는 테이블 정의서 등이 있다.

(　B　)은/는 현실 세계에 대한 인식을 추상적, 개념적으로 표현하여 개념적 구조를 도출하는 과정으로 주요 산출물에는 E-R 다이어그램이 있다.

(　C　)은/는 목표 DBMS에 맞는 스키마 설계, 트랜잭션 인터페이스를 설계하는 정규화 과정을 수행한다.

〈보기〉 구현 / 개념적 설계 / 논리적 설계 / 요구사항 분석 / 물리적 설계

정답 A: 물리적 설계
B: 개념적 설계
C: 논리적 설계

4. 릴레이션의 구성하는 용어들에 대한 다음 설명에서 괄호(① ~ ③)에 들어갈 알맞은 답을 보기에서 찾아 쓰시오.

(①) 릴레이션을 구성하는 각각의 행을 의미하며 파일구조로는 레코드에 해당함 (②) 데이터 개체를 구성하는 속성들에 데이터 타입이 정의되어 구체적인 값을 가진 것으로, 실제값을 갖는 튜플을 의미함 (③) 튜플의 개수를 의미함
〈보기〉 도메인, 차수, 속성, 튜플, 디그리, 카디널리티, 릴레이션 스키마, 릴레이션 인스턴스

정답 ① 튜플
② 릴레이션 인스턴스
③ 카디널리티

5. 다음은 데이터베이스 키에 대한 설명이다. A, B에 들어갈 내용을 쓰시오.

1. 슈퍼키는 (A)의 속성을 갖는다.
2. 후보키는 (A)와(과) (B)의 속성을 갖는다.

정답 (A) 유일성
(B) 최소성

6. 다음 관계 대수 항목에 대해 괄호안에 들어갈 연산기호를 순서대로 쓰시오.

항목	기호
합집합	A ( ) B
차집합	A ( ) B
카티션 프로덕트	A ( ) B
프로젝트	A ( ) B
조인	A ( ) B

정답 U, - , X, π , ⋈

해설 합집합 : U, 차집합 : - , 카티션 프로덕트: X , 프로젝트: π, 조인 : ⋈

7. 다음은 관계 데이터 모델에 대한 설명이다. 괄호 안에 공통으로 들어가는 용어를 작성하시오.

(   )은/는 관계 데이터의 연산을 표현하는 방법으로, 원하는 정보를 정의할 때는 계산 수식을 사용한다.
수학의 predicate calculus에 기반을 두고 있으며, 관계 데이터 모델의 제안자인 codd가 수학에 가까운 기반을 두고 특별히 관계 데이터베이스를 위해 제안하여 탄생하였다.
(   )은/는 원하는 정보가 무엇이라는 것만 정의하는 비절차적 특성을 지니며, 튜블(괄호)와/과 도메인 (   )이/가 있다.

정답 관계해석

해설 관계해석 연산은 수학의 프리디킷 해석에 기반을 둔 비절차적 연산,

8. 다음 테이블에서 Π_{TTL}(employee)에 대한 연산 결과 값을 작성하시오.

Index	AGE	TTL
1	55	부장
2	35	대리
3	32	과장
4	45	차장

정답 부장
대리
과장
차장

9. 릴레이션 A, B가 있을 때 릴레이션 B 조건에 맞는 것들만 릴레이션 A에서 튜플을 꺼내 프로젝션하는 관계대수의 기호는 무엇인가?

정답 ÷

해설 순수 관계 연산자 division에 대한 설명으로 연산지 기호는 ÷ 이다.

10. 아래는 데이터베이스 트랜잭션의 4가지 속성이다. (가), (나)에 들어가 단어를 적으시오.

속성	설명
(가)	트랜잭션은 연산들을 전부 실행하든지 전혀 실행하지 않아야 한다. 일부만 실행해서는 안 된다.
일관성	트랜잭션이 성공적으로 실행되면 데이터베이스 상태는 모순되지 않고 일관된 상태가 된다.
(나)	트랜잭션 실행 도중의 연산 결과는 다른 트랜잭션에서 접근할 수 없다.
지속성	트랜잭션이 성공했을 경우 영구적으로 반영되어야 한다.

정답 (가) 원자성 (나) 격리성

11. 트랜잭션 상태 전이도에서 괄호 안에 들어갈 DCL 문은?

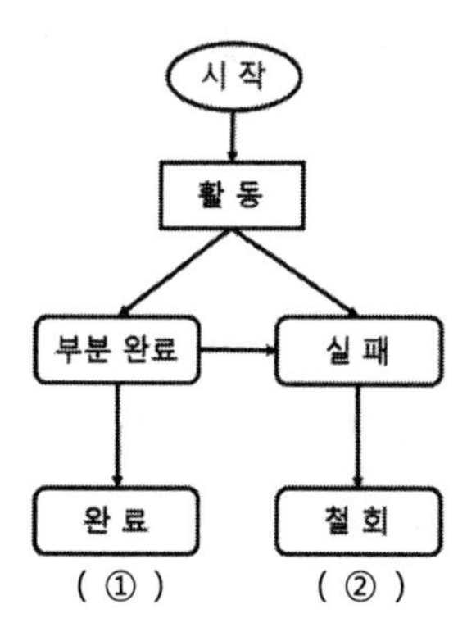

정답	① Commit ② Rollback
해설	DCL 문 중에서 Commit 문은 모든 작업이 완료 되었을 때 수행되고 Rollback은 작업도중 이상이나 완전히 완료가 되지 않았을 경우 모든 작업을 철회 할때이다.

12. 트랜잭션의 특징 중, 원자성(Atomicity)에 대해 약술하시오.

정답	트랜잭션 연산은 모두 반영되거나 아니면 전혀 반영되지 않아야 하는 특성

13. 다음은 로그 기반 회복기법에서 사용되는 명령어이다. 각 지문에 해당하는 명령을 적으시오.

(1) 오류가 발생하기 전까지의 사항을 로그(log)로 기록해 놓고, 이전 상태로 되돌아간 후 실패가 발생하기 전까지의 과정을 재실행한다.
(2) 로그를 이용하여 오류와 관련된 내용을 취소하여 복구한다.

정답	(1) REDO (2) UNDO

14. 데이터베이스의 회복(Recovery) 기법 중 Rollback 시 Redo, Undo가 모두 실행되는 트랜잭션 처리법으로 트랜잭션 수행 중 갱신 결과를 바로 DB에 반영하는 기법은 무엇인가?

정답 즉시 갱신

해설 즉시 갱신

트랜잭션이 연산을 실행하고 있는 활동 상태에서 데이터의 변경 결과를 데이터베이스와 로그에 즉시 반영한다.

회복 시 commit를 수행한 완료 트랜잭션은 Redo, 그 외 미완료 트랜잭션은 Undo를 실행한다.

15. 물리데이터 모델 품질 기준인 CRUD과 대응되는 SQL DML문으로 괄호를 채우시오.

CRUD	SQL
Create	(①)
Read	(②)
Update	(③)
Delete	(④)

정답

① Insert

② Select

③ Update

④ Delete

16. 병행제어 기법 중, 접근한 데이터에 대한 연산을 모두 마칠 때까지 상호배제하는 기법을 무엇이라 하는지 작성하시오.

정답 로킹 (Locking)

해설 로킹은 데이터 항목에 대한 상호배제(mutual exclusion)를 제공한다.

Chapter 03 네트워크 기초 활용하기

1) 네트워크 분류

① LAN(근거리 통신망) : 일정지역 내(2.5km)에 구축된 네트워크로 기본 네트워크이다.
② MAN(도시지역 통신망) : LAN과 LAN을 확장한 도시지역 단위로 구축된 네트워크이다.
③ WAN (광역통신망) : MAN과 MAN을 통합한 도시 간, 국가 간 구축된 네트워크이다.

2) LAN의 매체 접근 제어(MAC ; Media Access Control)

매체 접근 제어는 공유회선을 이용하는 LAN에서 단말장치 상호 간에 데이터를 손실 없이 전송하기 위해 회선에 접근하기 위한 제어방식이다.

CSMA/CD	• 데이터 충돌(collision)을 감시하여 충돌이 일어났을 경우 송신을 중단하고 일정 시간 동안 대기한 후 재전송하는 방식 • 충돌 문제로 데이터 전송량이 적은 소규모 네트워크에 효과적 • 저속 LAN인 이더넷(Ethernet)에 적용하는 IEEE 802.3 표준
토큰 버스	• 충돌을 피하기 위해 토큰(token; 송신권))을 사용하는 방식 • 버스형 토폴로지에서 사용 • 고속 LAN에 적용하는 IEEE 802.4 표준
토큰 링	• 링형 토폴로지에서 사용하는 토큰(token) 패싱 방법 • 토큰을 점유한 단말기만이 송신권을 가지므로 충돌을 회피 • 고속 LAN에 적용하는 IEEE 802.5 표준
CSMA/CA = DCF	• 무선 LAN에서 사용하는 IEEE 802.11 표준 • 회선을 감시하여 충돌을 회피(CA : Collision Avoidance)하는 방식

3) LAN의 IEEE 802 표준안

표준규격	내 용
802.1	LAN 간의 네트워크 연결(internetworking)에 대한 표준
802.2	논리 링크 제어(LLC)
802.3	CSMA/CD 매체 접근 제어
802.4	토큰 버스 매체 접근 제어
802.5	토큰 링 매체 접근 제어
802.6	MAN, DQDB 표준

802.11	WLAN (무선 근거리 통신망) 표준 , CSMA/CA 매체 접근 제어
802.15	WPAN (무선 개인 통신망) 표준

(3) 통신 프로토콜(protocol)

통신 프로토콜은 서로 다른 두 개체 간의 데이터 전송을 수행할 수 있도록 표준화한 통신규칙이다. 통신을 원하는 두 개체 간에 무엇을, 어떻게, 언제 통신할 것인지를 서로 약속한 규약이다.

1) 프로토콜의 기본요소

구문(syntax)	데이터 형식이나 부호화 및 신호 레벨(signal level)을 규정
의미(semantics)	오류 제어 등의 각종 제어 절차에 관한 사항을 규정
타이밍(timing)	통신 시스템 간의 통신 속도 및 순서 등에 대하여 규정

2) 프로토콜의 기능

단편화와 재조립	통신 회선의 특성에 맞게 데이터를 일정 크기로 분할하여 전송하면 수신측은 원래 데이터로 조립하는 기능
캡슐화	헤더와 트레일러에 제어정보를 추가
링크 제어	링크확립 – 데이터전송 – 링크해제를 수행
흐름 제어	송신측에서 전송 데이터의 양과 속도를 조절
경로 제어	송신측에서 수신측까지의 최적 경로를 설정
오류 제어	전송 중에 발생 가능한 오류들을 검출하여 정정
순서 제어	전송 데이터에 순서를 부여하는 기능, 연결형 서비스
동기화	송・수신기의 타이밍을 일치시켜 같은 상태를 유지
주소 지정	전송 데이터에 송,수신 주소를 부여
다중화	하나의 회선을 다수의 사용자가 공유하는 기능

(2) 프로토콜 기능 기술

1) 링크 제어 (Link control)

- 두 단말기 간의 링크 확립, 데이터 전송, 링크 해제를 담당하는 전송제어의 핵심으로 링크 제어 프로토콜을 이용하여 관리된다.
- 링크 제어 프로토콜은 전송 프레임 형태에 따라 문자 위주 프로토콜(BSC)과 비트 위주 프로토콜(HDLC)로 나눌 수 있다.

① BSC(Binary Synchronous Control) 프로토콜

- 일련의 문자들로 데이터 블록을 구성하고, 데이터 블록의 앞과 뒤에 전송 제어 문자를 사용하여 프레임을 구성하는 문자 위주 프로토콜이다.
- 전송방식은 반이중 통신만 가능하다.
- 오류 검출이 어렵고, 전송 효율이 나쁘다.

SYN	SYN	STX	…	본문	…	ETX	BCC

BCC(Block Check Caracter) : 오류 검출 필드

② HDLC 프로토콜

- ISO에서 제정한 비트 위주 프로토콜로 프레임의 앞과 뒤에 8비트 플래그(flag)를 추가하여 프레임을 구성한다.
- 전송방식은 단방향, 반이중, 전이중 통신방식 등을 모두 지원한다.
- 동기식 전송방식을 사용한다.
- 회선구성은 포인트 투 포인트, 멀티포인트 모두 지원한다.
- 오류 검출이 용이하고 전송효율과 신뢰성이 좋다.

헤더			텍스트	트레일러	
8bit	8bit(확장 가능)	8bit	임의 bit	16/32bit	8bit
플래그	주소부	제어부	정보부	FCS	플래그

▶ **프레임 종류**

제어부의 첫째, 둘째 비트를 사용하여 아래 프레임 종류를 식별 가능하다.

I - 프레임	정보 프레임으로 사용자 정보를 전달하거나 응답을 전달할 때 사용
S - 프레임	감독 프레임으로 흐름제어와 오류 제어를 위해 사용
U - 프레임	비번호 프레임으로 링크 설정과 해제 등 링크 자체를 관리할 때 사용

▶ **데이터 전송모드**

U프레임을 통해서 설정되는 세 가지 데이터 전송모드이다.

표준 응답 모드 (NRM)	2차국은 전송전에 반드시 1차국으로부터 허가를 받아야 한다.
비동기 응답 모드(ARM)	2차국은 언제든지 1차국의 허가없이 전송을 시작할 수 있다.
비동기 균형 모드(ABM)	어느 복합국도 허가 없이 전송을 시작할 수 있다.

2) 경로 제어 (routing; 라우팅)

경로 제어 즉 라우팅은 송수신 양단을 연결하는 전송 경로 중에서 최적의 경로를 설정하는 기능이다.

- 라우팅 프로토콜은 동적 방식으로 네트워크 상태 정보를 라우터끼리 상호 교환함으로써 최적의 경로를 결정한다.
- 라우팅 프로토콜은 하나의 자율시스템(AS)에서 동작하는 내부 라우팅 프로토콜과 AS와 AS에서 동작하는 외부 라우팅 프로토콜로 분류한다.

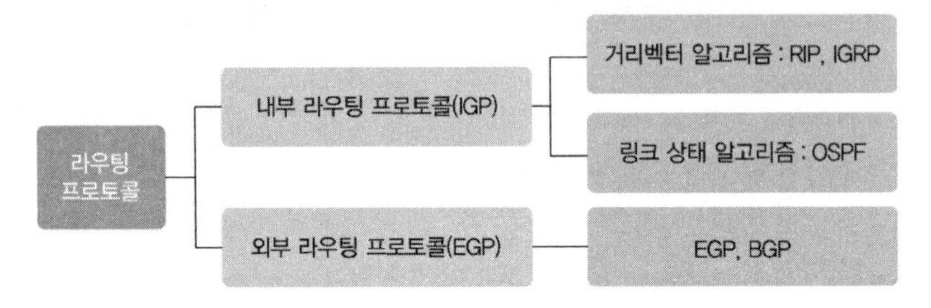

① 거리 벡터 알고리즘
- 경유하는 라우터의 개수, 즉 홉 수(hop count)를 기준으로 경로를 설정한다.
- 종류 : RIP, IGRP
- RIP 라우팅 프로토콜은 최대 홉수를 15 이하로 제한하고 있다.
- 라우팅 정보를 30초마다 모든 라우터에게 알린다.
- 최단 경로탐색에 Bellman–Ford 알고리즘을 사용한다.
- 소규모 네트워크에 적합하다.

② 링크 상태 알고리즘
- 홉 수가 아닌 회선의 대역폭, 전송속도, 신뢰성 등을 기준으로 경로를 설정한다.
- 종류 : OSPF
- OSPF는 라우팅 정보가 변화될 때만 전송하므로 네트워크 변화에 신속하게 대응할 수 있다.
- 최단 경로 탐색에 Dijkstra 알고리즘을 사용한다.
- OSPF는 멀티캐스팅을 지원한다.
- 대규모 네트워크에 적합하다.

3) 오류제어 (Error Control)

① 오류 검출 방식

- 패리티코드 : 데이터비트에 1비트의 패리티비트를 추가하여 오류를 검출
- CRC 코드 : 다항식 코드를 사용하여 오류를 검출, HDLC에서 사용
- 해밍 코드 : 오류 검출과 교정을 수행하는 자기 정정 부호 코드

② 오류제어 방식

- 전진오류수정(FEC; Forward Error Correction) : 해밍코드
- 후진오류수정(BEC; Backward Error Correction) : ARQ 방식

③ ARQ 방식

- STOP & Waut (정지-대기) ARQ : 한 프레임 전송 후 대기
- Go－Back－N ARQ : 오류검출 이후 모든 프레임 재전송
- Selective－Repeat(선택적 반복) ARQ : 오류 검출 프레임만 재전송

4) 흐름제어 (Flow Control)

흐름 제어란 송수신 측의 전송 가능한 데이터양이나 속도를 제어하는 기능이다.

① 정지－대기(Stop－and－Wait)

- 송신 측은 한 프레임을 보내고 다음 프레임을 보내기 전에 확인 응답을 기다리는 방식이다.
- 수신 측은 확인(ACK) 응답을 통해서 다음 프레임을 받거나 보류 함으로써 데이터의 흐름을 정지시킬 수 있다.

② 슬라이딩 윈도우(Sliding Window)

- 일정한 윈도우 크기 이내에서 한 번에 여러 패킷을 전송하고 한 번의 ACK(확인)로써 수신 확인을 하며, 윈도우의 크기를 변경시키는 기법이다.
- 송수신 측 간에 호출 설정 시 연속적으로 송신 가능한 데이터 단위의 최대치를 절충하는 방식이다.

③ 피기백 (Piggyback)

- 수신측에서 수신된 데이터에 대한 ACK신호를 즉시 보내지 않고 전송할 데이터가 있는 경우에만 데이터 프레임에 확인 필드를 덧붙여 전송하는 방식이다.

5) 교환기술

교환(Switching)이란 다수의 네트워크 가입자 사이에서 원활한 통신을 위해 교환기를 이용하는 기술로 교환기를 통해서 빠르게 회선을 선택하고 데이터를 전송하는 기술을 의미한다.

- 교환기술은 크게 회선 교환 기술과 패킷 교환 기술로 구분한다.
- 패킷 교환 기술은 데이터 서비스를 사용하는 네트워크의 기본 교환 기술이다.

① 회선 교환

회선 교환은 두 지점 간 지정된 경로를 통해서만 전송하는 방법으로 전화망(PSTN)에서 사용된다.

- 데이터 전송 전에 송신지와 수신지의 회선이 미리 연결(호 설정)되어야 한다.
- 호 설정이 이루어진 이후에는 전송 지연이 거의 없어 실시간 전송이 가능하다,
- 설정된 회선은 일정한 고정 대역폭을 제공하고 동일한 전송속도를 가진다.
- 전송된 데이터의 오류제어나 흐름제어는 사용자에 의해 수행된다.
- 단점으로는 접속된 두 지점이 회선을 독점함으로써 회선 낭비가 발생한다.

② 패킷 교환

패킷 교환방식은 메시지를 일정 크기의 패킷(packet) 단위로 분할한 후 논리적 연결에 의해 패킷을 목적지로 전송하는 방식으로 데이터망(PSDN)에서 사용된다.

- 패킷은 교환기의 메모리에 저장 후 전달(Store & Forward)된다.
- 하나의 회선을 여러 단말기가 공유하여 사용하므로 회선의 이용률이 높다.
- 빠른 응답시간이 요구되는 대화형 통신에 적합하다.
- 통신 장애 시 다른 경로의 우회 회선을 통해 전송 가능하다.
- 패킷 단위로 헤더를 추가하므로 패킷별 오버헤드가 발생한다.
- 패킷 교환은 가상회선 방식과 데이터그램 방식으로 다시 세분화 된다.

▶ **패킷 교환 방식의 분류**

가상회선	• 미리 전송 경로를 설정한 후 경로에 따라 패킷들을 순차적으로 전송하는 방식 • 전송순서대로 도착되므로 안정성과 신뢰성이 보장된다.(연결형 서비스) • 경로가 미리 결정되기 때문에 각 노드별 패킷의 처리는 빠르다. • 수신 측에서 순서를 재구성해야 할 필요가 없다.
데이터그램	• 접속 경로를 설정하지 않고 패킷들을 순서에 상관없이 독립적으로 전송하는 방식 • 패킷마다 경로 변경이 가능하므로 네트워크 혼잡을 피할 수 있어 융통성이 크다. • 경로 설정이 필요 없으므로 가상회선보다 빠르다.(비연결형 서비스) • 수신 측은 도착하는 패킷의 순서를 재구성해야 한다.

(4) OSI 7계층 프로토콜

① 서로 환경이 다른 개방형 시스템 간의 원활한 통신을 위해 ISO(국제 표준화 기구)에서 표준화한 통신 프로토콜이다.

② 1계층인 물리계층부터 7계층 응용계층까지 7단계로 구성된다.

③ 각 계층은 독립적인 역할과 책임을 가지며 상위 계층과 하위 계층 간에는 잘 정의된 인터페이스가 제공된다.

④ 송신 측 데이터는 캡슐화를, 수신측에서는 역캡슐화를 통해 전달한다.

1) OSI 계층별 기능

레벨	계층	기능
7	응용계층 (Application Layer)	• 최종 사용자와 응용 프로그램 간의 상호 작용을 지원 • 여러 응용 프로토콜 및 서비스가 이 계층에서 동작
6	표현 계층 (Presentation Layer)	• 데이터 표현(Syntax)차이를 해결하기 위한 표현 형식의 변환 • 암호화, 내용 압축, 형식 변환 등의 기능을 제공
5	세션 계층 (Session Layer)	• 응용 프로그램 간의 대화를 유지하기 위한 구조를 제공 • 동기점, 반이중 · 전이중 등 전송방향을 제공
4	전송계층 (Transport Layer)	• 종단 간(End－to－End)에 신뢰성 있고, 투명한 데이터 전송을 제공 • 종단 간 에러 복구와 흐름 제어, 다중화 기능을 제공
3	네트워크 계층 (Network Layer)	• 논리적 링크를 설정하여 데이터 전송과 교환 기능을 제공 • 네트워크를 통하여 데이터 패킷을 전송 • 경로 설정과 주소지정을 수행 • 표준 프로토콜 : X, 25
2	데이터 링크 계층 (Data link Layer)	• 물리적인 링크를 통하여 신뢰성 있는 정보를 전송하는 기능 • 체크섬을 포함한 데이터 블록(Frame)을 전송 • 동기화, 에러제어, 흐름 제어 기능을 제공 • 표준 프로토콜 : HDLC, LAPB, LAPD, PPP
1	물리 계층 (Physical Layer)	• 비트 스트림을 전송 매체를 통해서 전송 • 회선 연결을 위한 기계적, 전기적, 기능적, 절차적 특성을 정의 • 표준 프로토콜 : 아날로그회선 : V.24, RS－232C. 디지털회선 : X, 21

2) 계층별 PDU 단위 및 네트워크 장비

OSI 계층	PDU 단위	네트워크장비
7계층	메시지(message)	Gateway
6계층		
5계층		
4계층	세그멘트(segment)	
3계층	패킷 (packet)	Router
2계층	프레임(frame)	Bridge, Switch
1계층	비트열(bit stream)	Hub , Repeater

(5) 인터넷 프로토콜 (TCP/IP)

TCP/IP 프로토콜은 분산네트워크로 연결된 인터넷 환경에서 단말기 상호 간 데이터 교환을 제어하는 인터넷 표준 프로토콜이다.

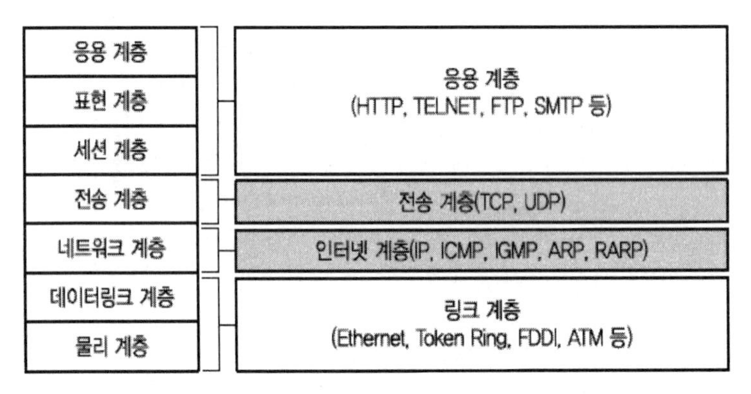

| OSI 7 계층과 TCP/IP 프로토콜의 대응 관계 |

1) 인터넷 계층 프로토콜

① IP

- 비연결형, 비신뢰성 서비스를 수행한다.
- 경로 선택(Routing), 주소 지정, 패킷의 분해 및 조립을 수행한다.
- OSI 7계층 중 네트워크 계층에 해당한다.
- IPv4는 20바이트 기본 헤더와 옵션 적용 시 최대 60바이트까지 확장 가능하고 IPv6는 40바이트의 기본 헤더와 확장헤더로 구성된다.

② ICMP : 송신측으로 IP상태 및 에러 메시지 전달하는 프로토콜

③ IGMP : 멀티캐스트 그룹을 관리하는 프로토콜

④ ARP : 논리주소(IP 주소)를 물리주소(MAC 주소)로 변환

⑤ RARP : 물리주소(MAC 주소)를 논리주소(IP 주소)로 변환

2) 전송 계층 프로토콜

① TCP

- 연결형, 신뢰성 서비스를 수행한다.
- 순서 제어, 흐름 제어, 오류 제어 수행
- 양방향 전이중 서비스와 스트림 데이터 서비스를 지원한다.
- RTT(Round Trip Time) 측정이 필요하다.
- TCP 헤더 길이는 기본 20바이트, 옵션 포함시 최대 60바이트이다.
- OSI 7계층 중 전송 계층에 속한다.

<table>
<tr><td colspan="8">0</td><td>31</td></tr>
<tr><td colspan="8">발신 포트 번호(16비트)</td><td>수신 포트 번호(16비트)</td></tr>
<tr><td colspan="9">일련 번호(Sequence Number, 16비트)</td></tr>
<tr><td colspan="9">확인 응답 번호(Acknowledgement Number, 16비트)</td></tr>
<tr><td>헤더 길이
(4비트)</td><td>예약 영역
(6비트)</td><td>U
R
G</td><td>A
C
K</td><td>P
S
H</td><td>R
S
T</td><td>S
Y
N</td><td>F
I
N</td><td>윈도 크기
(16비트)</td></tr>
<tr><td colspan="8">체크섬(16비트)</td><td>긴급 포인터(16비트)</td></tr>
<tr><td colspan="8">옵션</td><td>패딩</td></tr>
</table>

[TCP 헤더구조]

② UDP

- 비연결형, 비신뢰성 서비스를 제공한다.
- 헤더 구조가 단순하고, TCP보다 고속 전송이 가능하다.
- 오류제어, 순서제어 등 어떠한 제어 기능도 제공하지 않는다.

0 15	31
Source Port	Destination Port
UDP Length	UDP Checksum

[UDP 헤더구조]

3) 응용 계층 프로토콜

프로토콜	기능	Port 번호
HTTP	멀티미디어정보 검색 서비스	TCP 80
FTP	파일 전송 서비스	TCP 21
TELNET	원격 접속 서비스	TCP 23
SMTP	전자우편 서비스	TCP 25
SNMP	네트워크 관리 프로토콜	UDP 161.162

(6) 인터넷 주소 (IP Address)

- 인터넷 통신을 위해서는 송, 수신 컴퓨터를 식별 할 수 있는 인터넷 주소 즉 IP주소가 필요하다.
- IP주소 체계는 IPv4 와IPv6의 두가지 주소 체계 형태로 표현된다.

1) IPv4 주소

① 8비트 크기의 4개의 필드로 총 32비트 크기로 구성

② A~E 5개의 클래스로 구분되어 규모에 따라 주소가 할당됨

③ A, B, C 클래스는 일반 네트워크 주소로 사용 가능하지만

④ D 클래스는 멀티캐스트 주소로, E 클래스는 실험용 주소로 예약되어 있음

▶ IPv4 주소 구조

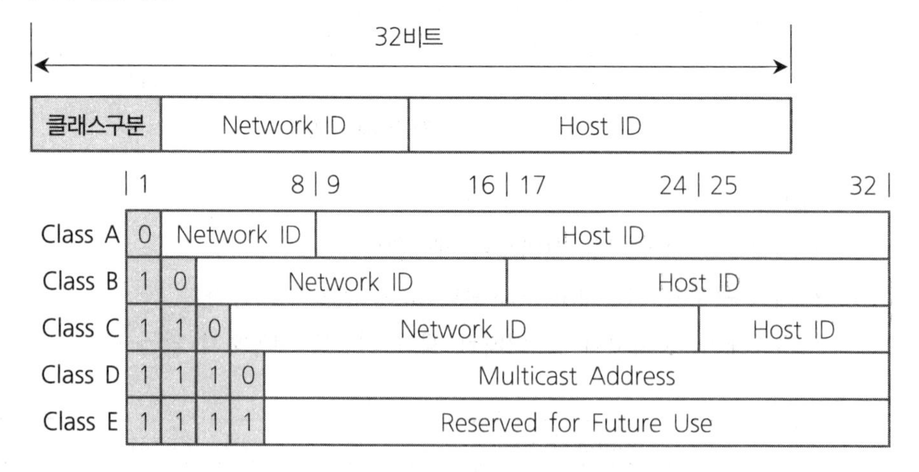

▶ IPv4 주소 범위

클래스	주소할당 범위	구성 호스트 수	할당 가능 호스트 수	망 형태
Class A	1.1.1.1~126.254.254.254	2^{24}	$2^{24}-2$	국가망
Class B	128.1.1.1~191.254.254.254	2^{16}	$2^{16}-2$	중대형망
Class C	192.1.1.1~233.254.254.254	2^{8}	$2^{8}-2$	소형망(LAN)
Class D	224. 1.1.1~239.254.254.254			멀티캐스트
Class E	240.1.1.1~254.254.254.254			미할당

예 IP 주소에서 호스트 ID가 8비트인 경우 사용자가 IP주소를 실제로 할당 받을 수 있는 호스트 수는?

[해설]

- 구성 가능한 호스트 수 = $2^8=256$
- 할당 가능한 호스트 수$=2^8-2=256-2=254$

2) IPv6 주소

① IPv4의 주소고갈, 보안성, 이동성 문제를 해결하기 위해 개발한 128비트 주소체계이다.

② 128비트는 16비트씩 8개 필드로, 각 필드는 :(콜론)으로 구분하고 16진수로 표기한다.

③ 각 필드의 맨 앞에 연속되는 0은 생략될 수 있으며 연속되는 0000은 생략하여 '::'으로 표현될 수 있다.

④ 0을 생략하고 :(콜론) 만 남기는 규칙은 한 번만 사용 가능하다.

예 2001:0DB8:1000:0000:0000:0000:1111:2222
→ 2001:DB8:1000::1111:2222

[IPv4와 IPv6 비교]

구 분	IPv4	IPv6
주소길이	32비트	128비트
표시방법	8비트씩 4부분, 10진수 예 202.30.64.22	16비트씩 8부분, 16진수 예 2001:0230:ABCD:FFFF: 0000:0000:FFFF:1111
주소할당	클래스 별 비순차적 할당	순차적 할당
품질제어	QoS 등 일부지원	QoS 등 지원
보안기능	IPSec 별도 설치	IPsec 기본 제공
플러그앤 플레이	없음	있음
모바일IP	곤란	용이
주소규칙	유니캐스트, 브로드캐스트, 멀티캐스트	유니캐스트, 멀티캐스트, 애니캐스트

3) IPv4에서 IPv6로의 변환

IP 주소체계가 다른 네트워크와의 호환성을 위해 사용되는 주소 변환 방법이다.

① 듀얼스택(dual stack) : IPv4와 IPv6 패킷을 모두 주고받을 수 있는 시스템을 구성한다.
② 터널링(tunneling) : IPv6 패킷은 IPv4 패킷 내에 캡슐화하여 IPv4 라우팅 영역을 통과한 후 역 캡슐화를 수행한다.
③ 헤더 변환(header translation) : IP 계층에서의 변환으로, IPv4 패킷을 IPv6 패킷으로 혹은 그 반대로 변환한다.

4) IPv4 주소부족 해결방안

① 서브넷팅 : 네트워크 주소를 여러 개의 작은 네트워크로 분할하는 기술
② NAT : 사설 IP주소를 공인 IP주소로 변환하는 기술
③ DHCP : 고정IP 주소 대신 필요할 때만 주소를 할당받는 동적IP 주소를 제공
④ IPv6 주소 : 새로운 128비트 주소체계 사용

(7) 서브넷팅 (subnetting)

서브네팅이란 하나의 네트워크 주소 중 호스트 ID 부분을 조작하여 여러 개의 네트워크로 분할하는 것을 의미한다.

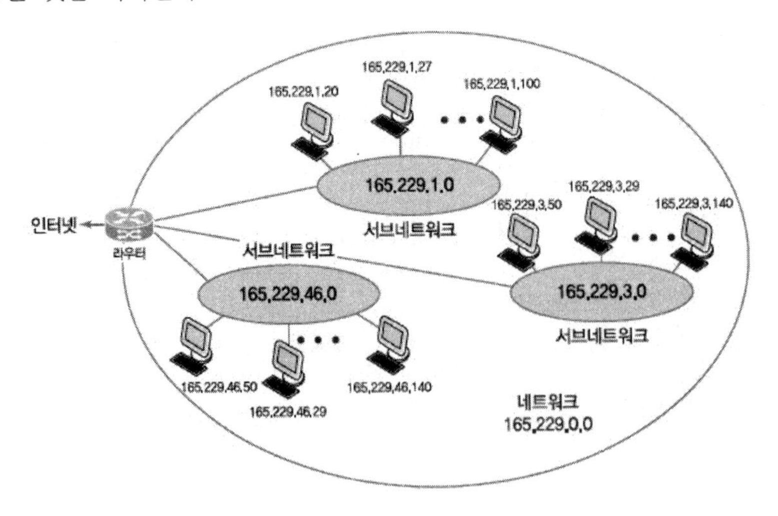

1) 서브넷 마스크

① 서브넷을 구성하기 위해서는 서브넷 마스크(subnet mask)가 필요하다. 서브넷 마스크를 통해서 구성할 서브넷 수와 서브넷당 연결되는 호스트 수를 지정할 수 있다.

② 서브넷 마스크는 네트워크 분할하기 전의 서브넷 마스크인 기본(default) 서브넷 마스크를 이용해 만들 수 있고, 생성된 서브넷 마스크 주소 중 호스트 ID 부분은 다음 의미를 포함한다.

- 호스트 ID에서 연속적인 1의 개수가 k개이면 서브넷은 2^k개 구성 가능
- 호스트 ID에서 연속적인 0의 개수가 m이면 호스트는 2^m개 구성 가능
- 이때 구성되는 호스트 중 첫 번째 호스트는 네트워크 주소로, 마지막 호스트는 브로드캐스트 주소로 예약되어 실제 IP를 할당 받는 호스트는 예약된 주소 2개를 제외하고 할당된다.

▼ **클래스별 기본(default) 서브넷 마스크**

Class A : 255.0.0.0 = 11111111.00000000.00000000.00000000 = /8
Class B : 255.255.0.0 = 11111111.11111111.00000000.00000000 = /16
Class C : 255.255.255.0 = 11111111.11111111.11111111.00000000 = /24

예 C클래스의 서브넷 마스크가 255.255.255.192 일 때 생성 가능한 서브넷수와 각 서브넷당 호스트 수, 실제 할당 가능한 IP주소수를 구하시오?

[해설] 호스트 ID 부분 192를 2진수로 변환하면 11000000이 된다.

- 서브넷 수 : 1의 개수가 2개이므로 2^2 = 4개,
- 서브넷당 호스트 수 : 0의 개수가 6개이므로 2^6 = 64개
- 실제 할당 가능한 IP 주소수는 64 − 2 = 62개(네트워크 주소와 브로드캐스트 주소는 제외)

(8) 무선 네트워크

1) infrastructure 네트워크

이동 단말들이 유선 환경에 기반한 기지국이나 AP를 중심으로 구성한다.

예 이동 전화망 이나 Wireless LAN 등

2) Ad-hoc 네트워크

- 기지국이나 무선AP의 도움 없이 순수하게 이동 단말들로 구성한다.

- 이동 단말기간의 라우팅으로 네트워크 토폴리지가 동적으로 변화된다.

예 긴급구조망, 긴급회의, 군사 네트워크, Bluetooth, HomeRF 등

▶ 무선 네트워크 구축방식

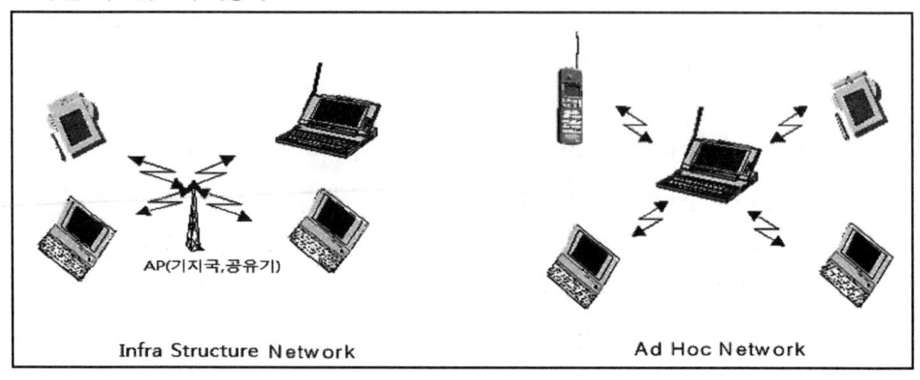

1. 프로토콜을 구성하는 대표적인 세 가지 요소를 적으시오.

정답 구문(Syntax), 의미(Semantic), 타이밍(timing)

해설 프로토콜 3요소

① 구문(Syntax) : 전달되는 데이터의 형식, 부호화, 신호레벨 등을 규정한다.
② 의미(Semantic) : 정확하고 효율적인 정보 전송을 위한 객체간의 조정과 에러 제어 등을 규정한다.
③ 타이밍(Timing) : 접속되는 개체간의 통신 속도의 조정과 메시지의 순서 제어 등을 규정한다.

2. 패킷 교환 방식에서 (1), (2)에 해당하는 방식을 적으시오.

(1) 목적지 호스트와 미리 연결한 후, 통신하는 연결형 교환 방식
(2) 헤더에 붙어서 개별적으로 전달하는 비연결형 교환 방식

정답 (1) 가상 회선 방식
(2) 데이터그램 방식

3. OSI 7계층 중 다음에서 설명하는 계층은?

> 전송에 필요한 두 장치 간의 실제 접속과 절단 등 기계적, 전기적, 기능적, 절차적 특성에 대한 규칙을 정의한다. 단위(PDU)는 '비트'를 사용한다.

정답 물리 계층(Physical Layer)

4. **OSI 7 Layer에 대한 설명이다. 다음 각 설명에 해당되는 계층을 적으시오.**

(1) 물리계층을 통해 송수신되는 정보의 오류와 흐름을 관리하여 안전한 정보의 전달을 수행할 수 있도록 도와주는 역할

(2) 데이터를 목적지까지 가장 안전하고 빠르게 전달하는 기능

(3) 수신자에서 데이터의 압축을 풀수 있는 방식으로 된 데이터 압축

정답
(1) 데이터링크 계층
(2) 네트워크 계층
(3) 표현 계층

5. **다음 프로토콜에 해당하는 OSI 계층을 적으시오.**

OSI 계층	표준 프로토콜
(①)	RS-232C
(②)	TCP, UDP
(③)	IP, ICMP

정답
① 물리 계층(Physical Layer)
② 전송 계층(Transport Layer)
③ 네트워크 계층(Network Layer)

해설
- 물리 계층 : RS-232C
- 데이터 링크 계층 : 이더넷(Ethernet)
- 네트워크 계층 : IP, ICMP
- 전송 계층 : TCP, UDP
- 응용 계층 : HTTP, FTP, TELNET, SMTP 등

6. 다음 설명에 맞는 라우팅 프로토콜을 적으시오.

> 내부 IP 라우팅 프로토콜의 한 종류로써 RIP(routing information protocol)보다 규모가 큰 네트워크에서도 사용할 수 있다.
> 규모가 크고 복잡한 TCP/IP 네트워크에서 RIP의 단점을 개선한 라우팅 프로토콜로써 RIP에 비해 자세한 제어가 가능하고, 관리 정보의 트래픽도 줄일 수 있다. 라우팅 정보가 변화될 때만 전송하므로 네트워크 변화에 신속하게 대응할 수 있다.

정답 OSPF

해설
- 홉 수가 아닌 회선의 대역폭, 전송속도, 신뢰성 등을 기준으로 경로를 설정한다.
- 라우팅 정보가 변화될 때만 전송하므로 네트워크 변화에 신속하게 대응할 수 있다.
- 최단 경로 탐색에 Dijkstra 알고리즘을 사용한다.
- 대규모 네트워크에 적합하다.

7. TCP/IP에서 신뢰성없는 IP를 대신하여 송신측으로 네트워크의 IP 상태 및 에러 메시지를 전달해주는 프로토콜은 무엇인가?

정답 ICMP

해설 ICMP(Internet Control Message Protocol) : IP 동작에서 진단이나 제어로 사용되거나 네트워크 오류메시지를 송신측으로 전달하는 프로토콜이다.

8. 물리 네트워크(MAC) 주소에 해당하는 IP 주소를 알려주는 프로토콜로 역순 주소 결정 프로토콜을 무엇이라고 하는지 쓰시오.

정답 RARP (Reverse Address Resolution Protocol)

9. 현재 IPv4의 확장형으로 IPv4가 가지고 있는 주소 고갈, 보안성, 이동성 지원 등의 문제점을 해결하기 위해서 개발된 128비트 주소체계를 갖는 차세대 인터넷 프로콜은 무엇인가?

정답 IPv6

10. 다음 빈칸에 들어갈 알맞은 용어를 쓰시오.

> IPv6는 (A) 비트 길이를 가진다.
> IPv4는 길이 32bit이며, (B) 비트씩 네 부분으로 나눈다.

정답 (A) 128
(B) 8

11. IP 패킷에서 외부의 공인 IP주소와 포트 주소에 해당하는 내부 IP주소를 재기록하여 라우터를 통해 네트워크 트래픽을 주고받는 기술을 무엇이라고 하는가?

정답 NAT (Network Address Translation)

해설
- IP 패킷의 TCP/UDP 포트 숫자와 소스 및 목적지의 IP 주소 등을 재기록하면서 라우터를 통해 네트워크 트래픽을 주고 받는 기술이다.
- 사설 IP를 공인 IP로 변환하거나 공인 IP를 사설 IP로 변환할 수 있다.

12. IP 주소가 139.127.19.132이고 서브넷마스크 255.255.255.192일 때 아래의 답을 작성하시오.

(1) 괄호안에 들어갈 네트워크 주소 : 139.127.19.( )
(2) 해당 네트워크 주소와 브로드캐스트 주소를 제외한 호스트 개수

정답 (1) 128
(2) 62

해설 서브넷 마스크 : 255.255.255.192에서 호스트ID 192를 2진수로 바꾸면 11000000에서 연속적인 1의 개수가 2개 이므로 서브넷 수는 2^2= 4개,
서브넷당 호스트수는 2^6=64 이다. 네트워크 주소와 브로드캐스트 주소를 제외하면 실제 호스트수는 62개이다.
첫 번째 서브넷 주소는 139.127.19.0 ~ 139.127.19.63
두 번째 서브넷 주소는 139.127.19.64 ~ 139.127.19.127
세 번째 서브넷 주소는 139.127.19.128 ~ 139.127.19.191

따라서 IP 주소가 139.127.19.132가 포함된 네트워크는 세번째 서브넷이고 네트워크 주소는 139.127.19.128 이다.

13. 네트워크 장치를 필요로 하지 않고 네트워크 토폴로지가 동적으로 변화되는 특징이 있으며 응용 분야로는 긴급 구조, 긴급 회의, 전쟁터에서의 군사 네트워크에 활용되는 네트워크는?

정답 애드 혹 (Ad-hoc)

14. 다음 설명에 대한 알맞는 답을 보기에서 고르시오.

(1) 인터넷에서, 웹 서버와 사용자의 인터넷 브라우저 사이에 문서를 전송하기 위해 사용되는 통신 규약을 말한다.
인터넷에서 하이퍼텍스트(hypertext) 문서를 교환하기 위하여 사용되는 통신규약이다.
이 규약에 맞춰 개발해서 서로 정보를 교환할 수 있게 되었다.

(2) 문자, 그래픽, 음성 및 영상을 하나의 연상 거미집(Web of Association)과 같이 서로 연결시켜, 제시된 순서에 관계없이 이용자가 관련된 정보를 검색할 수 있도록 하는 정보 제공 방법이다. 즉, 한 페이지에서 링크된 순서에 상관없이 사용자들이 원하는 정보를 클릭함으로써 원하는 정보에 쉽게 접근하는 방식을 말한다.

(3) 웹 페이지 표시를 위해 개발된 지배적인 마크업 언어다. 또한, 제목, 단락, 목록 등과 같은 본문을 위한 구조적 의미를 나타내는 것뿐만 아니라 링크, 인용과 그 밖의 항목으로 구조적 문서를 만들 수 있는 방법을 제공한다.

정답 (1) HTTP
(2) Hypertext
(3) HTML

15. 다음 보기는 네트워크 인프라 서비스 관리 실무와 관련된 사례이다. 괄호안에 들어갈 가장 적합한 용어를 한글 또는 영문으로 쓰시오.

백업 및 복구 솔루션은 (　　　　　)와 복구 목표 시점(RPO) 기준을 충족할 수 있는 제품으로 선정해야 한다. (　　　　　)는 "비상사태 또는 업무중단 시점으로부터 업무가 복구되어 다시 정상가동 될 때까지의 시간" 을 의미하고 복구 목표 시점(RPO)는 "업무 중단 시 각 업무에 필요한 데이터를 여러 백업 수단을 이용하여 복구할 수 있는 기준점"을 의미한다.

정답 목표 복구 시간(RTO; Recovery Time Objective)

16. 오픈 소스 기반으로 한 분산 컴퓨팅 플랫폼으로, 일반 PC급 컴퓨터들로 가상화된 대형 스토리지를 형성하고 그 안에 보관된 거대한 데이터 세트를 병렬로 처리할 수 있도록 개발된 자바 소프트웨어 프레임워크로 구글, 야후 등에 적용한 기술은 무엇인가?

정답 하둡 (Hadoop)

17. 분산 컴퓨팅 기술 기반의 데이터 위변조 방지 기술로 P2P방식을 기반으로 하여 소규모 데이터들이 연결되어 형성된 '블록'이라는 분산 데이터 저장 환경에 관리 대상 데이터를 저장함으로써 누구도 임의로 수정할 수 없고 누구나 변경의 결과를 열람할 수 있게끔 만드는 기술은 무엇인가?

정답 블록체인

제12편

제품 소프트웨어 패키징

Chapter 01 제품 소프트웨어 패키징

1. 패키징의 개요

패키징은 개발이 완료된 애플리케이션을 고객에게 배포하기 위해 설치파일을 만들고 설치에 필요한 매뉴얼을 작성하며, 차후 패치 및 업그레이드를 위해 버전관리 정보를 제공하는 것을 의미한다.

1) 특징

① 제품 소프트웨어는 개발자가 아닌 사용자 중심으로 진행되어진다.
② 신규 및 변경 개발 소스를 식별하고 이를 모듈화하여 상용 제품을 패키징 한다.
③ 사용자 실행 환경을 이해하고 범용 환경에서 활용이 가능(참고)하도록 일반적 배포 형태로 구분해 패키징이 진행되어진다.
④ 고객들의 편의성 증진을 위해 신규 및 변경 이력 등을 확인하고 이를 버전 관리 및 릴리즈 노트를 통해서 지속적으로 관리해 나간다.

2) 패키징 시 고려사항

① 사용자 시스템의 최소 환경(OS, CPU, 메모리 등)을 정의한다.
② UI(User Interface)를 직접 확인할 시각 자료와 매뉴얼을 제공한다.
③ 소프트웨어 사용에 대한 유지 보수 서비스 제공을 권장한다.
④ 내부 콘텐츠에 대한 암호화 및 보안을 고려한다.
⑤ 제품 SW종류에 적합한 암호화 알고리즘을 적용한다.
⑥ 사용자 편의성을 위한 복잡성 및 비효율성 문제를 고려한다.
⑦ 보안을 위해서 이 기종간 연동을 고려한다.

3) 패키징 작업 순서

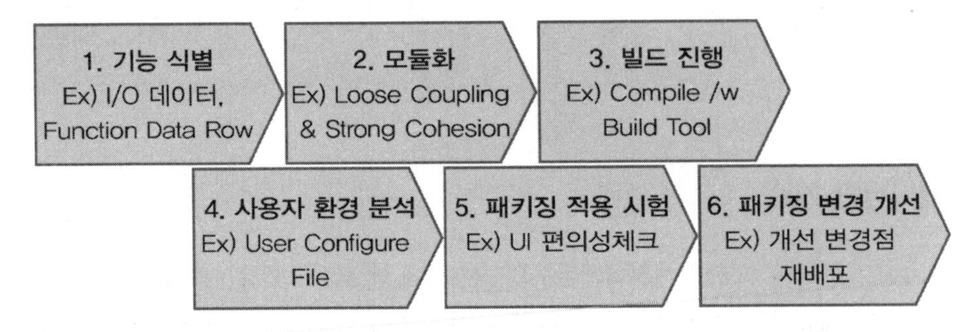

2. DRM (디지털 저작권 관리)

저작권자가 배포한 디지털 컨텐츠가 저작자가 의도한 용도로만 사용하도록 디지털 콘텐츠의 생성, 유통, 이용의 전 과정에 걸쳐 적용되는 모든 보호 기술을 지칭한다.

(1) DRM의 흐름

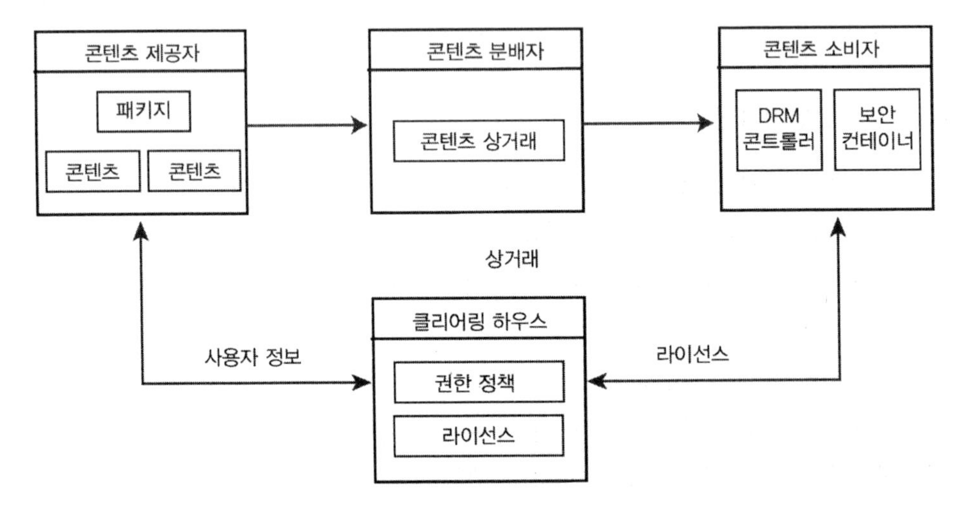

(2) DRM 구성 요소

구성 요소	내용
클리어링 하우스(Clearing House)	키 관리 및 라이선스에 대한 발급 관리
콘텐츠 제공자(Contents Provider)	콘텐츠를 제공하는 저작권자
콘텐츠 분배자(Contents Distributor)	암호화 된 콘텐츠를 유통하거나 제공하는 업체
콘텐츠 소비자(Contents Customer)	콘텐츠를 구매해서 사용하는 주체
패키저(Packager)	콘텐츠를 메타 데이터와 함께 암호화하는 프로그램
DRM 컨트롤러	배포되어진 콘텐츠에 대한 사용 권한을 통제
보안 컨테이너	원본을 안전하게 유통하게 하기 위한 전자적인 보안 장치

(3) DRM 기술요소

키 관리 (Key Manangement)	• 콘텐츠를 암호화한 키에 대한 저장 및 배포 기술(Centralized, Enveloping)을 말한다.
저작권 표현 (Right Expression)	• 라이선스의 내용 표현 기술을 말한다. • XrML/MPGE-21 REL, ODRL
식별 기술 (Identification)	• 콘텐츠에 대한 식별 체계 표현 기술을 말한다. • DOI, URI
정책 관리 (Policy management)	• 라이선스 발급 및 사용 등에 관한 정책표현 및 관리기술을 말한다. • XML, Contents Management System
암호화 파일 생성 (Packager)	• 콘텐츠를 암호화된 콘텐츠로 생성하기 위한 기술을 말한다. • Pre-packaging, On-the-fly Packaging
암호화 (Encryption)	• 콘텐츠 및 라이선스를 암호화하고, 전자 서명을 할 수 있는 기술을 말한다. • PKI, Symmetric/Asymmetric Encryption, DiGital Sinature
크랙 방지 (Tamper Resistance)	• 크랙에 의한 콘텐츠 사용 방지 기술을 말한다. • Code Obfuscation, Kernel Debugger Detection, Module Certification • Secure DB, Secure Time Management, Encryption
인증 (Authentication)	• 라이선스 발급 및 사용의 기준이 되는 사용자 인증 기술을 말한다. • User/Device Authentication, SSO, DiGital Certificate

참고사항

▶ **저작권 보호 관련 기술**

1. 워터마킹(watermarking) : 디지털 콘텐츠와 저작권 보호를 위해 저작권자가 로고나 사인등을 콘텐츠에 삽입하여 관리하는 기술

2. 핑거 프린팅(finger printing) : 저작권자나 판매자의 정보가 아닌 디지털 콘텐츠를 구매한 사용자의 정보를 삽입함으로써, 이후에 발생하게 될 콘텐츠 불법 배포자를 추적하는 데 사용되는 기술

3. 템퍼 프루핑(Tamper-Proofing) : 소프트웨어가 불법으로 변조된 경우, 해당 소프트웨어를 정상적으로 실행되지 않게 하는 기법이다.

3. 릴리즈 노트

① 릴리즈 노트는 개발이 완료된 제품에 대한 정보를 고객에게 제공하는 문서
② 소프트웨어에 대한 기능, 서비스,개선 사항 등을 사용자와 공유 할 수 있음
③ 테스트 진행 방법에 대한 결과/소프트웨어 사양에 대한 준수 확인
④ 버전 관리 및 릴리즈정보를 체계적으로 관리
⑤ 초기 배포 혹은 개선 사항이 적용된 추가 배포 시 제공
⑥ 철저한 테스트 후 소프트웨어 사양에 대한 최종 승인 얻어 문서화

4. SW 매뉴얼

소프트웨어 매뉴얼은 개발 단계부터 적용한 기준이나 패키징이후 설치 및 사용자 측면의 주요 내용 등을 문서로 기록한 것 설치 매뉴얼과 사용자 매뉴얼로 구분한다.

(1) SW 설치 매뉴얼

① 사용자가 SW를 설치하는 과정에 필요한 내용을 기록한 설명서와 안내서
② 사용자 기준으로 작성
③ 설치 전체 과정을 빠짐없이 순서대로 설명
④ 오류 메시지 및 예외 상황에 대한 내용을 별도로 분류하여 설명

(2) SW 사용자 매뉴얼

① 사용자가 SW를 사용하는 과정에서 필요한 내용을 문서로 기록한 설명서와 안내서
② SW 사용에 필요한 제반 사항이 모두 포함되도록 작성
③ 배포 후 오류에 대한 패치, 기능 업그레이드를 위해 매뉴얼 버전을 관리

④ 독립적 동작이 가능한 컴포넌트 단위로 매뉴얼 작성

⑤ 컴포넌트 명세서, 컴포넌트 구현 설계서를 토대로 작성

1) 사용자 매뉴얼 작성 절차

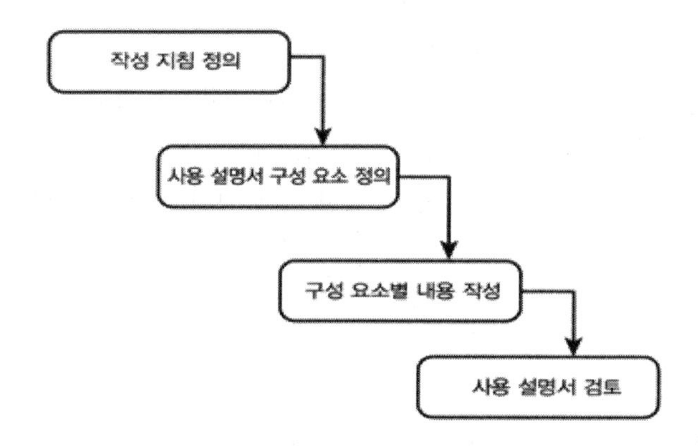

5. 형상 관리 및 버전관리

(1) 형상 관리

형상 관리는 SW의 개발 과정의 변경 사항을 관리하기 위한 일련의 활동으로 소프트웨어 개발 주기 동안 개발되는 제품의 무결성을 유지하고 소프트웨어의 식별, 편성 및 수정을 통제하는 프로세스이다.

- 변경 원인 알아내고 적절히 변경되고 있는지 확인, 담당자에게 통보
- SW 개발의 전 단계에 적용되는 활동. 유지보수 단계에서도 수행됨
- SW 개발 전체 비용을 줄이고, 방해 요인을 최소화되도록 보증함
- 관리 항목 : 소스코드, 데이터및 분석서, 지침서, 설계서 등의 개발 문서

1) 형상 관리 기능

① 형상 식별 : 형상 관리 대상에 이름과 관리 번호 부여

② 버전 제어 : SW 업그레이드나 유지 보수 과정에서 생성된 다른 버전의 형상 항목을 관리

③ 형상 통제 : 변경 요구를 검토, 현재의 기준선이 잘 반영될 수 있도록 조정

④ 형상 감사 : 기준선의 무결성 평가

⑤ 형상 기록 : 형상의 식별, 통제, 감사 작업의 결과를 기록 및 관리

2) 형상 관리 역할

① 불필요한 사용자 소스 수정의 제한
② 에러 발생 시 빠른 시간 내 복구 가능
③ 동일 프로젝트에 대해 여러 개발자가 동시에 개발이 가능
④ 사용자 요구에 의해 적시에 최상의 소프트웨어 공급
⑤ 형상 관리를 통해 이전 리버전 또는 버전 등에 관한 정보에 언제든지 접근 가능하여 배포본 관리에 상당히 유용

(2) 버전 관리

버전 관리는 파일의 변화를 시간에 따라 버전별로 기록하고 나중에 특정 시점의 버전을 수정하는 활동이다.

▶ 버전 관리 요소

① 가져오기(Import) : 아무것도 없는 저장소(Repository)에 처음으로 파일 복사
② 체크아웃(Check-Out) : 저장소에서 파일 받아옴
③ 체크인(Check-In) : 저장소의 파일을 새로운 버전으로 갱신
④ 커밋(commit) : 이전에 갱신된 내용이 있는 경우 충돌을 알리고 수정 후 갱신 완료

(3) 버전 관리 방식

1) 공유 폴더 방식

① 버전 관리 자료가 로컬 컴퓨터의 공유 폴더에 저장되어 관리하는 방식
② 개발이 완료된 파일을 약속된 공유 폴더에 매일 복사
③ 담당자는 공유 폴더의 파일을 자기 PC로 복사 후 컴파일하여 이상 유무 확인
④ 변경 사항 DB에 기록하여 관리
⑤ SCCS, RCS, PVCS, QVCS 등

2) 클라이언트/서버 방식

① 버전 관리 자료가 중앙 시스템(서버)에 저장되어 관리하는 방식

② 서버의 자료를 개발자별로 자신의 PC로 복사하여 작업 후 변경된 내용을 서버에 반영
③ 모든 버전 관리는 서버에서 수행
④ 하나의 파일을 서로 다른 개발자가 작업 시 경고 메시지 출력
⑤ CVS, SVN 등

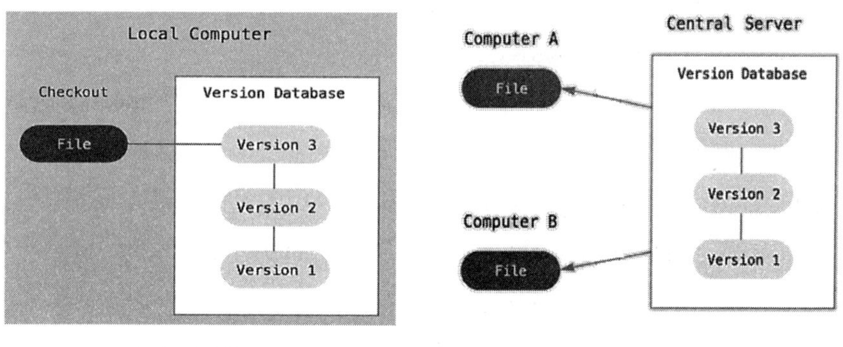

공유폴더방식　　　　클라이언트/서버 방식

3) 분산 저장소 방식

① 하나의 원격 저장소와 분산된 개발자 PC의 로컬 저장소에 함께 저장되어 관리하는 방식
② 원격 저장소 자료를 자신의 로컬 저장소로 복사 후 작업, 변경된 내용을 로컬 저장소에 우선 반영 후 원격 저장소에 반영
③ 원격 저장소에 문제가 생겨도 로컬 저장소의 자료를 이용하여 작업 가능
④ Git, GNU arch, DCVS 등

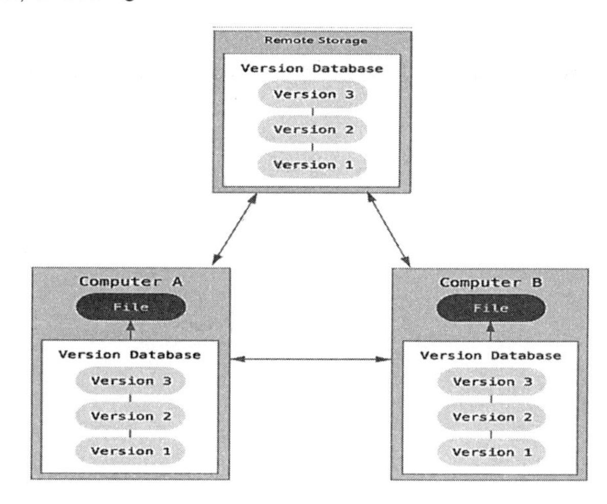

분산 저장소 방식

(4) 버전 관리 도구

1) CVS

① 클라이언트/서버 구조에서 수행하는 버전 관리 도구
② 파일, 디렉토리 이름 변경 불가능
③ 클라이언트가 이클립스에 내장되어 있다.

2) Subversion(SVN)

① CVS의 단점을 개선하여 아파치 그룹에서 발표한 버전 관리 도구
② 서버에는 최신 버전 파일이 관리과 변경 내역을 관리
③ 커밋할 때마다 리비전이 1씩 증가
④ 소스가 오픈되어 있어 무료 사용이 가능

3) Git

① 리누스 토발즈가 리눅스 커널 개발용 도구로 사용
② 2개의 저장소를 사용하는 분산 저장소 방식 버전 관리 도구
- 로컬(지역) 저장소 : 실제 개발 진행하는 장소, 버전 관리 수행
- 원격 저장소 : 여러 사람들이 협업을 위해 버전을 공동 관리

③ 원격 저장소나 네트워크에 문제가 있어도 로컬 저장소에서 작업 가능
④ 브랜치 이용 : 기본 버전 관리 틀에 영향을 주지 않으면서 다양한 형태의 기능 테스팅이 가능
⑤ 파일의 변화를 스냅샷으로 저장하여 버전의 흐름의 파악이 용이

제12편 제품 소프트웨어 패키징	적중 예상문제	정보처리기사 실기

1. 다음 보기 중 형상 관리 도구에 해당하는 것을 모두 고르시오.

> ATM, CVS, OLAP, DDOS, SVN, Cyber Kill Chain, OLTP, Git

정답 CVS, SVN, Git

해설 CVS, SVN : 클라이언트/서버 방식의 형상관리 도구
Git : 분산 저장소 방식의 형상관리 도구

2. 다음 내용이 의미하는 소프트웨어 및 저작권 보호 기술을 무엇이라 하는가?

> 소프트웨어가 불법으로 변조된 경우, 그 소프트웨어가 정상적으로 실행되지 않게 하는 기법이다. 소프트웨어 변조 공격을 방어하기 위한 방법으로 프로그램에 변조검증코드를 삽입하여 변조가 탐지되었다면 프로그램이 실행되지 않게 하는 기술이다.

정답 탬퍼프루핑

해설 탬퍼프루핑은 소프트웨어 변조 공격을 방어하기 위한 기술이다.

3. DRM 관련 기술이다. 괄호 안에 올바른 내용을 〈보기〉에서 고르시오.

(1) : 컨텐츠를 메타 데이터와 함께 배포 가능한 단위로 묶는 기술 (2) : 배포된 컨텐츠의 이용 권한을 통제하는 기술
〈보기〉 패키저, 클리어링 하우스, DRM 컨테이너, DRM 컨트롤러

정답 | 1. 패키저 , 2. DRM 컨트롤러
해설 | 패키저는 컨텐츠를 메타 데이터와 함께 배포 가능한 단위로 묶는 프로그램
DRM 컨트롤러는 배포되어진 콘텐츠에 대한 사용 권한을 통제하는 프로그램

4. 다음 보기에서 설명하는 관리 방식을 적으시오.

소프트웨어 개발 과정에서 산출물 등의 변경에 대비하기 위해 반드시 필요하다. 소프트웨어 리사이클 기간 동안 개발되는 제품의 무결성을 유지하고 소프트웨어의 식별, 편성 및 수정을 통제하는 프로세스를 제공한다. 실수를 최소화하고 생산성의 최대화가 궁극적인 목적이다. 관련 도구로는 CVS, SVN, Clear Case 등이 있다.

정답 | 형상관리

5. 다음 내용이 의미하는 용어를 영문 약어로 적으시오.

저작권자가 배포한 디지털 컨텐츠가 저작자가 의도한 용도로만 사용하도록 디지털 콘텐츠의 생성, 유통, 이용의 전 과정에 걸쳐 적용되는 모든 보호 기술을 지칭한다.

정답 | DRM
해설 | DRM (Digital Rights Management; 디지털 저작권 관리)

6. 다음 내용과 일치하는 버전 관리 방식을 적으시오.

> 지역, 원격 저장소 2개를 운용하는 버전관리 방식
> 원격 저장소나 네트워크에 문제가 있어도 로컬 저장소에서 작업 가능
> 파일의 변화를 스냅샷으로 저장하여 버전의 흐름의 파악이 용이

정답 Git
해설 Git은 지역, 원격 저장소 2개를 운용하는 버전관리(형상관리)방식이다.

7. 제품 소프트웨어 개발단계부터 적용 기준이나 패키징 이후 설치 및 사용자 측면에서의 주요 내용 등을 문서로 기록화한 것은?

정답 제품 소프트웨어 매뉴얼
해설 제품 소프트웨어 매뉴얼은 사용자 중심의 기능 및 방법을 나타낸 설명서 및 안내서를 의미한다.

정보처리기사 실기 한권으로 끝내기

편 저 자 메인에듀 정보기술연구소 편저
제작유통 메인에듀(주)
초판발행 2024년 07월 02일
초판인쇄 2024년 07월 02일
마 케 팅 메인에듀(주)
주 소 서울시 강동구 성안로 115, 3층
전 화 1544-8513
정 가 29,000원

I S B N 979-11-89357-57-3